高职高专"十一五"规划教材

粮 油 加 工 技 术

王丽琼　主　编

李鹏林　副主编

化学工业出版社

·北京·

本教材是根据教育部高职高专规划教材建设的具体要求，根据高等职业教育的特点，结合高职高专人才培养目标而编写的。在内容安排上，以粮油制品加工的基本原理为基础，以生产工艺和技术要点为重点，并注重对生产实践中出现的主要问题进行分析和解决。本教材每章都明确了学习目标，列出了本章小结和复习思考题，并安排了实验实训项目，以便于开展实践教学和提高学生的实践技能。

本教材可作为全国高等职业教育院校食品工程技术专业、粮油食品加工专业、生物技术专业的教材，也可作为粮油食品加工企业的生产技术人员、管理人员的参考用书。

图书在版编目（CIP）数据

粮油加工技术/王丽琼主编. —北京：化学工业出版
社，2007.1（2021.8重印）
高职高专"十一五"规划教材
ISBN 978-7-5025-9892-1

Ⅰ. 粮… Ⅱ. 王… Ⅲ. ①粮食加工-高等学校：
技术学院-教材②油料加工-高等学校：技术学院-教
材 Ⅳ. ①TS210.4②TS224

中国版本图书馆 CIP 数据核字（2007）第 003113 号

责任编辑：李植峰　郎红旗　邵桂林　　　　　文字编辑：周　倜
责任校对：顾淑云　　　　　　　　　　　　　装帧设计：张　辉

出版发行：化学工业出版社（北京市东城区青年湖南街 13 号　邮政编码 100011）
印　　装：北京七彩京通数码快印有限公司
787mm×1092mm　1/16　印张 15　字数 386 千字　2021 年 8 月北京第 1 版第 6 次印刷

购书咨询：010-64518888　　　　　　　　　　售后服务：010-64518899
网　　址：http://www.cip.com.cn
凡购买本书，如有缺损质量问题，本社销售中心负责调换。

定　价：38.00 元　　　　　　　　　　　　　　　版权所有　违者必究

《粮油加工技术》编写人员

主　编　王丽琼（北京农业职业学院）

副主编　李鹏林（北京农业职业学院）

参　编　赵　强（山东商务职业学院）

　　　　赵士豪（河北经贸学院）

　　　　季　凯（北京市豆制食品公司）

　　　　王　超（北京市豆制食品公司）

　　　　白殿海（河北北方学院）

　　　　彭长安（芜湖职业技术学院）

　　　　陈　宇（北京市豆制食品公司）

　　　　来小菊（北京市豆制食品公司）

　　　　赵　杰（北京市豆制食品公司）

　　　　张　宇（北京市豆制食品公司）

　　　　黄海艳（北京市豆制食品公司）

前　言

民以食为天，粮油食品是我国人民获得能量和营养的主要来源。粮油加工是指对原粮、油料等基本原料进行处理，制成成品粮油及其制品的过程。粮油加工是食品工业的基础工业，是粮油产业化经营中的重要组成部分，是搞活粮油经营、提升粮油附加值不可缺少的中间环节。

近几年，我国粮油加工企业规模继续扩大，产品质量和档次进一步提高，名牌产品销售量扩大，效益显著。人们在关注粮油产品安全的基础上，更注重粮油食品的优质、营养、便利和安全。但我们也清楚地看到，我国的粮油工业仍然存在着诸多不足，如企业的集约化程度较低；粮油产品的深度加工、资源综合利用不够；产品品种，特别是专用米、面、油产品较少，不能满足食品工业发展的需要；传统粮油主食品的工业化、产业化滞后，不能满足城镇居民的需求。

职业教育承担着为行业发展培养合格的高技能人才的任务。为此，积极密切与行业、企业的联系和多方位合作，跟踪行业发展动态，主动适应行业对专业人才的标准要求，不断开发、更新和充实教学内容，为企业培养应用型、技能型人才不但是高等职业院校不可推卸的责任，也是现代职业教育人才培养的有效形式之一。

针对粮油加工业的现状和未来发展趋向，结合现代高职高专人才培养目标的要求，根据教育部《关于加强高职高专教育人才培养工作的意见》和《关于加强高职高专教育教材建设的若干意见》的精神，本教材在编写前，编者对粮油加工行业从事研发、生产、市场开拓的工作岗位进行了充分调研，并分析了职业岗位对专业人才知识、能力和素质的基本要求。同时，将粮油加工企业生产技术人员、管理人员充实到编写队伍中，将生产实例引入教材，使得本教材的职业性和实用性更为突出。

本教材以职业岗位为导向，以粮油制品加工的基本原理为基础，以知识和技术应用能力培养为重点，教材内容既适合我国现代粮油食品加工的发展方向，也符合现代高职高专人才培养目标的要求。教材内容新颖、图文并茂，注重突出职业性、针对性和实用性，为学生毕业后从事粮油食品的开发、生产等工作，并为以后在工作实践中不断更新知识、提高开发能力打下基础。

本教材每章前都有明确的学习目标，便于教师施教和学生学习，也便于教学效果的检查。每章后列出了本章小结、复习思考题和实验实训项目，明确本章教学重点，鼓励学生积极思考，同时也便于开展实践教学和提高学生的实践技能。全书贯穿了以学生为主体、以教师为主导、以职业能力和素质培养为核心的现代教育教学主导思想，可作为全国高等职业教育院校食品工程技术专业、粮油食品加工专业、生物技术专业的教材，也可作为粮油食品加工企业的生产技术人员、管理人员的参考用书。

本教材编写人员主要由高职高专院校教师、粮油食品加工企业的高层经营管理者和生产技术人员组成。全书共分为十章，王丽琼编写第一章、第二章、第九章，李鹏林编写第三章，赵强编写第四章、第十章，赵士豪编写第八章，白殿海编写第六章，彭长安编写第七章，季凯、王超、陈宇、来小菊、赵杰、张宇、黄海艳编写第五章。王丽琼负责全书的统编定稿。

　　本教材在编写过程中得到了北京农业职业学院、山东商务职业学院、河北经贸学院、河北北方学院、芜湖职业技术学院、北京纳贝斯克食品有限公司、北京市豆制食品公司等教学、科研单位及粮油加工企业的大力支持和帮助。在此表示衷心的感谢！

　　由于作者水平有限，加之时间仓促，收集和组织材料有限，错误和不足之处在所难免。敬请同行专家和广大读者批评指正，使本教材在使用中不断完善和提高。

编　者

2007 年 1 月

目　　录

第一章 绪 论

学习目标

通过对本章的学习，使学生了解粮油加工的主要内容，了解发展粮油加工业的必要性；同时对国内外粮油产品加工的发展情况有一定的了解，尤其是对我国粮油产品加工的现状和存在问题有全面的了解。

一、粮油加工学的主要内容

粮油是人类的主要食物，也是食品工业的重要基础原料。我国人民的食物构成主要以粮油为主，80％的食物能量和70％的食物蛋白质均来自于粮油原料。粮油食品在我国生产历史悠久，具有中华民族饮食文化的传统特点。

粮油加工是指对原粮和油料进行工业化处理，制成粮油半成品、粮油成品、粮油食品以及其他产品的过程。

粮油加工业主要包括稻谷加工、小麦加工、玉米加工、大豆加工、油料加工、杂粮加工和薯类加工、粮油食品生产、粮油副产品综合利用以及相关机械装备和检测仪器的制造。

随着人们对营养、健康、保健等饮食观念的转变，饮食方式的改变，以及现代加工技术的引进和科学研究的不断深入，粮油食品加工正逐渐向着生产社会化、食用方便化、科学营养化和卫生健康化的方向发展。

二、发展粮油加工业的必要性

粮油加工业是粮食再生产过程中的重要环节，是关系到粮食生产满足市场消费需求，提高原粮加工度和附加值的一项重要产业，是国民经济的基础性行业。

粮油加工业的发展，一方面，对于满足全面建设小康社会对粮油食品多样化、优质化、营养化和方便化的需求，对于促进食品工业发展，改善人们的食物结构和营养结构，提高人民生活和健康水平具有重要作用；另一方面，能引导粮油生产结构调整，延伸粮食产业链，对促进粮油资源的综合利用和转化增值，提高农业综合效益和增加农民收入具有重要作用；此外，发展粮油加工业对提高粮油企业经济效益，增强我国粮食的综合竞争力，保障国家粮食安全都具有十分重要的意义。

三、国内外粮油加工的发展情况

（一）国内外粮油产品的发展现状

目前，世界发达国家的农产品加工度一般在90％以上，农产品加工产值大都是农业产值的3倍以上。在粮油加工附加值上，美国、英国、日本分别为2.7、3.7和2.4。相比较而言，我国粮食的精深加工较为落后，食品工业总产值与农业总产值比例仅为0.43：1，加工产值只超出农业产值30％左右。2003年我国粮油工业销售收入1458亿元，利润28亿元。少数具有规模的粮食加工企业生产技术只达到世界20世纪90年代初的水平。但是，我国粮油加工具有十分广阔的发展空间。例如，玉米深加工的产业链条中其产值是成倍数级增长的，玉米（产值为1.0）→淀粉（1.2倍）→高果糖浆（1.5倍）→变性淀粉（2～4倍）→乳酸

(2 倍)→聚乳酸(4 倍)。粮油加工业是粮食产业化经营链条中的重要一环，在以经济效益为中心的原则下，是实现粮食产业增值非常重要的有效途径和方式。

据中国粮食行业协会统计资料显示：2004 年，全国入统规模以上粮油加工企业［入统规模以上粮油加工企业是指大米加工厂日处理稻谷加工能力在 30t 以上（含 30t），小麦粉加工厂日处理小麦加工能力在 50t 以上（含 50t），食用植物油加工厂日处理油料加工能力在 30t 以上（含 30t）］共计 8546 个，其中日加工能力在 100～200t 的有 1401 个，日加工能力在 200～400t 的有 466 个，日加工能力在 400～1000t 的有 207 个，日加工能力在 1000t 以上的有 72 个。在企业的经济成分上，国有及国有控股企业为 1949 个，占 22.8%；外商及港澳台商投资企业为 105 个，占 1.2%；民营企业 6492 个，占 76%。

2004 年入统企业现价工业总产值 2459 亿元，利润总额 17.5 亿元，资产总计 1394 亿元，年末从业人数 34.8 万人。总产值排序前 10 位的省份依次是：河南、江苏、山东、河北、安徽、黑龙江、湖北、广东、福建、辽宁。河南、江苏、山东 3 省的工业总产值超过了 300 亿元。

2005 年全国入统粮油加工企业 11118 个，比上年增加 2572 个。其中日加工能力 100t 以下的 8321 个，占 74.8%；100～200t 的 1762 个，占 15.8%；200～400t 的 670 个，占 6%；400～1000t 的 264 个，占 2.4%；1000t 以上的 101 个，占 1%。在全部入统企业中，国有及国有控股企业 1454 个，占 13.1%；外商及港澳台商投资企业 120 个，占 1.1%；民营企业 9544 个，占 85.8%。

2005 年入统企业现价工业总产值 3011.2 亿元，产品销售收入 2995.3 亿元，出口交货值 32.5 亿元，利润总额 42 亿元，年末从业人数 37.8 万人，分别比上年增长 22.5%、22.5%、35.2%、140.8%和 8.7%。按现价工业总产值排序，前 10 位的省区依次是：山东、江苏、河南、广东、黑龙江、河北、安徽、湖北、福建、广西。总产值超过 100 亿元的有 9 个省，其中山东省达 506.4 亿元、江苏省达 418.8 亿元、河南省达 230.7 亿元。

在近两年全国粮油加工业中，米、面、油加工业的具体情况分别如下。

1. 大米加工业的基本情况

2004 年，全国入统企业规模以上大米加工企业 5666 个，年生产能力 9463 万吨，1000t 以上的企业为 10 个。入统企业的总产量为 2257.1 万吨，其中特等米 764.2 万吨，占 33.9%；标准一等米 1310.2 万吨，占 58.1%；标准二等米 1322 万吨，占 6.2%。特等米和标准二等米的产量占大米总产量的 92%。入统企业的现价总产值 712 亿元，利润总额 9.2 亿元，资产总计 335.3 亿元，年末从业人数 11.5 万人。

2005 年，全国入统大米加工企业 7260 个，年生产能力 12447.6 万吨，1000t 以上的 12 个，占 0.2%。大米总产量 2914.6 万吨，其中特等米 984 万吨，占 33.8%；标准一等米 1646.5 万吨，占 56.5%；标准二等米 239.7 万吨，占 8.2%。产量超过 100 万吨的有江西、黑龙江、江苏、湖北、安徽、湖南、福建、广西、四川、辽宁 10 个省，其中江西省达 358 万吨，黑龙江省达 332.8 万吨，江苏省达 327 万吨，湖北省达 309.5 万吨。大米企业现价工业总产值 736.8 亿元，产品销售收入 751.6 亿元，出口交货值 4.4 亿元，利润总额 13.1 亿元，年末从业人数 13.7 万人。

2. 小麦粉加工业的基本情况

2004 年，全国入统企业规模以上小麦粉加工企业 1990 个，年生产能力 6508 万吨，1000t 以上的企业为 15 个。入统企业的小麦粉总产量为 2938.1 万吨，其中特制一等粉 1215.3 万吨，占 41.4%；特制二等粉 781 万吨，占 26.6%；标准粉 342.8 万吨，占 11.7%；专用粉 380.4 万吨，占 13%。特制一等粉、特制二等粉和专用粉的产量占小麦粉总产量的 81%。入统企业的现价总产值 610.4 亿元，利润总额 4.6 亿元，资产总计 326 亿元，年末从业人数 11.6 万人。

2005 年，全国入统小麦粉加工企业 2815 个，年生产能力 8090 万吨，1000t 以上 26 个，占 0.9%。在小麦粉企业中，国有及国有控股企业 326 个，占 11.6%；外商及港澳台商投资企业 35 个，占 1.2%；民营企业 2454 个，占 87.2%。小麦粉总产量 3480.4 万吨，其中特制一等粉 1481.1 万吨，占 42.6%；特制二等粉 916.5 万吨，占 26.3%；标准粉 408.4 万吨，占 11.7%；专用粉 432.6 万吨，占 12.4%。总产量超过 100 万吨的有山东、河南、江苏、河北、安徽、陕西、广东、新疆、湖北 9 个省，其中山东省达 736.8 万吨，河南省达 717 万吨，江苏省达 372.5 万吨，河北省达 305.6 万吨。小麦粉企业现价工业总产值 863.5 亿元，产品销售收入 796.8 亿元，出口交货值 5.7 亿元，利润总额 9.8 亿元，年末从业人数 14.2 万人。

3. 食用植物油加工业的基本情况

2004 年，全国入统企业规模以上食用植物油加工企业 890 个。油料年处理能力为 5138 万吨，油脂精炼年处理能力为 1460.5 万吨。1000t 以上的企业为 47 个。

入统企业的食用植物油总产量为 953.8 万吨，精炼油的产量为 817.3 万吨。其中精炼油中的一级油为 346.8 万吨，占 42.4%；二级油 211.5 万吨，占 25.9%；三级油 68.7 万吨，占 8.4%；四级油 190.3 万吨，占 23.3%。一级油（原色拉油）、二级油（原高级烹调油）和三级油（原一级油）的产量占精炼油总产量的 76.7%。入统企业的现价总产值 1136.6 亿元，利润总额 3.7 亿元（2003 年为 21.89 亿元，2004 年遇到了进口大豆价格风波的影响），资产总计 732.8 亿元，年末从业人数 11.7 万人。

2005 年，全国入统食用植物油加工企业 1043 个，油料年处理能力 5731.5 万吨，精炼能力 1761.2 万吨。1000t 以上 63 个，占 6%。在食用植物油企业中，国有及国有控股企业 150 个，占 14.4%；外商及港澳台商投资企业 58 个，占 5.6%；民营企业 835 个，占 80%。食用植物油总产量 1384.1 万吨，其中大豆油 709.6 万吨，占 51.3%；菜籽油 278.2 万吨，占 20.1%；花生油 80.2 万吨，占 5.8%；棉籽油 49.8 万吨，占 3.6%。在总产量中，一级油 723.3 万吨，占 52.3%；二级油 118.3 万吨，占 8.6%；三级油 79.7 万吨，占 5.8%；四级油 298.3 万吨，占 21.6%。总产量超过 50 万吨的有山东、江苏、河北、广东、黑龙江、上海、浙江、福建、湖北、河南 10 个省，其中山东省达 220.8 万吨、江苏省达 217.9 万吨、河北省达 120.9 万吨、广东省达 107.8 万吨。食用植物油企业总产值 1410.9 亿元，产品销售收入 1446.9 亿元，出口交货值 22.4 亿元，利润总额 19.1 亿元，年末从业人数 9.9 万人。

根据以上统计资料的分析，可归结为以下几个特点。

(1) 民营经济迅速发展，比重进一步提高　随着市场经济的发展和粮食流通体制改革的深化以及国有企业改制重组步伐的加快，国有及国有控股企业进一步减少，民营企业快速增加，成为粮油加工业的主导力量。

2005 年全国入统的粮油加工企业中，民营企业占 85.8%，比上年增加 9.8 个百分点。其中大米民营企业占 86.1%，增加 8.2 个百分点；小麦粉民营企业占 87.2%，增加 15.1 个百分点；食用植物油民营企业占 80%，增加 7.8 个百分点。民营企业与国有企业相比，除机制灵活外，还具有职工人数少、资产负债率低等优势。虽然民营企业数占企业总数 85.8%，但职工人数只占 77.1%；民营企业资产负债率为 62.5%，而国有企业为 82.8%，相差 20 个百分点。

(2) 企业规模继续扩大，生产集中度进一步提高　在 2005 年入统企业中，日生产能力 400t 以上的大型企业达 365 个，比上年增加 86 个；其中 1000t 以上的企业达 101 个，比上年增加 29 个。

从产品产量来看，年产量达到 10 万吨以上的企业达 103 个，比上年增加 29 个。其中年产量 10 万吨以上大米企业 28 个，总产量达 468.7 万吨，占入统大米企业总产量的 16.1%；年产量 10 万吨以上小麦粉企业 47 个，总产量达 1217.8 万吨，占入统小麦粉企业总产量的 35%；年产量 10 万吨以上食用植物油企业 28 个，总产量达 821.4 万吨，占入统食用植物油企业总产量的 59.3%。前 10 家企业总产量占本行业入统企业总产量的比重分别是：大米 8.5%，小麦粉 17.8%，食用植物油 42.3%。

（3）产品质量和档次进一步提高，名牌产品销售量扩大，效益显著 中国改革开放前，我国的粮油市场大多以标准粉、标二米和二级油为主，品种单一，品质较低，不能满足市场和食品工业的需要。而如今，走进超市，各种等级的高品质小包装大米、小包装面粉、免淘洗米、专用面粉、营养强化面粉、色拉油、高级烹调油、浓香花生油、小磨香油和特种油脂等琳琅满目。

2005 年，粮油产品结构继续向优质和高档方向调整，特一粉在小麦粉中所占比重达到 42.6%，比上年提高 1.2 个百分点；一级油在食用植物油中所占比重达到 52.3%，比上年提高 15.9 个百分点。

几年来，通过大力培育、宣传知名企业和品牌，普遍增强了企业的质量意识和品牌意识，推动了经营管理水平和产品质量水平的提高，名牌产品越来越受消费者欢迎，市场占有率越来越高，优势越来越明显。

2004 年被国家质量监督检验检疫总局和中国名牌战略推进委员会授予"中国名牌产品"称号的大米和小麦粉企业产品销售量和经济效益都有大幅度提高。7 个大米名牌销售量平均比上年提高 39.3%；13 个小麦粉名牌的销售量平均比上年提高 11.3%，利润总额增长 15.6%。黑龙江北大荒米业有限公司产量达 55.8 万吨，比上年增长 37%；河北五得利面粉集团产量达 157.3 万吨，比上年增长 56%，利润总额增长 222.9%。

（4）粮油加工企业经济效益大幅提高，创近年来最好水平 2005 年，入统企业实现利润总额 42 亿元，比上年提高 140.8%，其中大米企业实现利润 13.1 亿元，比上年提高 42.3%；小麦粉企业实现利润 9.8 亿元，比上年提高 116.3%；食用植物油企业利润大幅提高，共实现利润 19.1 亿元，比上年增长 417.6%。说明大部分食用植物油企业已开始走出困境，特别是国有企业扭亏为盈，比上年增加 2.2 亿元；外商及港澳台商投资企业利润增长了 998.9%；民营企业利润增长了 137%。利润大幅增加的主要原因是 2005 年原料价格特别是进口大豆价格相对平稳，生产成本下降，企业开工率上升，销量扩大。而且，一些以进口大豆为主要原料来源的企业吸取了 2004 年的教训，风险意识增强。

（5）资产负债率有所下降 2005 年入统企业总资产负债率 68.5%，比上年降低 4.7%。其中大米加工业的资产负债率为 63.6%，比上年降低 8.3%；小麦粉加工业为 62.6%，比上年降低 8.1%；食用植物油加工业为 73.7%，比上年降低 1.1%。按所有制划分：民营企业资产负债率 62.5%，比上年降低 4%；国有企业 82.8%，比上年降低 7.7%；外商及港澳台商投资企业 71.1%，比上年降低 1.4%。企业资产负债率特别是国有企业资产负债率下降的主要原因之一是企业在改制重组过程中，调整了资本结构，吸纳了一些社会资金。从粮油工业总产值前 10 名的排序看，充分说明了东南沿海地区经济发展速度快，食品工业发展快，它们能抓住机遇，充分利用沿海港口的优势发展粮油工业，尤其是油脂工业发展迅猛。反之，原来排序较前的吉林、湖南、四川、内蒙古等省（自治区）的排序后退了。这种变化，应该说是符合市场经济规律的。

（二）我国粮油加工业存在的问题及发展对策

1. 我国粮油加工业存在的主要问题

（1）具备参与国际性竞争实力的集团化企业严重匮乏，竞争能力弱 目前，我国粮油企业从总体上看，存在着"小、散、弱"的普遍性问题，缺少优势企业、强势企业、大企业，难以同国外资本抗衡。在粮食市场化、国际化步伐加快、竞争日趋激烈的今天，这个问题显得尤为突出。

（2）生产能力和利用率偏低，开工率不足，制约着行业的总体发展　我国粮油加工业与世界发达国家粮油加工业规模化生产、集约化经营相比差距很大。粮油工业的加工能力严重过剩，大米加工厂的开工率仅为25.6％；面粉加工厂的开工率仅为38.5％；油脂加工厂的开工率也仅为51.5％。与发达国家粮油加工厂年开工率80％～90％的差距甚大，产能效率低下。此外，粮油工业企业效益低下，全国20751个加工厂的年利润总额27.97亿元，厂年均利润13.48万元。与世界发达国家粮油加工企业的经济效益差距很大。粮油深加工、多产品、高效增值的比重太小，采用新技术、提高资源利用率水平较低。粮油加工机械中仍有大部分设备依赖国外产品，中国粮油加工机械缺少知名品牌。

据不完全统计，2005年入统企业中，未开工或基本未开工的约10％左右，还有很多企业开工不足，生产能力利用率低。据测算，大米企业生产能力利用率平均为34％，小麦粉企业生产能力利用率平均为61％，食用植物油企业能力过剩现象也很严重，特别是近几年各地新建了不少大型油厂，存在着盲目投资、重复建设现象，与此同时，很多地方也在大量建设小米厂、小面粉厂。据吉林省调查，2003～2005年新建的171个大米加工厂中，日加工能力在100t以上的项目仅有16个，其余都是100t以下的小机组。

2. 我国粮油加工业发展对策

（1）发展优势企业和企业集团，促进资源的合理、有效整合和总体水平的提升　温家宝总理在十届人大四次会议上指出：要"推动企业并购、重组、联合，支持优势企业做强做大，提高产业集中度"。为此，大力培育和发展优势企业，特别是在国有企业改制重组过程中，要注意进行整合提升，优化企业组织结构和资本结构，以资本、品牌、技术等为纽带，组建企业集团，实行集团化、集约化、规模化经营。

（2）实施名牌战略，培育粮油名牌产品　党的十六届五中全会指出：要"形成更多拥有自主知识产权的知名品牌"。几年来，粮油行业实施名牌战略，取得初步成效，产生了一批中国名牌和地方名牌，形成了一定的名牌效应，起到了示范带动作用。在此基础上，应继续做好并加强粮油名牌的培育与发展，选择一批规模较大、产品质量较好、市场占有率较高、深受消费者欢迎的企业和产品作为重点培育对象，加大服务力度和宣传力度，帮助企业提高产品质量，增强它们的带动力和辐射力。通过实施名牌工程，进一步优化产品结构和促进企业组织结构调整，带动粮油工业的整体水平提高。

（3）大力推进放心粮油工程　实施放心粮油工程是提高粮油产品质量、保障食品安全、扩大销售、增强企业效益的有效措施。为此，要继续深入推进放心粮油工程，开展放心粮油进农村、进社区活动。在加强企业管理基础工作，建立健全质量保证体系，确保产品质量合格、卫生和安全的同时，加强市场监管和行业自律，规范企业生产经营行为，防止不合格产品和假冒伪劣产品进入市场。

（4）推进粮食产业化经营　粮食产业化经营，是加强粮食企业与农民、市场之间的联系，实行产销一体化，增强整体竞争能力的一条重要途径，要积极指导，大力推行。一方面要积极推广"公司＋基地＋农户"和"两代一换"等行之有效的方式，上连市场、下连农户，与农民结成利益共同体，解决市场需求与农民粮食生产脱节问题，稳定企业原料来源；另一方面要延长粮油加工业产业链条，拓展加工深度和广度，发展精深加工和综合利用，提高产品科技含量和附加值。

（5）加强行业指导，防止盲目投资和低水平重复建设　对现有规模小、工艺设备简陋、产品质量差的小企业，要逐步淘汰，通过资源整合，提高现有设备的综合利用能力；对新建项目，要进行必要的论证和审核，防止低水平重复建设；特别是对新建大型油脂加工厂，要进行严格审核和控制，防止盲目投资，造成社会资源浪费。

复习思考题

    1. 粮油加工的主要内容是什么？

    2. 我国粮油产品加工的发展现状和存在问题是什么？

第二章　粮油产品分类及其理化性质

学习目标

　　通过对本章的学习，使学生了解粮油产品的分类；主要对粮油原料中存在的蛋白质、脂肪、碳水化合物、维生素、矿物质和酶等主要成分的含量、分布、加工特性有较好的了解。

第一节　粮油产品分类

一、按照原料的种类划分

在实际生产中，粮油原料的种类很多，范围很广，大致可分为以下几类。

（1）谷物类　包括稻谷、小麦、玉米等。它们的共同特点是种子含有发达的胚乳，主要由淀粉构成，含量约为70%～80%，其次为蛋白质（10%～16%）、脂肪（2%～5%）。因此，谷物类是日常膳食的主要来源，并提供人体所需的大部分能量。

从稻谷制取的大米，可制作米饭、年糕、米粉、白果干、汤圆粉、淀粉、糖等；小麦经过碾磨筛理，可制取面粉、麸皮、小麦胚芽等。面粉可制作馒头、面条、面包、点心、面筋、淀粉等。嫩玉米可制罐头，玉米可加工玉米糁、玉米面、玉米膨化食品、油炸玉米片、玉米淀粉、淀粉糖、酒、酒精、饲料、氨基酸等，玉米糁可制啤酒。

（2）油料类　包括大豆、花生、菜籽、棉籽、芝麻及米糠等。它们的共同特点是种子的胚部与子叶中含有丰富的脂肪（25%～50%），其次是蛋白质（20%～40%），可以作为提取食用植物油的原料，提取后的油饼中含有较多的蛋白质，可生产高蛋白饲料和食用蛋白等。

（3）豆类　包括大豆、豌豆、绿豆、蚕豆、赤豆等。它们的特点是种子无胚乳，却有两片发达的子叶，子叶中含有丰富的蛋白质（20%～40%）和脂肪，如花生与大豆；有的含脂肪不多，却含有较多的淀粉，例如豌豆、蚕豆、绿豆与赤豆等。

大豆可煮食、炒食，制作酱油、酱、豆腐、豆干制品、豆乳、豆浆，提取油脂和分离蛋白、浓缩蛋白，豆油下脚和副产品可提取磷脂、维生素E以及脂肪酸等。绿豆、豌豆、赤豆可作蔬食、罐头、糕饼、粉丝、豆沙等原料。

（4）薯类　包括甘薯、马铃薯、木薯等。它们的特点是在块根或块茎中含有大量的淀粉。如甘薯可生食、煮食、烤食、蒸食，制薯干、淀粉、食醋、饴糖、粉条、酒、酒精、味精、赖氨酸等。马铃薯也可供炒食、煮食和烤食，可制土豆粉、土豆泥、油炸土豆片、淀粉、淀粉糖、淀粉衍生物及有机酸、氨基酸等。木薯含有氢氰酸毒素，不能生食，可制取淀粉以及其他制品。

二、按照加工工艺划分

（1）烘烤食品　如饼干、面包、烤蛋糕、米饼等。

（2）蒸煮食品　如馒头、蒸蛋糕、米饭等。

（3）酿造食品　如酱油、食醋等。

（4）油炸食品　如油条、油炸面筋、方便面等。

（5）膨化食品　如组织蛋白、薯片、薯条等小食品。

（6）干燥食品　如挂面、方便面等。

此外，粮油产品按用途划分，可分为旅游食品（如盒饭）、营养食品（如强化豆奶）、饮料（如酒类）、疗效食品（如纤维食品）、运动员食品、婴儿食品、老年食品等。

第二节　粮油原料中的化学成分及主要理化性质

粮油原料中的主要成分是指水分、矿物质、蛋白质、脂肪、碳水化合物、维生素和酶。碳水化合物包括粗纤维、可溶性糖与淀粉等。

一、粮油原料中化学成分的含量

粮油原料的品种不同，其化学成分有很大的差异，见表 2-1。

表 2-1　一些粮油原料的化学成分　　　　　　　　　　　　%

原　　料	水分	淀粉	纤维素	蛋白质	脂肪	矿物质
小麦	13.8	68.7	4.4	9.4	1.5	2.1
稻谷	13.0	68.2	6.7	8.0	1.4	2.7
大麦	14.0	68.0	3.8	9.9	1.7	2.7
燕麦(去壳)	15.0	61.6	1.4	13.0	7.0	2.0
高粱	10.9	70.8	3.4	10.2	3.0	1.7
玉米	13.2	72.4	1.4	5.2	6.1	1.7
大豆	10.0	26.0	4.5	26.3	17.5	5.5
花生仁	8.0	22.0	2.0	26.2	39.2	2.5
蚕豆	12.6	56.7	1.8	24.5	1.6	2.8
豇豆	13.0	55.2	5.6	22.0	1.9	3.0
绿豆	15.1	56.0	1.6	22.3	1.1	4.0
赤豆	14.6	55.9	4.7	21.4	0.6	2.9
扁豆	8.9	60.5	6.0	20.4	1.1	3.1
油菜籽	5.8	17.6	4.6	26.3	40.4	5.4
棉籽	6.4	14.8	2.2	39.0	33.2	4.4
葵花籽	7.8	9.6	4.6	23.1	51.1	3.8
芝麻	5.4	12.4	3.3	20.3	53.6	5.0
亚麻籽	2.8	17.3	12.8	34.4	29.2	3.5
甘薯(鲜)	67.0	29.0	0.5	2.3	0.2	0.9
甘薯(干)	13.8	77.6	1.8	2.9	1.3	2.6

从表 2-1 中可得出以下几点结论。

① 粮油原料不同，其化学成分各异。化学成分是粮油原料分类的主要依据。例如，禾谷类粮食籽粒的主要化学成分是淀粉，故称淀粉质粮食；豆类作物含有丰富的蛋白质；油料种子则富含脂肪，可作为提取植物油的原料。

② 带壳的籽粒（如稻谷、小麦等）或种皮较厚的籽粒（如扁豆、豇豆等）一般都含有较多的粗纤维；同时，含粗纤维多的籽粒一般矿物质含量也较高。

③ 含脂肪多的种子，含蛋白质也较多，例如油料种子与大豆种子。

但同时也必须指出：粮油籽粒中各化学成分的含量因品种、土壤、气候及栽培条件的不同而有很大的变动。

二、粮油原料中化学成分的分布

从加工学的观点来看，有营养价值而又耐藏的化学成分都应当保留，而人体不能消化吸收的成分则必须尽量除去。因此需进一步了解粮油原料中各种化学成分的分布，这样就可为加工时的取舍及加工工艺的确定提供参考。

粮油籽粒的结构一般由皮层、胚和胚乳三部分所组成。化学成分在籽粒中各个部分的分布是不均匀的，以小麦籽粒为例，各部分化学成分见表 2-2。

表 2-2　小麦籽粒各部分化学成分（以干物质计）　　　　　%

籽 粒 部 分	部位的质量比	蛋白质	淀粉	糖	纤维素	多缩戊糖	脂肪	矿物质
整粒	100	16.06	63.10	4.32	2.76	8.10	2.24	2.18
胚乳	81.60	12.91	78.8	3.54	0.15	2.72	0.68	0.45
胚	3.24	37.63	0	25.10	2.46	9.74	15.00	0.32
带糊粉层的皮层	15.16	28.75	0	4.18	16.20	35.65	7.78	10.50

在小麦籽粒中，胚乳占全粒质量的81.60%，集中了全粒所有的淀粉，而脂肪、纤维素和矿物质含量很低。胚在全粒小麦中所占的比例最小（3.24%），但却含有较高的蛋白质、脂肪和糖分，不含淀粉，胚中还含有较多的维生素与矿物质，其中维生素 B_1 的含量占全粒质量的60%以上，维生素 E 的含量也很丰富，是提取维生素 E 的良好原料。皮层和糊粉层中，纤维素的含量占全粒小麦的纤维素总量的90%，矿物质的含量也很高。因此可以得出以下几点结论。

① 作为主要贮藏养分的淀粉全部集中在胚乳的淀粉细胞中，其他各部分均不含淀粉。

② 蛋白质的浓度以糊粉层和胚中的浓度为最大，但就全粒来看，以胚乳的淀粉细胞所含的蛋白质为最多，其次是胚和糊粉层。

③ 糖分也大部分存在于胚乳的淀粉细胞内，其次是胚和糊粉层。

④ 纤维素绝大部分存在于皮层中，而且以果皮中为最多，胚乳中含量很少。

⑤ 矿物质以糊粉层中的含量为最高，甚至比麦皮还要高出1倍多，胚乳中含量很少。

因此，小麦加工的要求就是要把麦粒中富含淀粉和蛋白质等营养成分的纯胚乳全部提取出来，使它与含纤维多的麦皮和糊粉层分离。

三、粮油原料中的蛋白质

蛋白质是粮油原料中最重要的化学成分之一。粮食中的蛋白质含量相差很大，一般禾谷类粮粒含蛋白质在15%以下，而豆类与油料中蛋白质含量可高达20%～40%，在我国的膳食结构中，粮油作物是获取蛋白质的主要来源之一。

1. 蛋白质的分类

自然界中存在的蛋白质种类繁多，结构复杂。通常根据蛋白质的化学组成的复杂程度将蛋白质分为简单蛋白质和结合蛋白质两大类。

（1）简单蛋白质　只含有 α-氨基酸的蛋白质称为简单蛋白质或单纯蛋白质。粮油种子的胚乳或子叶中的贮藏性蛋白质都属于这一类。

简单蛋白质根据溶解度的不同又可以分为清蛋白、球蛋白、胶蛋白、谷蛋白。除以上 4 类简单蛋白质外，其他还有组蛋白、精蛋白和硬蛋白 3 类，这些大多是动物性蛋白质。

从营养学角度来讲，清蛋白与球蛋白属于生理活性蛋白质，其氨基酸组成中赖氨酸、色氨酸和蛋氨酸含量较高，因而营养价值高；而胶蛋白与谷蛋白是粮油种子中的贮藏性蛋白质，植物贮藏这些蛋白质用于幼苗生长。但胶蛋白中具重要营养意义的赖氨酸、色氨酸和亮氨酸的含量都很低。因此，豆类与油料作物中由于主要含有生理活性蛋白质，因而蛋白质的质量就好；而禾谷类作物中由于含有大量的胶蛋白，因而蛋白质品质较差，比如小麦和玉米，但大米的蛋白质品质相对较好。

（2）结合蛋白质　简单蛋白质与非蛋白质物质结合而成的复合体，称为结合蛋白质，其非蛋白质部分称为辅基。根据辅基的化学成分不同，结合蛋白质可分为核蛋白、磷蛋白、脂蛋白、糖蛋白、色蛋白 5 类。

2. 蛋白质的含量与分布

就不同种类粮油作物而言，蛋白质的含量一般以豆类作物含蛋白质最多，油料次之，禾谷类再次之。各种粮油种子的蛋白质含量见表 2-3。

表 2-3　各种粮油种子的蛋白质含量　　　　　　　　　　　%

种　类	蛋白质含量	种　类	蛋白质含量	种　类	蛋白质含量
小麦	8～13	燕麦	10～12	蚕豆	19～25
普通硬麦	12～13	玉米（马齿种）	9～10	花生	21～36
普通软麦	7.5～10	高粱	10～12	向日葵	25～27
硬粒小麦	13.5～15	大米	7～9	芝麻	24～26
大麦	12～13	大豆	32～46	油菜籽	20
黑麦	11～12	豌豆	20～25	棉籽	17～22

就同一种粮油作物而言，其蛋白质含量又因品种，土壤及气候等条件的不同而异。以小麦为例，其一般规律是：红皮硬质春小麦的蛋白质含量最高，红皮软质冬小麦次之，白皮软质冬小麦则最低，但这并不是绝对的，因为这里没有包括土壤、气候的影响在内。

就不同地区而言，我国南方与北方的小麦蛋白质含量有显著差异，一般愈往北方，小麦的蛋白质含量愈高，这主要是由于北方雨量及土壤水分比南方少。此外，就蛋白质的种类而言，粮食种类不同，各类蛋白质的含量也各不相同。

粮油种子蛋白质中各类简单蛋白质的相对含量见表 2-4。

表 2-4　粮油种子蛋白质中各类简单蛋白质的相对含量　　　　　　%

蛋白质来源	清蛋白	球蛋白	胶蛋白	谷蛋白	蛋白质来源	清蛋白	球蛋白	胶蛋白	谷蛋白
大米	2～5	2～8	1～5	85～90	玉米	2～10	10～20	50～55	30～45
小麦	5～10	5～10	40～50	30～40	高粱	无	无	60～70	30～40
大麦	3～4	10～20	34～45	35～45	大豆	极少	85～95	极少	极少
燕麦	5～10	50～60	10～15	5	芝麻	4	80～85	极少	极少
黑麦	20～30	5～10	20～30	30～40					

从表 2-4 中可以看出：禾谷类种子中的蛋白质主要是胶蛋白和谷蛋白，其中以玉米的胶蛋白与大米的谷蛋白最为突出。而小麦的特点是胚乳中胶蛋白与谷蛋白的含量几乎相等，因

而它们能够形成面筋。但有一个例外，就是燕麦中球蛋白的含量最多。豆类和油料种子的蛋白质绝大部分是球蛋白。

3. 小麦面筋

将小麦面粉加水和成面团，静置一段时间后，把面团放在流动水中揉洗，面团中的淀粉粒和麸皮微粒都随水渐渐被冲洗掉，可溶性物质也被水溶解，最后剩下来的一块柔软的有弹性的软胶物质，就是面筋。这种面筋因含有55％～70％的水分，故称为"湿面筋"，将湿面筋烘干除去水分，即为"干面筋"。面筋在面团中所表现的功能性质，对于烘焙食品的工艺品质与食用品质影响很大。

（1）面筋的化学成分　面筋中的蛋白质是小麦的贮藏性蛋白质，由麦胶蛋白和麦谷蛋白所组成，这两种蛋白质的量占面筋干物质总量的80％左右。小麦面筋的化学成分见表2-5。

表 2-5　小麦面筋的化学成分（相对干物质）　　　　　　　　　　%

测定	麦胶蛋白	麦谷蛋白	麦清蛋白与麦球蛋白	淀粉	糖	纤维	脂肪	灰分
1	39.09	35.07	6.75	9.44	—	2.00	4.20	2.48
2	43.02	39.10	4.41	6.45	2	—	2.80	2.00

麦胶蛋白分子相对分子质量较小（25000～100000），具有延伸性，但弹性小；麦谷蛋白分子相对分子质量大（100000以上），具有弹性，但缺乏延伸性。

除了麦胶蛋白和麦谷蛋白两个主要成分外，淀粉是面筋中另一个固定成分。它似乎被面筋蛋白质结合得非常牢固，以致面筋洗制完毕，洗水中已不呈碘色反应时面筋中仍然含有一部分淀粉，只有用碱液或其他溶剂将面筋软胶溶解，才能把残留的淀粉从面筋网络中全部分离出来。

脂肪和类脂同样为面筋软胶所保持，面筋蛋白质是借氢键将脂类束缚在一起的，小麦面粉的脂肪中有45％～70％的量为面筋蛋白质所束缚，这对面筋的物理性质产生很大的影响。

（2）面筋的形成过程　大多数人认为面筋的形成主要是面筋蛋白质吸水膨胀的结果。当面粉和水揉成面团后，由于面筋蛋白质不溶于水，其空间结构的表层和内层都存在一定的极性基团，这种极性基团很容易把水分子先吸附在面筋蛋白质单体表层，经过一段时间，水分子便渐渐扩散渗透到分子内部，造成面筋蛋白质的体积膨胀，充分吸水膨胀后的面筋蛋白质分子彼此依靠极性基团与水分子纵横交错地联结起来逐步形成面筋网络。由于面筋蛋白质空间结构中存在着硫氢键，在面筋形成时，它们很容易通过氧化，互相结合形成二硫键。这就扩大和加强了面筋的网络组织，随着时间的延长和对面团的揉压，促使面筋网络进一步细密化。

由此可见，面筋主要是面粉中的麦胶蛋白与麦谷蛋白混合体系通过吸水膨胀形成的，如果这种体系遭到破坏，面筋便不能形成。

（3）面筋的产出率及其影响因素　按上述方法洗制出来的湿面筋或干面筋，取其对面粉质量的百分数，即为湿面筋或干面筋的产出率。

面筋产出率的多少一定程度上可反映出小麦或面粉品质的好坏。一般面粉蛋白质含量越高，则面筋的产出率也越大。

对同一种面粉来说，面筋的产出率与面筋的洗制条件有关。洗制条件包括面团静置时间、洗水温度、洗水酸度和含盐量等。它们对面筋产出率的影响主要表现在能影响蛋白质的吸水膨胀和溶解度。凡是能够促使蛋白质吸水膨胀的条件，都可以提高面筋的产出率；凡是能够促使蛋白质解体的条件，都会降低面筋的产出率。因而必须规定统一的洗制条件，才能得到可以互相比较的正确结果。

（4）面筋的物理性质　面筋产出率的高低虽然可以反映小麦和面粉品质的好坏，但更重要的还是面筋本身的质量。面筋的质量可以按它的物理特性来衡量。影响面筋质量好坏的物理特性指标主要有下列几个。

① 弹性　面筋的弹性是指面筋拉长或压缩后恢复到原始状态的能力。面筋按其弹性强弱可以分为弹性良好的面筋、弹性脆弱的面筋和弹性适中的面筋 3 类。

弹性良好的面筋，拉长时有很大的抵抗力，手指按压后能迅速恢复原状，且不留痕迹。

弹性脆弱的面筋，拉长时几乎没有抵抗力，当使其下垂时，可因本身的质量而自行断裂，用手指按压后难以恢复原状，且留有较深的痕迹。

弹性适中的面筋，其弹性介于上述两者之间。

② 延伸性　延伸性是指把面筋块拉到某种长度而不致断裂的性能，可用面筋块拉到断裂时的最大长度来表示。面筋按延伸性的强弱可以分为强力、中力和弱力 3 个级别。

③ 韧性　韧性是指面筋在拉长时所表现的抵抗力。一般来说，弹性强的面筋，韧性也好。

④ 比延伸性　是指面筋每分钟被拉长的长度，以厘米表示。一般来说，面筋质量好的面粉每分钟仅自动延伸几厘米，而弱力粉的面筋每分钟可自动延伸 100 多厘米。

优良的面筋，弹性好，延伸性大或适中；中等的面筋，弹性好，延伸性小或弹性中等，比延伸性小；劣质的面筋，弹性小，韧性差。

优良的面筋可吸收 2 倍面筋量的水。小麦面筋的这种吸水性可增加产品得率，并延长食品的保质期。小麦面筋的吸水性与黏弹性相结合就产生"活性"，通常称"活性面筋"。小麦湿面筋在干燥前烧煮，则会产生不可逆的热变性，不再具有吸水性与黏弹性，而是一种普通的植物蛋白，如烤麸。

四、粮油原料中的碳水化合物

粮油原料中碳水化合物根据结构和性质的不同，可以分为单糖、低聚糖和多糖 3 大类，单糖和低聚糖总称为糖类。

1. 单糖与低聚糖

① 单糖　根据单糖分子中碳原子数目的不同，可以分为丙糖、丁糖、戊糖和己糖。粮油原料中最重要的是己糖，其次是戊糖。己糖中有 D-葡萄糖、D-甘露糖、D-半乳糖和果糖 4种，其中最重要的代表性己糖为葡萄糖，它是生物体内最重要的单糖。

② 低聚糖　根据低聚糖水解后所生成的单糖分子数目可以将低聚糖分为双糖、三糖和四糖等，其中最常见的为双糖。

双糖为 2 分子单糖以糖苷键连接而成。根据双糖分子中两个单糖分子的连接方式的不同，可以分为还原性双糖和非还原性双糖两类。前者如麦芽糖、纤维二糖、乳糖等，后者如蔗糖、海藻糖等。粮油原料中的双糖以蔗糖为最普遍，而麦芽糖在正常的粮油籽粒中无游离态存在，只有在禾谷类作物种子发芽时，由于种子中的贮藏性淀粉受麦芽淀粉酶的水解才大量产生。

2. 纤维素与半纤维素

纤维素是植物组织中的一种结构性多糖，是组成植物细胞壁的主要成分，它在细胞壁的机械物理性质方面起着重要的作用。

粮油原料中纤维素的含量大约有 2%～10%，带壳粮粒中比较多。例如小麦籽粒中纤维素的含量为 2.3%～3.7%，玉米为 2.3%～12.4%，稻谷为 10.5%，燕麦为 12.6%。就整个籽粒而言，以皮壳中的含量为最多。以稻谷为例，稻壳含纤维素 30%～40%，皮层为

23.75％，糊粉层为 6.41％，胚为 2.46％，胚乳几乎不含纤维素。

由于纤维素化学性质很稳定。纤维素不溶于水及各种有机溶剂，也不溶于稀酸和稀碱，即使在热水中长时间煮沸也不溶解，只有氢氧化铜的氨水溶液能够溶解纤维素，其他试剂如 $ZnCl_2$、氯化锡的盐酸溶液也能溶解纤维素。

纤维素在高浓度的酸作用下可水解生成 β-D-葡萄糖。纤维素经过适当的处理可制得改性纤维素，例如羧甲基纤维素（CMC），可做食品添加剂。

由于人体消化系统中不能分泌出纤维素酶类，故不能消化纤维素。因此在加工中一般要去掉皮层。但是从现代营养学的观点来看，人类膳食中应该含有这种不消化的纤维素，因为它具有促进肠道蠕动、解除便秘、防治结肠癌的作用。

半纤维素也是组成植物细胞壁的主要成分之一，常与纤维素在一起。初生细胞壁和次生细胞壁中都含有半纤维素。它是一种混合多糖，或称杂多糖，水解后生成阿拉伯糖、木糖、葡萄糖、甘露糖和半乳糖等，有时还有糖醛酸，一般以木聚糖和葡萄糖醛酸居多。例如玉米茎中的半纤维素水解后生成95％的木糖和5％的葡萄糖醛酸，花生壳中则含有阿拉伯糖。

半纤维素不溶于水，但能溶于4％的NaOH溶液中，它与稀酸共热则几乎全部水解，也可能有一部分与纤维素牢固结合，因而水解较难。因此半纤维素的稳定性介于纤维素与淀粉之间。

3. 淀粉

淀粉是粮油种子中最重要的贮藏性多糖，是人体所需要食物的主要来源，也是轻工业和食品工业的重要原料。

（1）淀粉粒及其结构　淀粉在胚乳细胞中以颗粒状态存在，故可称为淀粉粒。不同来源的淀粉粒，其形状、大小和构造各不相同，因此可借显微镜观察来鉴别淀粉的来源和种类，并可检查粉状粮食中是否混杂有其他种类的粮食产品。

各种粮食的淀粉粒的形状很不一样，有圆形、卵形或椭圆形、多角形。例如，马铃薯淀粉粒中较大者为卵形，较小者为圆形；小麦淀粉粒大的为圆形，小的为卵形；大米淀粉粒为多角形；玉米淀粉粒则有圆形和多角形两种。

各种植物淀粉粒的大小相差很大，以淀粉颗粒长轴的长度来表示，一般介于 $2\sim150\mu m$ 之间，其中以马铃薯的淀粉粒为最大（$15\sim120\mu m$），大米淀粉粒为最小（$2\sim10\mu m$）。

在显微镜下细心观察时，淀粉粒都具有环层结构。有的可以看到明显的环纹（或轮纹），与树木的年轮有些相像，其中以马铃薯淀粉粒的环纹最为明显。加热过的淀粉粒再用水处理，可使环层互相分离。禾谷类淀粉的粒心常在中央，故为同心环纹，马铃薯淀粉的粒心则偏于一端，故呈偏心环纹。

（2）淀粉分子的结构

① 淀粉分子的基本组成单位为 α-D-葡萄糖。淀粉经局部水解，可生成糊精和麦芽糖，用酸彻底水解，则全部水解生成 α-D-葡萄糖，由此证明淀粉分子是以葡萄糖为基本的组成单位。因为淀粉分子只由一种葡萄糖分子组成，故属于同聚糖或称均一多聚糖，组成每个淀粉分子的葡萄糖残基的数目称为聚合度，用 DP 表示。

② 两种不同的淀粉分子——直链淀粉与支链淀粉。葡萄糖残基在淀粉分子中互相结合有两种不同的形式，因而形成两种结构不同的分子链，一种叫作直链淀粉，一种叫作支链淀粉。天然淀粉粒中一般同时含有这两种不同的淀粉分子。

根据定量测定的结果，淀粉粒中直链淀粉和支链淀粉的比例随植物种类和品种的不同而异。见表 2-6。

表 2-6 各种粮油原料淀粉中直链淀粉的含量 ％

淀粉种类	直链淀粉含量	淀粉种类	直链淀粉含量	淀粉种类	直链淀粉含量
大米	17	高粱	27	豌豆(皱皮)	75
糯米	0	小麦	24	甘薯	20
玉米	26	燕麦	24	马铃薯	22
甜玉米	70	豌豆(光滑)	30	木薯	17

从表 2-6 中可看出，禾谷类粮油原料淀粉中直链淀粉的含量约为 20％～25％，豆类淀粉中约为 30％～35％，糯性粮食的淀粉（如糯米、糯玉米、糯高粱等）则几乎全部是支链淀粉。在同一种粮食中这两种淀粉含量与品种和成熟度有关，一般粳米的直链淀粉含量较籼米低，不同品种也有差异，未成熟的玉米只含有 5％～7％的直链淀粉。

支链淀粉的相对分子质量要比直链淀粉大得多，直链淀粉为 5 万～20 万，支链淀粉大约为 20 万～60 万。

（3）淀粉的性质

① 物理性质　淀粉为白色粉末，吸湿性很强，天然淀粉粒不溶于冷水，但在热水中（例如 60～80℃）能吸水膨胀。

② 化学性质　从淀粉分子的结构来看，在多肽链的末端（还原性末端），仍然有自由的半缩醛羟基。但是在一般情况下，淀粉并不显示还原性。

淀粉遇酸共煮时，即行水解，最后全部生成葡萄糖。此水解过程可分为几个阶段，同时有各种中间产物相应形成。

淀粉亦可用淀粉酶进行水解，生成麦芽糖和糊精，再经酸作用最后全部水解成葡萄糖。这时测定葡萄糖的生成量即可换算出淀粉含量。这就是酶法和酸法测定淀粉含量的原理。

③ 淀粉与碘的反应　直链淀粉遇碘即生成一种深蓝色的复合物或配合物，而支链淀粉遇碘则呈现红紫色，并不产生配位结构。

一般碘反应的颜色，取决于淀粉链状分子的长度和分支的密度。

（4）淀粉的糊化与回生

① 淀粉的糊化　淀粉颗粒不溶于冷水，将其放入冷水中，经搅拌可成悬浮液。如停止搅拌，淀粉粒因比水重则会慢慢下沉；如将淀粉乳浆加热到一定的温度，则淀粉粒吸水膨胀，晶体结构消失，互相接触融为一体，悬浮液变成黏稠的糊状液体，虽停止搅拌，淀粉再也不会沉淀，这种黏稠的糊状液体称为淀粉糊，这种现象称为淀粉的糊化。发生此糊化现象所需的温度称为糊化温度。糊化作用的本质是淀粉粒中有序态和无序态的淀粉分子间的氢键断裂，分散在水中成亲水性胶体溶液。

淀粉粒在热水中的糊化过程，大致可以分为 3 个阶段，即可逆吸水阶段、不可逆吸水阶段和完全溶解阶段。

糊化后的淀粉称为糊化淀粉，又称为 α 化淀粉。

② 淀粉的回生　淀粉溶液或淀粉糊，在低温静置条件下，都有转变为不溶性的倾向，混浊度和黏度都增加，最后形成硬性的凝胶块，在稀薄的淀粉溶液中，则有晶体沉淀析出，这种现象称为淀粉糊的"回生"或"老化"，这种淀粉叫作"回生淀粉"或"老化淀粉"。

回生的本质是糊化的淀粉分子又自动排列成序，并由氢键结合成束状结构，使溶解度降低。在回生过程中，由于温度降低，分子运动减弱，直链分子和支链分子的分子都回头趋向于平行排列，通过氢键结合，相互靠拢，重新组成混合微晶束，使淀粉糊具有硬性的整体结构。这种情况和原来的生淀粉粒的结构颇为相似，但不再呈放射状排列，而是一种零乱的组合。

回生后的直链淀粉非常稳定，即使加热、加压也很难使它再溶解，如果有支链分子混合在一起，则仍然有加热恢复成糊状的可能。

回生的难易决定于淀粉的来源、直链淀粉的含量及链长度。一般直链淀粉容易回生，单纯的支链淀粉则不易回生；冷却速度对回生也有影响。如果冷却缓慢，使直链分子或支链分子的分支都有充分的时间转到平行排列，因而有利于回生。

回生后的淀粉糊和生淀粉一样，都不容易消化，因为它不易被淀粉酶所水解。因此有必要防止回生。蒸好的馒头、煮好的米饭都应趁热吃。在生产方便面时，采用油炸等快速干燥的方法，急剧减少水分，可保持淀粉的 α 型，加乳化剂也可防止回生。

五、粮油原料中的脂肪

脂肪也称油脂，包括动物油和植物油，它是人类食物六大主要成分之一，也是种子在贮藏时用于呼吸和发芽时所需能量的贮藏物质，它不仅是很好的热量来源，而且还含有人体不能合成而一定要从食物中摄取以维持健康的必需脂肪酸，如亚油酸、亚麻酸、花生四烯酸等。

油脂存在于一切动植物中，粮油原料中以油料作物含量最多。例如豆类中的大豆是良好的榨油原料，禾谷类作物的油脂含量一般都不高，但它们加工的副产品，如米糠、玉米胚中油脂含量较高，也是提取植物油的原料。

1. 油脂的化学成分

油脂的主要成分是脂肪酸的甘油三酯，即甘油与 3 个脂肪酸形成的一种酯类。

构成油脂的脂肪酸种类很多，但可把它们概括为两类，即饱和脂肪酸和不饱和脂肪酸。

① 饱和脂肪酸　饱和脂肪酸的通式是 $C_nH_{2n}O_2$（$38 \geq n \geq 4$）。从丁酸开始至三十八酸止。其中 $24 \geq n \geq 4$ 的饱和脂肪酸存在于油脂中，$38 \geq n \geq 25$ 的饱和脂肪酸则存在于蜡中。

油脂中最常见的饱和脂肪酸是十六酸（软脂酸）和十八酸（硬脂酸），其次为十二酸（月桂酸）、十四酸（蔻酸）和二十酸（花生酸），少于 12 个碳原子的脂肪存在于牛乳脂肪中，植物油中几乎不存在。

② 不饱和脂肪酸　天然油脂中含有很多种不饱和脂肪酸，有一烯、二烯、三烯和多烯等，由于不饱和脂肪酸中含有双键，化学性质不稳定，易起各种反应，因此不饱和脂肪酸对油脂的性质影响很大。

一般把常温下呈液体的称为油，常温下呈固体的称为脂。如果油脂成分中含有大量的饱和脂肪酸，则这种油脂在常温下呈固态；如果含有大量的不饱和脂肪酸，则这种油脂在常温下为液态。液体油脂成分中不饱和脂肪酸比饱和脂肪酸多，某些植物油以含有大量的某一不饱和脂肪酸为特征，如橄榄油含大量油酸，亚麻油含大量亚麻酸，桐油含大量桐酸，芥籽油和菜籽油含大量芥酸等。不饱和脂肪酸中较重要的是油酸、亚油酸、亚麻酸和花生四烯酸。

2. 油脂的理化性质

植物油脂的主要成分甘油三酯是中性脂质。甘油三酯的物理性质与构成它的脂肪酸的碳链长短和不饱和程度，以及它们在甘油基上的结合位置有关。如甘油酯的熔点，随构成脂肪酸的碳链长度的增加而升高，如果构成甘油酯的脂肪酸中混有不饱和脂肪酸或支链脂肪酸，则熔点降低，它们的含量愈大，甘油酯的熔点就愈低。甘油酯的相对密度随构成脂肪酸的分子质量而减小，随不饱和度的增加而增大。

虽然各种植物油的理化性质有很大的差异，但它们都有共同的特点：在 15℃ 时它们的相对密度均在 0.900～0.970，都不溶于水及冷酒精（麻油溶于冷酒精中），而能溶于热酒精和有机溶剂中，如汽油、苯、氯仿、乙醚、二氯乙烯、二硫化碳等。这为油脂的抽提和精炼提供了条件。油脂的黏度随外界温度的高低而改变，温度低黏度大，温度高黏度小。它与其他液体一样，在液体状态时能对光线发生折射现象，能与碱结合成肥皂并分离出甘油。当有接触剂存在时不饱和脂肪酸能同氢作用而生成白色固体的硬化油。在空气中氧的影响下，会产生干燥或发生酸败现象。植物油中除干性油、蜡及数种药用油以外，均可供食用。

每一种脂肪的性质都可用脂肪常数或脂肪的价——酸价、碘价、皂化价等来表示。

① 酸价　中和1g脂肪中的全部游离脂肪酸所必需的氢氧化钾的质量（以 mg 表示），称为酸价。酸价是一个非常重要的指标，粮油原料或其加工品在贮藏过程中均可能发生酸价的变化。

② 碘价　与100g脂肪相结合所需的碘的质量（以 g 表示），称为该种脂肪的碘价。碘价的高低反映了不饱和脂肪酸在该种油脂中的含量高低，碘价愈低，不饱和脂肪酸的含量愈低；碘价愈高，脂肪就愈容易氧化。

③ 皂化价　是指中和1g脂肪中的游离脂肪酸，同时中和与甘油化合的脂肪酸所需的氢氧化钾的质量（以 mg 表示）。脂肪酸与甘油化合的数量可用酯价来判断。酯价就是脂肪的皂化价和酸价之间的差值。

3. 磷脂

粮油原料中含有一些物理性质与脂肪相似，而化学性质则与脂肪有别的物质，这些物质都属于磷脂类，它们和脂肪一样都是甘油酯，即甘油和脂肪酸结合的酯，但酯键之处含有磷酸，且含有氮碱，这些是它们和真正的脂肪不同的地方。粮油原料中磷脂的含量见表2-7。

表 2-7　粮油原料中磷脂的含量　　　　　　　　　　　%

原　料	磷脂含量	原　料	磷脂含量	原　料	磷脂含量
大麦	0.74	玉米	0.28	小麦	0.65
小麦胚	1.55	黑麦	0.57	稻谷	0.64
向日葵	0.6～0.8	亚麻	0.44～0.73	菜籽	1.02～1.5
花生仁	0.44～0.62	大麻	0.85	蓖麻	0.25～0.3
棉籽油	0.3	棉籽	1.25～1.8	豆油	1.1～3.2
芝麻油	0.1	菜籽油	0.1	米糠油	0.5

粮油原料中所含的氮碱，其分布最广的是胆碱，它是一种易溶于水和酒精但不溶于乙醚的强碱。由甘油根、磷酸根和胆碱根组成的磷脂，叫作卵磷脂；另一种叫脑磷脂，它与卵磷脂的区别就是它里面不含胆碱，而含有一种叫胆胺的氨基乙醇（$CH_2OH—CH_2—N_2H$）。

卵磷脂中的含磷量与含氮量的比例是1：1。但在谷类作物的磷脂内，含磷量与含氮量的比例大于1：1，如小麦籽粒中的含磷量与含氮量的比例是1：1.3。

许多植物磷脂含有葡萄糖、半乳糖或戊糖等，有时含量很大。磷脂反复用水抽提，也不能把糖类全部除掉，必须将磷脂和5%的酒精一起煮沸。

六、粮油原料中的维生素

在不同种类和品种的粮油籽粒中含有不同种类和数量的维生素，在籽粒内的分布也不均匀。一般情况下，皮层、糊粉层和胚中维生素含量较多，而在胚乳中维生素含量较少。双子叶作物种子的子叶中维生素含量少，因此在加工中应予考虑。大多数维生素对光、热、氧、酸、碱及重金属较敏感，往往易于分解。主要粮油原料中部分维生素的含量见表2-8，部分油脂中维生素 E 的含量见表2-9。

表 2-8 主要粮油原料中部分维生素的含量

mg/100g

品 名	产地	胡萝卜素	维生素 B$_1$	维生素 B$_2$	维生素 B$_5$	维生素 C
糙籼米	北京	0	0.34	0.07	2.5	0
特一籼米	北京	0	0.15	0.05	1.30	0
特二籼米	北京	0	0.15	0.05	1.40	0
标一籼米	江苏	0	0.11	0.02	1.40	0
标二籼米	北京	—	0.22	0.06	1.80	0
糙粳米	北京	0	0.35	0.08	2.30	0
特一粳米	北京	0	0.13	0.05	1.00	0
特二粳米	北京	0	0.16	0.05	1.00	0
标二粳米	北京	0	0.24	0.05	1.50	0
蒸谷米	浙江	0	0.25	0.02	4.00	0
特一糯米	江西	0	0.11	0.06	1.40	0
特二糯米	江西	0	0.12	0.05	1.30	0
标一糯米	江苏	0	0.20	0.02	0.85	0
标二糯米	江西	0	0.21	0.07	2.60	0
标三糯米	江苏	0	0.20	0.06	3.50	0
全麦粉	陕西	0	0.20	0.10	4.00	0
特一粉	北京	0	0.24	0.07	2.00	0
特二粉	北京	0	0.46	0.06	2.50	0
大麦片	湖北	0	0.34	0.13	3.70	0
连皮大麦	四川	0	0.34	0.10	4.40	0
燕麦片	北京	0	0.60	0.14	1.00	0
莜麦片	北京	0	0.29	0.17	0.80	0
荞麦片	北京	0	0.38	0.22	4.10	0
小米	北京	0.19	0.57	0.12	1.60	0
黄米	北京	0.16	—	—	—	0
玉米	北京	0.34	0.21	0.06	1.60	10
高粱米	东北	0.34	0.26	0.09	1.50	0
大豆	北京	0.40	0.79	0.25	2.10	0
赤豆	北京	0	0.43	0.16	2.10	0
绿豆	北京	0.22	0.53	0.12	1.80	0
芸豆	北京	0	0.50	0.25	1.70	0
扁豆	北京	0	0.59	0.14	1.70	0
蚕豆	北京	0	0.39	0.27	2.60	0
豌豆	北京	0.04	1.02	0.12	2.70	0
甘薯	北京	1.31	0.12	0.04	0.50	0
马铃薯	北京	0.01	0.10	0.03	0.40	0
木薯	广西	0.01	0.10	0.08	0.90	0
花生米	北京	0.04	1.07	0.11	9.50	0
葵花籽	北京	0.10	0.88	0.20	5.10	0

表 2-9　部分油脂中维生素 E 的含量　　　　　　　　mg/100g

油脂名称	含量	油脂名称	含量	油脂名称	含量
椰籽油	8	棕榈油	56	大豆油	168
精炼玉米油	90	花生油	36～52	向日葵油	70
棉籽油	110	米糠油	101	麦胚油	180～450
亚麻籽油	110	精炼芝麻油	18		

七、粮油原料中的酶

1. 淀粉酶

淀粉酶广泛分布于生物界，粮油种子中淀粉的合成与分解，人体和动物对淀粉的消化等，都有专门的酶类在起作用。在粮油原料的应用中以淀粉酶为最重要。

根据来源的不同，淀粉酶可以分为麦芽淀粉酶、唾液淀粉酶、胰液淀粉酶、细菌淀粉酶和霉菌淀粉酶等；根据作用机理的不同，则可分为 α-淀粉酶、β-淀粉酶、葡萄糖淀粉酶、异淀粉酶等。

① α-淀粉酶　α-淀粉酶以随机的方式从淀粉分子内部水解 α-1,4-糖苷键，对 α-1,6-糖苷键不起作用，因此 α-淀粉酶又称为内淀粉酶。

当 α-淀粉酶作用于单纯的直链淀粉时，最初是无规则地迅速将直链淀粉分子切割为低分子糊精，因而使淀粉糊的黏度迅速降低，淀粉与碘液的显色反应消失，然后低分子糊精缓慢水解，最终产物为麦芽糖（占 87%）和葡萄糖（占 13%）的混合物。

当 α-淀粉酶作用于支链淀粉时，也是先从分子内部着手并跨过 α-1,6-糖苷键，很快生成分子比较大的糊精，遇碘呈紫色到棕色，然后连续水解成低分子糊精，遇碘不呈色，再继续水解，其最终产物为麦芽糖（占 73%）、葡萄糖（占 19%）和异麦芽糖（占 8%）。

② β-淀粉酶　β-淀粉酶则从淀粉分子的非还原性末端开始，连续逐个切出麦芽糖单位。对 α-1,6-糖苷键也不起作用。由于 β-淀粉酶只在外围起作用，故又称为外淀粉酶。

β-淀粉酶能使溶解的直链淀粉水解为麦芽糖，这种水解作用是从直链淀粉分子的非还原性末端开始的，按麦芽糖单位依次切开，并使麦芽糖分子的构型由 α-型转变为 β-型，故称为 β-淀粉酶。但麦芽糖的生成不是很快的。中间产物中经常有麦芽糖和长短不同的直链分子同时存在，对碘液仍呈蓝色，随着水解的继续进行，蓝色深度逐渐变浅，到遇碘不呈色时即达到所谓的消失点。

β-淀粉酶对支链淀粉的作用也是从分支的非还原性末端开始，连续地释放出麦芽糖单位。它不能分解 α-1,6-糖苷键，且不能跨过分支点作用，所以它只能产生相当于支链淀粉总量的 50%～60% 的麦芽糖，但麦芽糖的生成速度则比作用于直链淀粉要快 20 倍。

α-淀粉酶的耐热能力较 β-淀粉酶强。如将大麦芽萃取液在 pH6～7 加热至 70℃ 维持 15min，α-淀粉酶稍微受些影响，而 β-淀粉酶则完全破坏。

α-淀粉酶对环境酸度较敏感，它比 β-淀粉酶的抗酸能力要差一些。一般来说，pH3～4 时 α-淀粉酶已呈非活性状态，而 β-淀粉酶却仍能起作用。

其中 α-淀粉酶的最适 pH 值为 5.6～5.7，而 β-淀粉酶的最适 pH 值为 4.2～4.3。

③ 葡萄糖淀粉酶　葡萄糖淀粉酶作用于淀粉时，从非还原性末端开始，依次切下一个葡萄糖单位，并将葡萄糖分子的构型由 α-型转变为 β-型，因为它由淀粉直接产生葡萄糖，故称为葡萄糖淀粉酶，也称为淀粉葡萄糖苷酶。

葡萄糖淀粉酶的专一性较差，除能水解 α-1,4-糖苷键外，还能水解 α-1,3-糖苷键和 α-1,6-糖苷键，只是后两者的水解速度比前者要慢得多。葡萄糖淀粉酶作用于直链淀粉和支链淀粉时，都能将它们全部水解为葡萄糖。

葡萄糖淀粉酶作用的最适 pH 值为 4～5，在 24h 的作用时间内最适温度为 50～60℃。

④ 异淀粉酶　异淀粉酶又可叫普鲁蓝酶，名称为支链淀粉 α-1,6-葡聚糖水解酶，其对淀粉的作用方式是专一分解 α-1,6-葡萄糖苷键，将支链淀粉全部水解为直链的结构。异淀粉酶可从微生物中提取，目前已成商品化生产的大多是从假单胞杆菌和产气气杆菌中培养而提取的，将异淀粉酶与 β-淀粉酶联合作用，最终产物为麦芽糖与麦芽三糖。将异淀粉酶与葡萄糖淀粉酶联合作用则可将淀粉快速地全部水解成葡萄糖；若与 α-淀粉酶协同作用则最终产物为麦芽糖与葡萄糖。

异淀粉酶的最适温度为 30～35℃，最适 pH 值为 4～6。目前在食品工业中主要用于生产麦芽糖与低聚糖。

2. 脂肪酶

在粮油原料以及加工品中繁殖的微生物中，都含有将甘油三酯分解成为甘油和游离脂肪酸的脂肪酶，因为脂肪酶能分解脂肪酸与甘油之间的酯键，所以它们属于脂肪酶的分解酶类。

脂肪分解酶作用的最适温度和 pH 值随着所使用的反应物、脂肪分解酶的纯度、所使用的缓冲物质以及分析的方法的不同而有所不同，虽然大部分的脂肪分解酶作用的最适 pH 值大多在碱性范围内（约 8～9），但也有研究者的报告中指出一些脂肪分解酶作用的最适 pH 值为酸性范围。豆类的脂肪分解酶作用的最适 pH 值为 6.3，而未成熟的豆类的脂肪分解酶作用的最适 pH 值为 8.5～10.5。

大部分的脂肪分解酶在很大的温度范围内显示出活性，大部分脂肪分解酶作用的最适温度在 30～40℃，但一些脂肪分解酶在冷冻食品中（温度约 -29℃）也可显示出活性。

脂肪分解酶的作用都不具有专一性。粮油原料以及加工品在贮藏期间会发生品质变劣，特别在光照及高湿高温条件下，其中一个重要原因是脂肪的水解而使游离脂肪酸含量增加。因此原料的酸度及游离脂肪酸含量一般可作为商品质量的指标。

本章小结

本章介绍了粮油产品的分类；详细介绍了粮油原料中存在的矿物质、蛋白质、脂肪、碳水化合物、维生素、酶的分布及理化特性。其中，面筋的概念、形成和它所具有的弹性、延伸性、韧性、比延伸性这几个物理特性比较重要，对谷物类食品的加工影响较大。同时，淀粉的糊化（α化）和回生（β化），α-淀粉酶、β-淀粉酶的作用机理和对 pH 和温度的不同要求也很重要。

复习思考题

1. 粮油产品是如何分类的？
2. 粮油中的矿物质、蛋白质、脂肪、碳水化合物、维生素、酶的含量及分布情况如何？
3. 面筋的概念是什么？面筋是如何形成的？它所具有的理化特性是什么？
4. 淀粉的糊化（α化）和回生（β化）机理是什么？
5. α-淀粉酶、β-淀粉酶的作用机理有何不同？对 pH 值和温度的要求有何不同？

实验实训项目

实验实训一　几种主要粮食原料及产品分类观察

【实训目的】

通过实验，使学生对粮食原料的种类有一定了解，并能熟悉几种主要粮食产品的感官检验。

【材料及用具】

1. 谷物类：稻谷、小麦、玉米、燕麦、黑麦、荞麦。

2. 豆类：大豆、蚕豆、豌豆、绿豆。

3. 薯类：甘薯、马铃薯、木薯。

4. 粮食原料产品：大米（三个等级即特等、标一、标二）、面粉（三个等级即特一、特二、标准）。

5. 亚甲基蓝甲醇溶液、曙红甲醇溶液。

6. 培养皿、搭粉板、粉刀。

【方法步骤】

1. 几种主要粮食原料分类观察

① 每组取各种粮食原料产品 0.5kg。

② 观察各种粮食原料的粒形、饱满程度、色泽、不完善粒和杂质等，按感官品质进行评定。

2. 大米加工精度检验

大米加工精度是指米粒脱掉种皮的程度，即背沟和粒面留皮程度。大米加工精度是大米的定等基础项目。大米加工精度的高低直接影响着食用品质，但是大米加工精度越高，出米率越低，营养价值也越低。

大米加工精度的检验目前还是采用感官检验方法。感官检验方法又分直接比较法和染色法。

（1）直接比较法　从平均样品中称取试样 50g，直接与精度标准样品对照比较，符合哪等标样，定为哪等。注意观察：①粒面留皮程度与背沟、纵沟留皮的程度及胚残存情况有关；②加工时出米率可作为参考，但是由于品种和加工工艺的影响，出米率是有变化的；③米质的色泽因品种、新陈而异，不是鉴定精度的目的。

米面表面各部位在碾米过程中皮层被碾去的情况并不一致。腹部的两侧、顶端及基端易碾去。背沟及粒面纵沟米皮难以碾去，胚部一般难碾掉。因此，精度愈低，背沟留皮愈多，胚芽残留较多（俗称黄嘴），留胚芽的米粒也多；反之，精度愈高，背沟留皮愈少，胚芽残留少，保留胚芽的米粒愈少。

一般只要将样品与标准对照比较背沟米皮残存程度和胚芽剥落程度以及保留胚芽的粒数就可基本确定大米的加工精度。

精度检测时，在室内采用散射光，室外应避开阳光直射，检测时可以将标样与样品左右交替观察对比留皮程度。

（2）染色法　在这主要介绍亚甲基蓝-曙红染色法（EMB 染色法）。由于此法使胚乳和皮层、胚芽分别呈现不同颜色，色差大，所以易于肉眼观察判断。

① 试剂

a. 亚甲基蓝甲醇溶液　称取 0.3125g 亚甲基蓝溶解于盛有 250mL 甲醇的 500mL 烧杯中，搅拌约 10min，然后静置 20～25min，使不溶解颗粒全部沉淀下来。

b. 曙红甲醇溶液　称取 0.3125g 曙红溶解于盛有 250mL 甲醇的 500mL 烧杯内，搅拌 10min，然后静置 20～25min。

以上两种染色剂经搅拌静置后，将上层清液一起倒入棕色试剂瓶内，使之充分混合，存放于避光处备用。在配制中若用工业酒精代替甲醇，也可以取得较为满意的使用效果。

② 检验方法　从平均样品中称取试样 20g，然后从中不加挑选取出整粒大米 50 粒和从

标准样品中取出 50 粒，分别放入两个培养皿中，用水漂洗 3 次，以除去粒面附着的浮糠，然后倒入染色液浸没米粒，染色 2min，轻轻摇动，避免剧烈振动，以免将粒面上糠皮除去，倒掉染色液，用水洗 3 次，在清水中或用滤纸吸干水分后对比观察其脱皮程度，胚乳呈粉红色，糠皮和胚芽呈蓝色。

3. 小麦粉粉色麸星的测定

粉色是小麦粉定等级的依据，麸星是指小麦粉中含有的粉状麸皮，小麦粉的加工精度以粉色麸星来表示。

粉色麸星的测定，必须用标准样品与试样对照比较，比较方法有干法、湿法和烫法三种。

（1）干法 取少许标准粉样，置搭粉板上，用粉刀紧压表面，将右面切齐；另取等量待测试样放于标样右侧，使用时其与标样相连接，后用粉刀压平打成上厚下薄的楔形，并切其各边，切去标样左上角以示标记，最后对比粉色麸星。

（2）湿法 将干法检验的粉样连同搭粉板倾斜放入冷水中，停止起泡后取出，微干后观察对比麸星。

（3）烫法 将湿法检验过的粉样连同搭粉板放入已经停止加热的沸水中约 1min 取出，轻轻刮去表面浮起的粉糊，对比麸星。

将以上结果，以粉色高低分稍高、稍低、相同 3 级，麸星多少分多于、少于、相同 3 级，列表说明。

【实训作业】

1. 按感官品质标准评定所观察的粮食原料。

2. 根据检验结果，对面粉和大米进行品质评价。

实验实训二　几种油料及产品的分类观察

【实训目的】

通过实验，使学生对油料的种类及产品的分类有一定了解，并能熟悉几种主要食用植物油脂的感官检验。

【材料及用具】

1. 低油分油料：大豆、米糠、棉籽。

2. 中油分油料：菜籽、葵花籽。

3. 高油分油料：芝麻、花生。

4. 油料产品：花生油、菜油、芝麻油、豆油棉籽油。

5. 试管、玻璃管。

【方法步骤】

1. 油料分类观察

（1）每组取各种油料产品 0.5kg。

（2）观察各种油料的粒形、饱满程度、色泽、不完善粒和杂质等，按感官品质进行评定。

2. 油料产品观察

（1）首先对各种油脂特有的气味进行鉴别，方法是以手指蘸油擦于另一手掌中，用力摩擦后，闻气味是否为该品种的特有气味。

（2）对色泽进行鉴别，花生油嫩的色淡黄，老的色淡棕，如为褐色则不佳。菜油、豆油为淡黄，深褐色则不佳。芝麻油色褐黄。鉴定时，先取 2 支试管，分别装入色泽、明净度正常的油样和待检油样，然后对照鉴别待检油样的色泽、明净度。

（3）掺杂检查方法。棉籽油中混有菜油，色泽深褐，细闻有菜油味；芝麻油内掺入花生油则香味减少，色黄褐，细闻有花生油味；花生油掺入豆油，色黄褐，细闻有类似红糖气味；豆油掺杂其他油后应视其色泽并尝味来鉴定。

（4）油脚及杂质检查方法。将玻璃管插入桶底，然后松开手指，底层油进入管内，再用手指封住上口，提起来观察，便可以看出油脚及杂质。如果颜色混浊不清，以口尝之有酸涩味或其他异味，说明油有其他杂质或变质现象。如果抽出油脚色发白有异味，则为酸败现象，严重的有臭味。

【实训作业】

1. 按感官品质标准评定所观察的油料。

2. 将本次对五种食用植物油脂的检查结果进行具体分析，是否符合食用油标准。写出国家规定的花生油、菜油的感官指标要求。

实验实训三　面粉中面筋含量及品质的测定

【实训目的】

通过实验，使学生掌握面筋的含量及品质的测定方法。

【材料及用具】

特制粉、标准粉各 1kg，小搪瓷盆 1 个/组，温度计 1 支/组，大量筒 1 个/组，5g 砝码 1 个/组，玻璃板 1 块/组，坐标纸 1 张/组，干燥器 1 个/组，恒温箱 1 台，天平 1 台。

【方法步骤】

1. 面筋的含量测定

① 称取面粉 10～20g（特制粉 10g，标准粉 20g），置小盆中，在盆内加温水（15～20℃）8～15mL（特制粉 8mL，标准粉 15mL）。

② 用玻璃棒或两个指头（拇指和食指）将样品捏成较光滑的面团，置常温水中静置 20min。

③ 将面团置手掌中，在常温水中捏揉，以水洗除去面团中的淀粉，直至洗面筋的水不呈现白色淀粉为止。

④ 将面筋内残留水用手挤出，挤出的水分用碘液（0.2g 碘化钾和 0.1g 碘溶于 100mL 蒸馏水中）实验不显示蓝色，则说明面筋中已不含淀粉，然后在用手挤水分至稍感粘手时进行称重，并计算面筋含量，其公式如下：

$$面筋含量 = \frac{面筋质量}{样品质量} \times 100\%$$

2. 面筋的质量测定

面筋质量的优劣，主要根据下列物理性质进行测定。

（1）弹性　是指面筋拉长或压缩后立即恢复其原有状态的能力。指压时不粘手，指压后恢复能力快，不留指印为弹性强面筋。面筋弹性以强、中、弱表示。

（2）延伸性　是指面筋拉长到某种程度而不至于断裂的特性。通常以 4g 湿面筋，先在 25～30℃水中静置 15min，然后取出，搓成 5cm 长条，用双手的拇指、食指、中指拿住两端，左手放在米尺的零点处，右手沿米尺拉伸到断裂为止，记下拉断时的长度。长度在 15cm 以上为延伸性长，在 8～15cm 为延伸性中等，在 8cm 以下为延伸性短。

（3）比延性　即比延伸性，一般以 2.5g 湿面筋，一端用铁丝钩住悬入 30℃的清水中，一端挂上 5g 重的砝码，使面筋延伸，在 2h 内以其最后的延伸长度和延伸时间为准，计算每分钟内面筋的长度。0.4cm/min 为强面筋，0.4～1cm/min 为中等面筋，1cm/min 为弱面筋。

比延性＝面筋的最后延伸长度(cm)/延伸时间(min)

（4）流散性 取固定量的湿面筋，揉团后放在反面贴有坐标纸的玻璃板上，然后放入下边有 30℃水的干燥器中，再将干燥器于 30℃的恒温箱中观察，单位时间查看一次（直径：mm/h）；如果单位时间直径大的则流散性大，弹性小。有的面筋保持 3h 以上也不流散。

【实训作业】

1. 将测定结果记入下表。

项 目	面筋含量/%	面 筋 品 质			
	湿面筋	弹 性	延伸性	比延性	流散性
特制粉					
标准粉					

2. 根据测定结果，对两者做出评价。

第三章　面类食品加工

学习目标

通过对本章的学习，使学生了解小麦制粉的基本工艺过程；掌握面包、饼干生产工艺流程及面团调制、发酵、整形、烘烤等关键工序的操作技术要点；了解面条生产的基本工艺流程，并掌握调粉、压片、烘烤干燥等关键工序的操作要点；掌握糕点制作的基本方法。

第一节　面 粉 加 工

小麦制粉是把小麦通过剪切、挤压等机械力将麦皮与胚乳分离，把胚乳磨碎成粉，经过筛理后获取一定数量和比例的符合国家规定质量标准的面粉。小麦制粉工艺由小麦清理和小麦制粉两大部分组成。

1. 小麦清理

（1）小麦清理的目的　由于一方面小麦在生长、收割、翻晒、贮存、运输等过程中都难免会混入一些杂质，从而影响面粉的质量及气味，降低小麦制粉的出粉率。因此，在制粉前必须将小麦进行清理，把小麦中的各种杂质彻底清除干净，这样才能保证面粉的质量。

（2）小麦清理的基本方法

① 风选法　利用小麦与杂质的空气动力学性质的不同进行清理的方法称为风选法。常用的风选设备有垂直风道和吸风分离器等。

② 筛选法　利用小麦与杂质粒度大小的不同进行清理的方法称为筛选法。粒度大小一般以小麦和杂质厚度、宽度不同为依据。筛选法需要配备有合适筛孔的运动筛面，通过筛面与小麦的相对运动，使小麦发生运动分层，粒度小、密度大的物质接触筛面成为筛下物。常用的筛选设备有振动筛、平面回转筛、初清筛等。

③ 精选法　利用杂质与小麦的颗粒形状的不同进行清理的方法称为精选法。利用几何形状不同进行清理需要借助斜面和螺旋面，通过小麦和球形杂质发生的不同运动轨迹来进行分离。常用的设备有滚筒精选机、碟片精选机、碟片滚筒精选机等。

④ 密度分选法　利用杂质和小麦密度的不同进行分选的方法称为密度分选法。密度分选法需要介质的参与，介质可以是空气和水。利用空气作为介质的称为干法密度分选；利用水作为介质的称为湿法密度分选。干法密度分选常用的设备有密度去石机、重力分级机等，湿法密度分选常用的设备有去石洗麦机等。

⑤ 撞击法　利用杂质与小麦强度的不同进行清理的方法称为撞击法。发芽、发霉、病虫害的小麦，土块以及小麦表面黏附的灰尘，其结合强度低于小麦，可以通过高速旋转构件的撞击使其破碎、脱落，利用合适的筛孔使其分离，从而达到清理的目的。撞击法常用的设备有打麦机、撞击机、刷麦机等。

⑥ 碾削法　利用旋转的粗糙表面（如砂粒面）清理小麦表面灰尘或碾刮小麦麦皮的清

理方法称为碾削法。碾削法常用于剥皮制粉。通过几道砂辊表面的碾削可以部分分离小麦的麦皮，从而可以缩短粉路，更便于制粉。碾削法常用的设备有剥皮机等。

⑦ 磁选法　利用小麦和杂质铁磁性的不同进行清理的方法称为磁选法。小麦是非磁性物质，在磁场中不被磁化，因而不会被磁铁所吸附；而一些金属杂质（如铁钉、螺母、铁屑等）是磁性物质，在磁场中会被磁化而被磁铁所吸附，从而从小麦中被分离出去。磁选法常用的设备有永磁滚筒、磁钢、永磁箱等。

（3）小麦清理基本过程　根据小麦清理目的和作用的不同，可分为毛麦处理、小麦的搭配和水分调节三个阶段。

① 毛麦处理　目的在于集中清理小麦中的各种杂质。可分初清和精选两步进行。毛麦初清流程视小麦含杂质多少而定。一般情况下，初清过程有二筛一打；对于含杂质较多，表面污泥灰土较重的，可采用二筛二打或三筛二打的流程。

二筛一打：小麦→振动筛→吸铁→擦麦机→振动筛→精选。

三筛二打：小麦→振动筛→吸铁→擦麦机→高速筛→吸铁→打麦机→精选筛。

② 小麦的搭配和水分调节　小麦的搭配是将各种小麦按一定的比例进行混合加工，以达到保证质量、提高出粉率、稳定生产过程和满足食品加工的需要。小麦的水分调节是小麦在制粉前利用加水和一定的润麦时间，使小麦的水分重新调整，改善其物理、生化和制粉工艺性能，以获得更好的制粉工艺效果。

小麦的水分调节的方法可分为室温水分调节和高温水分调节法。

a. 室温水分调节法　这是目前国内广泛采用的方法。小麦经过着水或洗麦后，进入润麦仓，以一定的时间润麦，使水分渗透在麦粒各部分，进行吸收和分配，达到磨粉条件，室温水分只能用于增加小麦的水分也称着水润麦或发潮。

b. 高温水分调节法　小麦洗麦后，先经热水调节器进行加热处理，使水分渗透吸收，再进行着水和滴麦。高温水分调节可增加或减少小麦水分。

小麦在加水后，必须迅速混合，并通过一定的机械作用使水分开始向内部渗透，使小麦颗粒有一定的持水性。一般小麦水分调节的着水设备由加水装置和着水设备两部分组成。小麦水分调节设备一般有水杯着水机、强力着水机和着水混合机。同时，小麦经过加水后，水分由外向里渗透需要一定的时间，一般为16～24h。

③ 净麦处理　小麦经过初清和精选后，各种杂质虽然大量下降，但并未将全部杂质除去，在麦毛、麦皮和紧嵌在麦沟中的砂土等杂质仍对面粉质量有一定的影响。因此，必须经过净麦处理。净麦处理一般要经过筛选、磁选、打麦及刷麦等流程。

2. 小麦制粉

制粉工艺流程一般由皮磨系统、渣磨系统、清粉系统、心磨系统组成。

① 皮磨系统　皮磨系统是小麦制粉的第一道工序，其主要作用是剥开麦粒，提出麦心和面粉，并刮净麸皮。整个皮磨系统的流程与皮磨的道路、各道皮磨的设备多少、各道皮磨的工作任务及小麦心磨系统的流程等情况着有密切的关系。大型面粉厂1～2皮为前路皮磨，3～4皮为中路皮磨，5皮为后路皮磨。

前路皮磨研磨的是小麦和含胚乳较多的麸片。经它破碎麦粒，取得一定数量的麦心和面粉。麸片随后送往中路皮磨处理。经过第一道皮磨将小麦粒剥开，分成麦渣、麦片、麦心和粗粉，后续的皮磨从麸片上刮下麦渣、麦心和粗粉，并保持麸片不过分破碎，以使胚乳和麸皮最大限度地分离。经第一道研磨和筛理后，得到麸片、麦渣、麦心和面粉，或麸皮、麦心和面粉3种物料。

中路皮磨的研磨物是带有一定数量胚乳的麸片，其任务是从带胚乳的麸片上，基本上刮剥出黏附在片上的粉，即取出一定数量的面粉及次麦心（细渣），得到比较干净的麸片送往后路皮磨处理。

后路皮磨研磨物是含粉较少的麸片，特点是麸片小，含粉少，容重轻。主要任务是将麸片上残留的胚乳剥刮干净。

② 渣磨系统　专门处理渣粒（大、中粗粒）的系统，任务是把带麸片的粗粒（麦渣）磨成麦心和面粉，分出带粉较少的薄麸片。渣磨位于皮磨和心磨之间的工序，处理皮磨和心磨不宜处理的粗粒。利用渣磨处理渣粒，可根据颗粒大小和质量，适当地选配磨辊技术特性和绢筛，能将其中的胚乳磨成较好质量的麦心和面粉，又能分出粉粒中的麸片。一般用 2～3 道渣磨。

③ 清粉系统　利用风筛结合作用，将从皮磨系统出来的纯粉粒、麸粉粒和麸屑分开，送往相应的研磨系统处理。

④ 心磨系统　将皮磨系统、渣磨系统和清粉系统取得的麦心和粗粉研磨成具有一定细度的面粉，并提出麸屑。一般在心磨系统中还设有尾磨，以处理每道心磨中提出的含麸屑多的麦心，从中提出面粉。在加工等级粉时（高级粉比例较大），对于心磨系统来说，由于来料麦心经过皮磨提出，又经过渣磨精选得到品质优良的麦心，要求心磨磨出颗粒细及质量好的高级面粉，同时刮净麸皮。心磨系统的分工较细，道数较长，至少 4～5 道，多则 9～10 道。

第二节　面包的生产

面包是以小麦粉、酵母、盐和水为基本原料，添加适量糖、油脂、乳品、鸡蛋、果料、添加剂等，经搅拌、发酵、整形、成型、醒发、烘烤等工序而制成的组织松软的烘焙食品。

一、面包的分类

1. 按面包的柔软度划分

（1）硬式面包　如法国棍式面包、荷兰面包、维也纳面包、英国面包以及我国生产的赛义克、大列巴等。

（2）软式面包　如大部分亚洲和美洲国家生产的面包。著名的汉堡包、热狗、三明治等面包也是。我国生产的大多数面包属于软式面包。

2. 按质量档次和用途分类

（1）主食面包　亦称配餐面包，配方中辅助原料少，主要原料为面粉、酵母、盐和糖，含糖量不超过面粉的 7%。

（2）点心面包　亦称高档面包，配方中含有较多的糖、奶油、奶粉、鸡蛋等高级原料。

3. 按成型方法分类

（1）普通面包　成型比较简单的面包。

（2）花色面包　成型比较复杂、形状多样化的面包，如各种动物面包、夹馅面包、起酥面包等。

二、面包加工的原料、辅料

面包加工的原料主要有面粉、酵母、食盐和水，常见的其他配料有脂肪、糖、牛奶或奶粉、氧化剂和各种酶制剂、表面活性剂和添加剂。

（1）面粉　面粉是面包生产中最主要的成分，其作用是形成持气的黏弹性面团。面粉中的麦胶蛋白和麦谷蛋白两种面筋性蛋白质对面团形成关系重大。面筋性蛋白质遇水迅速吸水胀润而形成坚实的面筋网状结构（即称为面团中的湿面筋），它具有特别的黏性和延伸性，形成了面包工艺中各种重要的独特的理化性质。

生产面包宜采用筋力较高的面粉，我国面包专用粉的主要要求：精制级要求湿面筋≥33%，粉质曲线稳定时间≥10min，降落数值250～350s，灰分≤0.60%；普通级要求湿面筋30%以上，粉质曲线稳定时间7min，降落数值250～350s，灰分0.75%。

（2）酵母　酵母是面包生产中的基本配料之一。其主要作用是将可发酵的碳水化合物转化为CO_2和酒精，转化所产生的CO_2使面团起发，生产出柔软膨松的面包，并产生香气和优良风味。现在广泛采用即发活性干酵母进行面团发酵。

（3）食盐　食盐除了具有调味作用以外，还具有调节控制发酵速度，增加面筋筋力和改善内部色泽的作用。一般用量约为面粉重的1%～2%。

（4）水　面包生产用水应符合食品加工的卫生要求，并且要求中等硬度（8～10度）、呈微酸性（pH5～6）。

（5）食糖、油脂、蛋品、乳品、果料　普通面包一般只添加适量的食糖和油脂，花式面包除了添加食糖、油脂以外，还应添加一定量的蛋品、乳品和果料。从油脂的工艺性能来讲，固体油脂（如起酥油和人造奶油）要比液体油好。

（6）面质改良剂　目前使用的面质改良剂主要有氧化剂、还原剂、乳化剂、酵母食物、酶制剂、硬度和pH值调节剂等，用以改善面团的综合特性。

三、生产工艺流程及基本配方

面包生产工艺有一次发酵法、二次发酵法、快速发酵法、液体发酵法、连续搅拌法和冷冻面团法等。

1．一次发酵法（直接法）

配料→面团调制→发酵→切块→搓圆→中间醒发→整形→入盘(听)→最后醒发→烘烤→冷却→成品

一次发酵法的优点是发酵时间短，设备和车间的利用率以及生产效率较高，且产品的咀嚼性、风味较好。缺点是面包的体积小，易于老化，当进行批量生产时，工艺控制相对较难，一旦搅拌或发酵过程中出现失误，将无法弥补。

2．二次发酵法（中种法）

种子面团配料→种子面团调制→种子面团发酵（第一次发酵）→主面团配料→主面团调制→主面团发酵（第二次发酵）→切块→搓圆→中间醒发→整形→入盘(听)→最后醒发→烘烤→冷却→成品

二次发酵法的优点是面包体积大，表皮柔软，组织细腻，具有浓郁的芳香风味，且成品老化慢。缺点是投资大，生产周期长，效率较低。

3．快速发酵法（不发酵法）

配料→面团调制→静置（或不静置）→压片→卷起→切块→搓圆→中间醒发→整形→入盘(听)→最后醒发→烘烤→冷却→成品

快速发酵法是指发酵时间很短（20～30min）或根本无发酵的一种面包加工方法。整个生产周期只需2～3h。其优点是生产周期短，生产效率高，投资少，可用于特殊情况或应急情况下的面包供应。缺点是成本高，风味相对较差，保质期较短。

4．面包的基本配方

（1）一次发酵法　面粉100%，水50%～65%，即发酵母0.5%～1.5%，食盐1%～2.0%，糖2%～12%，油脂2%～5%，奶粉2%～8%，面包添加剂0.5%～1.5%。

（2）二次发酵法　种子面团-面粉60%～80%，水36%～48%，即发酵母0.3%～1%，酵母食物0.5%左右；主面团-面粉20%～40%，水12%～14%，糖10%～15%，油脂2%～4%，奶粉5%～8%，食盐1%～2%，鸡蛋4%～6%。

（3）快速发酵法　面粉 100％，水 50％～60％，即发酵母 0.8％～2％，食盐 0.8％～1.2％，糖 8％～15％，油脂 2％～3％，鸡蛋 1％～5％，奶粉 1％～3％，面包添加剂 0.8％～1.3％。

以上为面包生产的基本配方，不同生产企业或面包的不同品种在配料上略有不同。

四、操作要点

1. 面团的搅拌

面团搅拌也称调粉或称为和面，是指在机械力的作用下，将各种原辅料充分混合，面筋蛋白和淀粉吸水润胀，最后得到具有良好黏弹性、延伸性、柔软而光滑面团的过程。面团搅拌是影响面包质量的决定因素之一，它是后续工序顺利进行的保障，对产品质量有着重要影响。

面团调制，小型厂一般采用立式钩叉型和螺旋型搅拌机，大中型厂一般采用卧式 X 形、Y 形和 S 形，均以能变速为好。目前，国产搅拌机绝大多数不能够变速，搅拌时间一般需 15～20min，如果使用变速搅拌机，只需 10～12min。

调制面团时的投料次序因制作工艺不同而略有差异。但不论采用何种发酵工艺，油脂和食盐都是在面团基本形成时才加入。

（1）一次发酵法的面团调制　将全部的原辅材料按一定的投料顺序分别投入调粉机内制成面团。

一次发酵法的投料顺序为：先将水、糖、蛋、面包添加剂在搅拌机中充分搅匀，再加入面粉、奶粉和即发酵母搅拌成面团。当面团已经形成，面筋尚未充分扩展时加入油脂，最后在搅拌完成前 5～6min 加入食盐。搅拌后的面团温度应为 27～29℃，搅拌时间一般在 15～20min。

（2）二次发酵法的面团调制　二次发酵法调制面团是分两次进行的。第一次是调制种子面团，将全部面粉的 30％～70％及种子面团所需的全部辅料于搅拌机中搅拌 8～10min，面团终温应控制在 24～26℃进行发酵。第二次是调制主面团，将主面团的水、糖、蛋和添加剂投入搅拌机中搅拌均匀，并加入发酵好的种子面团继续搅拌使之拉开，然后加面粉、奶粉搅拌至面筋初步形成。当加入油脂搅拌到与面团充分混合时，最后加食盐搅拌至面团成熟。搅拌时间一般为 12～15min，面团终温为 28～30℃。

面团搅拌成熟的标志是面团表面光滑、内部结构细腻，手拉可成半透明的薄膜。

2. 面团的发酵

（1）发酵过程　面团发酵是面包生产的关键工序。发酵是使面包获得气体、实现膨松、增大体积、改善风味的基本手段。酵母的发酵作用是指酵母利用糖（主要是葡萄糖）经过复杂的生物化学反应最终生成 CO_2 气体的过程。发酵过程包括有氧呼吸和无氧呼吸，其反应方程式如下：

$$C_6H_{12}O_6 + 6O_2 \xrightarrow[\text{酵母酶}]{\text{有氧呼吸}} 6CO_2 \uparrow + 6H_2O + 2817kJ$$

$$C_6H_{12}O_6 \xrightarrow[\text{酵母酶}]{\text{有氧呼吸}} 2C_2H_5OH + 2CO_2 \uparrow + 100kJ$$

在面团的发酵初期，酵母的有氧呼吸占优势，并进行迅速繁殖，产生很多新芽孢。随着发酵的进行，无氧呼吸逐渐占优势。越到发酵后期，无氧呼吸进行得越旺盛。整个发酵过程中以无氧呼吸为主对面包的生产和质量是有利的。因为无氧呼吸产生酒精，可使面包具有醇香味。此外，有氧呼吸会产生大量的气体和热量，过快地产生气体不利于面团中气泡的均匀分散，大气泡较多，过多的热量使面团的温度不易控制，过高的面团温度会引起杂菌如乳酸菌、硝酸菌的大量繁殖，从而影响面包质量。采用二次发酵工艺制作的面包质量较好的原因在于第一次发酵使酵母繁殖，面团中含有足够的酵母数量增强发酵后劲，通过对一次发酵后面团的搅拌，一方面可使大气泡变成小气泡，另一方面可使面团中的热量散失并使可发酵性糖再次和酵母接触，使酵母进行无氧呼吸。

面团发酵一般有一次发酵法和二次发酵法两种。一次发酵法是将调制好的面团直接进行发酵。二次发酵法是经过两次调制面团和二次发酵来完成的，第一次发酵的目的是使酵母扩大培养。第二次发酵则是获得特性良好的面团。

(2) 面团的发酵工艺参数　发酵室的理想温度为 28～30℃，相对湿度 80％～85％。一次发酵法的发酵时间约为 2.5～3h，当发酵到总时间的 60％～75％ (或体积达到原来的 1.5～2 倍)时进行翻面。二次发酵法的种子面团发酵时间为 4～5h，成熟时应能闻到比较强烈的酒香和酸味，主面团的发酵时间 20～60min，成熟时面团膨大，弹性下降，表面略呈薄感，手感柔软。

发酵时间因使用的酵母 (鲜酵母、干酵母)、酵母用量以及发酵方式的不同而差别较大。面团的发酵时间由实际生产中面团的发酵成熟度来确定。

(3) 鉴别面团发酵成熟度的方法

① 回落法　面团发酵一定时间后，在面团中央部位开始向下回落，即为发酵成熟。但要掌握在面团刚开始回落时，如果回落幅度太大则发酵过度。

② 手触法　用手指轻轻按下面团，手指离开后，面团既不弹回，也不继续下落，表示发酵成熟；如果很快恢复原状，表示发酵不足，如果面团很快凹下去，表示发酵过度。

③ 温度法　面团发酵成熟后，一般温度上升 4～6℃。

④ pH 值法　面团发酵前 pH 值为 6.0 左右，发酵成熟后 pH 值为 5.0，如果低于 5.0，则说明发酵过度。

3. 面包的整形

将发酵好的面团通过称量分割成一定形状的面包坯称为整形。

整形包括分块、称量、搓圆、中间醒发、压片、成型、装盘或装模等工序。面团的整形制作，分为手工操作与机械操作两种。在整形期间，面团仍进行着发酵过程，整形室所要求的条件是温度 26～28℃，相对湿度 85％。

(1) 分块　分块应在尽量短的时间内完成，主食面包的分块最好在 15～20min 内完成，点心面包最好在 30～40min 内完成，否则因发酵过度影响面包质量。由于面包在烘烤中有 10％～12％的质量损耗，故在称量时将这一质量损耗计算在内。分块方法有手工或活塞式分割机。面团自动分块机和真空式活塞分块机分别见图 3-1 和图 3-2。

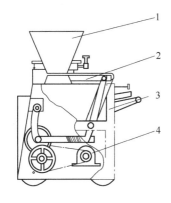

图 3-1　面团自动分块机
1—加料斗；2—螺旋输送器；
3—切割刀；4—电机

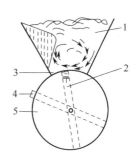

图 3-2　真空式活塞分块机
1—面团；2—真空活塞；3—被吸进的面团；
4—被挤出的面团；5—剥离面团装置

（2）搓圆　搓圆就是使不整齐的小面块变成完整的球形，恢复在分割中被破坏的面筋网络结构。搓圆一般用手工或搓圆机完成。手工搓圆的方法是手心向下，用五指握住面团，向下轻压，在面板上顺一个方向迅速旋转，将面团搓成球状。

按照机器不同的外形特点，可以把面包搓圆机分为伞形、锥形、筒形和水平搓圆机四种型式。目前我国面包生产中应用最多的是伞形搓圆机（图 3-3、图 3-4）。

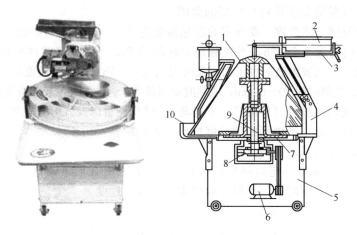

图 3-3　伞形搓圆机

1—伞形转体；2—撒粉盒；3—控制板；4—支撑架；5—机座；6—电机；

7—轴承座；8—蜗轮蜗杆减速器；9—主轴；10—托盘

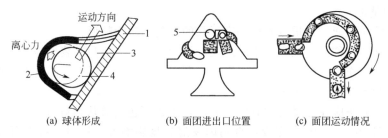

(a) 球体形成　　(b) 面团进出口位置　　(c) 面团运动情况

图 3-4　伞形搓圆机工作原理

1—伞形转体；2—螺旋导板；3—螺旋导槽；4、5—面团

（3）中间醒发　中间醒发也称静置。面团经分块、搓圆后，一部分气体被排除，内部处于紧张状态，面团缺乏柔软性，如立即进行压片或成型，面团的外皮易被撕裂，不易保持气体。因此需一段时间的中间醒发。中间醒发示意图见图 3-5。

中间醒发的工艺参数为温度 27～29℃，湿度 80%～85%，时间 12～18min，醒发程度

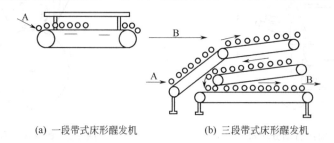

(a) 一段带式床形醒发机　　(b) 三段带式床形醒发机

图 3-5　床形醒发机的面团中间醒发过程示意图

A—搬入；B—搬出

为原来体积的 1.7～2 倍。设备有箱式醒发机等。

（4）压片　压片是提高面包质量、改善面包纹理结构的重要手段。其主要目的是将面团中原来不均匀的大气泡排除掉，使中间醒发产生的新气泡在面团中均匀分布。

压片分手工压片和机械压片，机械压片效果好于手工压片。压片机的技术要求是转速 140～160r/min，辊长 220～240mm，压辊间距 0.8～1.2cm。如果生产夹馅面包，压辊间距应为 0.4～0.6cm，面片不能太厚。

（5）成型　成型是用手工或机械将面团压片、卷成面卷、压紧然后做成各种形状。一般花色面包多用手工成型，主食面包多用机械成型。普通成型机如图 3-6 所示，反转式成型机如图 3-7 所示。

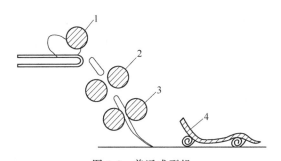

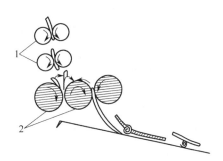

图 3-6　普通成型机　　　　　　　　　　　　图 3-7　反转式成型机
1—压扁辊；2—第一伸展辊；3—第二伸展辊；　　　1—伸展辊；2—反转辊
4—金属网膜-传送带

图 3-8　面包烤盘及烤听

（6）入盘或装听　花色面包用手工装入烤盘，主食面包可从整形机直接落入烤听。要注意面坯结口向下，盘或听应预先刷油或用硅树脂处理。面包烤盘及烤听如图 3-8 所示。面包装模方法如图 3-9 所示。

4. 最后醒发

成型后的面包坯还需要一个醒发过程，也称为最后发酵，就是将成型后的面包坯经最后一次发酵使其达到应有的体积和形状。

醒发室（箱）醒发的工艺条件为：温度 38～40℃，湿度 80%～90%，时间 55～65min。最后醒发程度判定方法如下。

（1）观察体积　据经验体积膨胀到成品面包体积的 80%；另外 20% 在烤炉内完成。

（2）观察膨胀倍数　成型后面包坯体积醒发增加 3～4 倍，或为原来体积的 2～3 倍。

（3）观察形状（透明度和手感法）　手感柔软、表面半透明。

一般在醒发后或醒发前（入炉前），在面包坯表面涂抹一层液状物质，如蛋液或糖浆。可增加面包表皮的光泽，使其皮色美观。

5. 面包的焙烤

焙烤是面包制作的三大基本工序之一，是指醒发好的面包坯在烤

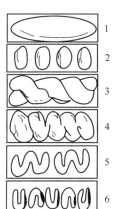

图 3-9　面包装模方法
1—纵式装模法；2—横式装模法；3—麻花式装模法；4—螺旋式装模法；5—ω式装模法；6—U式装模法

炉中成熟的过程。

面团在入炉后的最初几分钟内，体积迅速膨胀。其主要原因有两方面，一方面是面团中已存留的气体受热膨胀；另一方面是由于温度的升高，在面团内部温度低于45℃时，酵母变得相当活跃，产生大量气体。一般面团的快速膨胀期不超过10min。随后的焙烤过程主要是使面团中心温度达到100℃，水分挥发，面包成熟，表面上色。

面包焙烤的温度和时间取决于面包辅料成分多少、面包的形状、大小等因素。焙烤条件的范围大致为180～220℃，时间15～50min。一般而言，体积小、质量轻，配方中糖、蛋、乳用量较少，坯形较薄的应采用高温短时的烘烤。反之应进行低温长时间的烘烤。面包烘烤应采用三段温区控制的方法。

（1）膨胀阶段　面包坯入炉初期应在炉温较低和相对湿度较高（60%～70%）的条件下进行。底火应高于面火，以利于水分挥发，面包体积最大限度地膨胀。上火略小，下火强，面火160℃，底火180～185℃，时间占总烘烤时间的25%～30%。

（2）定型阶段　当面包瓤的温度达到50～60℃时，面包体积已基本达到成品要求，面筋已膨胀至弹性极限，淀粉已糊化，酵母活动停止。上火及下火都强，这时可将炉温升到最高面火达210℃，底火不应超过210℃，此时面包坯定型。时间占35%～40%。

（3）上色阶段　在焙烤的后期，面火应高于底火，面火约为220～230℃，底火为140～160℃，使面包坯表面产生褐色的表皮，增加面包香味。时间占30%～40%。上火下火均弱，上火高于下火。

以隧道式烘烤炉为例，烘烤条件见表3-1。

表3-1　隧道式烘烤炉烘烤条件

阶　　段	上火/℃	下火/℃	时间/min
前　区	170～190	200～220	10～15
中　区	210～230	210～230	20～25
后　区	160～180	140～160	30～60

如果不能控制底火和面火，可用分阶段升温法。初始温度180～185℃，中间温度190～200℃，最后温度210～220℃。

炉内湿度对面包烘烤质量有重要影响，如湿度过低，面包皮会过早形成并增厚，产生硬壳。面包皮的形成是面团表面迅速干燥的结果。由于面团表面与干燥的高温空气接触，其水分汽化非常快。因此宜选择有加湿装置的烤炉。通过加湿可以控制面包皮的厚薄。如果需要较厚的面包皮，一般需向烤炉内加湿，使面包表面水分汽化速率减慢，表面受到较大程度的焙烤，从而形成较厚的面包皮。

6. 冷却包装

刚出炉的面包表面温度很高（一般大于180℃），皮脆瓤软，没有弹性，经不起外界挤压，稍微受力就会使面包压扁，压扁的面包回弹性差，失去面包固有的形态和风味。如果立即包装或切片，容易造成次品。另外，由于温度高，易在包装内结成水滴，使皮和瓤吸水变软，同时给霉菌创造条件。因此必须将其中心冷却至接近室温时才可包装，面包经包装后可避免失水变硬，保持新鲜度及有利于卫生和增进美观大方。

烘烤完毕的面包，应采用自然冷却或通风的方法使中心温度降至35℃左右，再进行切片或包装。

五、面包的质量标准

1. 形状规格

由于各地习惯和制作设备不同，很难做出统一规定。用料100g面粉的各种面包，达到的质量为淡面包、甜面包不低于 140g；咸面包不低于 135g；花色面包不低于 115g，其他规格的面包可参照此标准另定。

2. 感官指标

要求面包表面光滑清洁，无粉粒，没有气泡、裂纹、粘边、变形等情况。圆形面包必须是圆的，枕形面包必须两头大小相同，花样面包应具有各种花样原有形状。表面色泽呈金黄色或棕黄色，且均匀一致，有光泽，不能有烤焦或发白现象。内部组织，从断面观察气孔细致均匀，呈海绵状，不得有大孔洞，富有弹性。花色面包，添加剂要均匀不得有变色现象。口味应不酸、不黏、不生、不牙碜，无异味，无未溶化的糖、盐等粗粒，松软适口。

3. 理化指标

（1）水分　以面包中心部位为准，一般为 34%～44%。

（2）酸度　以面包中心部位为准，甜面包 4°以下，咸质面包 3°以下；酒花酵母液甜面包 6°以下，咸面包 4°以下。

（3）比容　咸面包 3.4mL/g 以上，淡面包、甜面包、花色面包 3.6mL/g 以上。

4. 卫生指标

无杂质，无霉变，无虫害，无污染。细菌总数不超过 1000 个/100g，大肠杆菌不超过 30 个/100g。致病菌不得检出。

第三节　饼干的生产

饼干是以小麦粉为主要原料，加入糖、油脂及其他辅料，经过配料、打粉、醒发、成型、烘烤制成的，水分含量低于 6.5% 的松脆食品。具有口感疏松、营养丰富、水分含量少、体积轻、块形完整、便于包装携带且耐贮存等优点。它已作为军需、旅行、野外作业、航海、登山等多方面的重要食品。

一、饼干的分类

1. 按工艺不同进行分类

（1）韧性饼干　韧性饼干所用原料中，油脂和砂糖的用量较少，因而在调制面团时，容易形成面筋，一般需要较长时间调制面团，采用辊轧的方法对面团进行延展整形，切成薄片状烘烤。因为这样的加工方法，可形成层状的面筋组织，所以赔烤后的饼干断面是比较整齐的层状结构。为了防止表面起泡，通常在成型时要用针孔凹花印模。成品极脆，容重轻，常见的品种有动物、什锦、玩具、大圆饼干之类。

（2）酥性饼干　酥性饼干与韧性饼干的原料配比相反，在调制面团时，砂糖和油脂的用量较多，而加水极少。在调制面团操作时搅拌时间较短，尽量不使面筋过多地形成，常用凸花无针孔印模成型。成品酥松，一般感觉较厚重，常见的品种有甜饼干、挤花饼干、小甜饼、酥饼等。

（3）发酵饼干　如苏打饼干，苏打饼干的制造特点是先在一部分小麦粉中加入酵母，然后调成面团，经较长时间发酵后加入其余小麦粉，再经短时间发酵后整形。

2. 按照成型方法不同进行分类

（1）冲印成型饼干　将韧性面团经过多次辊轧延展，折叠后经印模冲印成型；使用酥性面团，只用辊轧机延展。

（2）辊印成型饼干

（3）挤出成型饼干　酥性面团从成型机中成条挤出后切割成片或段。

（4）挤浆（花）成型饼干 面团调成半流质糊状，用挤浆机直接挤到铁板或铁盘上，滴成圆形。

（5）钢丝切割成型饼干

二、原料、辅料的预处理

饼干生产的主要原料是面粉，此外还有糖类、淀粉、油脂、乳品、蛋品、香精、膨松剂等辅料。

1. 面粉

生产不同类型的饼干对面粉质量的要求不同。生产韧性饼干，宜使用湿面筋含量在24%～36%的面粉；生产酥性饼干，使用湿面筋含量在24%～30%的面粉为宜。

面粉在使用前必须过筛。过筛的目的，除了使面粉形成微小粒和清除杂质以外，还能使面粉中混入一定量的空气，发酵面团时有利于酵母的增殖，制成的饼干较为酥松。在过筛装置中需要增设磁铁，以便去除磁性杂质。面粉的湿度，应根据季节不同加以调整。

2. 糖类

一般都将砂糖磨碎成糖粉或溶化为糖浆使用。为了清除杂质，保证细度，磨碎的糖粉要过筛，一般使用 100 孔/25.4mm 的筛子。糖粉若由车间自己磨制，粉碎后温度较高，应冷却后使用，以免影响面团温度。将砂糖溶化为糖浆，加水量一般为砂糖量的 30%～40%。加热溶化时，要控制温度并经常搅拌，防止焦烟，使糖充分溶化。煮沸溶化后过滤，冷却后使用。

3. 油脂

普通液体植物油、猪油等可以直接使用。奶油、人造奶油、氢化油、椰子油等油脂，低温时硬度较高，可以用文火加热或用搅拌机搅拌，使之软化后使用。这样可以加快调面速度，使面团更为均匀。油脂加热软化时要掌握火候，不宜完全熔化，否则会破坏其乳状结构，降低成品质量，而且会造成饼干"走油"。加热软化后是否需要冷却，应根据面团温度决定。

4. 乳品和蛋品

使用鲜蛋时，最好经过照检、清洗、消毒、干燥。打蛋时要注意清除坏蛋与蛋壳。使用冰蛋时，要将冰蛋箱放在水池中，使冰蛋融化后再使用。牛奶要经过滤。奶粉、蛋粉最好放在油或水中搅拌均匀后使用。

5. 膨松剂与食盐

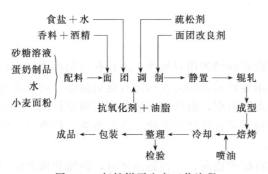

图 3-10 韧性饼干生产工艺流程

膨松剂与食盐必须与面粉调和均匀，在饼干生产中使用的膨松剂、如小苏打、碳酸氢铵与盐等水溶性原料和辅料，在用水溶解之前，首先要过筛，如有硬块应该打碎、过筛，使上述物质形成小颗粒，最后溶解于冷水中。不要用热水溶解，以免化学膨松剂受热而分解出一部分或大部分碳酸气体，降低膨松效果。

三、饼干的生产工艺

1. 生产工艺流程及基本配方

（1）韧性饼干 见图 3-10，图 3-11，表 3-2。

（2）酥性饼干 见图 3-12，表 3-3。

（3）苏打饼干 见图 3-13。

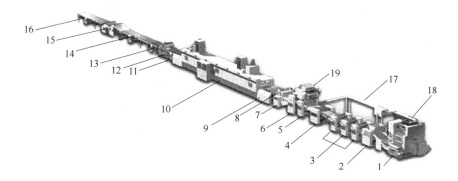

图 3-11 韧性饼干生产线示意

1—立式叠层机或卧式叠层机；2—送料机或三色机；3—轧面机；4—辊切机或双辊切；5—分离机；6—立式
辊印机或卧式辊印机；7—动力架及入炉部分；8—撒盐、糖机；9—炉网输送或网带张紧；10—热风循环
供炉或辐射式隧道烘炉或燃气炉；11—炉网剥落机；12—喷油机；13—滤油机；14—冷却输送机；
15—饼干整理机；16—包装台；17—旁通碎料回收；18—往复送料；19—辊印送料机

表 3-2 韧性饼干基本配方

原料名称	用量/%	原料名称	用量/%	原料名称	用量/%
面粉	94	油脂	10~12	碳酸氢铵	0.4
淀粉	6	全脂奶粉	2~4	小苏打	0.7
白砂糖粉	20~30	食盐	0.3~0.5	香精	适量
淀粉糖浆	3~4	磷脂	1	水	适量

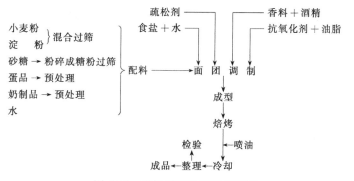

图 3-12 酥性饼干生产工艺流程

表 3-3 酥性饼干基本配方

原料名称	酥性饼干/%	甜酥性饼干/%	原料名称	酥性饼干/%	甜酥性饼干/%
面粉	93	90	食盐	0.5	0.5
淀粉	7	10	鸡蛋	—	4~6
油脂	14~16	30~40	碳酸氢铵	0.3	0.3
糖粉	32~34	40~41	小苏打	0.6	0.6
磷脂	1	1	香精和水	适量	适量
奶粉	4	5			

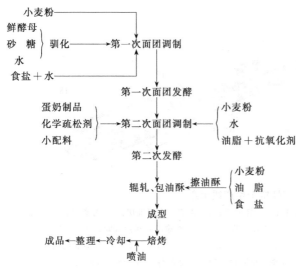

图 3-13 苏打饼干生产工艺流程

2. 操作要点

（1）面团的调制 面团调制是将生产饼干的各种原辅料混合成具有某种特性面团的过程。饼干生产中，面团调制是最关键的一道工序，它不仅决定了成品饼干的风味、口感、外观、形态，而且还直接关系到以后的工序是否能顺利进行。

要生产出形态美观、表面光滑、内部结构均匀、口感酥脆的优质饼干，必须严格控制面团质量。饼干面团调制过程中，面筋蛋白并没有完全形成面筋，不同的饼干品种，面筋形成量是不同的，而且阻止面筋形成的措施也不一样。

酥性饼干和韧性饼干的生产工艺不同，调制面团的方法也有较大的差别。酥性饼干的酥性面团是采用冷粉酥性操作法，韧性饼干的韧性面团是采用热粉韧性操作法。

① 酥性面团的调制 酥性饼干面团俗称冷粉，酥性面团是用来生产酥性饼干和甜酥饼干的面团。要求面团有较大的可塑性和有限的黏弹性，面团不粘轧辊和模具，饼干坯应有较好的浮雕状花纹，焙烤时有一定的胀发率而又不收缩变形。要达到以上要求，必须严格控制面团调制时面筋蛋白的吸水率，控制面筋的形成数量，从而控制面团的黏弹性，使其具有良好的可塑性。面筋的形成会使面团弹性和强度增大，可塑性降低，引起成型饼坯收缩变形，而且由于面筋形成的膜会使焙烤过程中表面胀发起泡。因此在调制酥性面团时，最主要的是控制面筋的形成，减少水化作用，制成适应加工工艺需要的面团。

投料次序是先将水、糖、油放于一起混合，乳化均匀后再将面粉加入，此时水分子与蛋白质分子接触机会大大下降，面筋在糖和油的反水化作用下有限润胀，形成的面团可塑性强，面团弹性小。切忌在面团调制时随便加水，一旦加水过量，面筋大量形成，塑性变差，还可能造成大量游离水使面团发黏，而无法进行后续工序。加水量一般控制在面团含水量16%～18%为宜。如果面团太散太干，在补加水时，混入少量植物油和乳化剂，充分乳化后，边搅拌边以喷雾的形式加入。

面团调制时间的控制是酥性面团调制的又一关键技术。延长调粉时间，会促进面筋蛋白的进一步水化，因而面团调制时间是控制面筋形成程度和限制面团黏性的最直接因素。在实际生产中，应根据糖、油、水的量和面粉质量，以及调制面团时的面团温度和操作经验，来具体确定面团的调制时间。一般来说，油、糖少，水多的面团，调制时间短（12～15min）；而油、糖多，用水少的面团，调制时间长（15～20min）。

温度是影响面团调制的重要因素。温度低，蛋白质吸水少，面筋强度低，形成面团黏度大，操作困难；温度高，则蛋白质吸水量大，面筋强度大，形成面团弹性大，不利于饼干的成型和保型，成品饼干酥松感差；另外温度高、用油量多的面团可能出现走油现象，对饼干质量和工艺都有不利影响。因此在生产中，应严格控制面团温度，一般用加水的温度来调节最终面团的温度。酥性饼干的面团温度一般控制在26～28℃，而甜酥饼干面团温度在20～25℃。

在酥性面团调制过程中，要不断用手感来鉴别面团的成熟度。即从调粉机中取出一小块面团，观察有无水分及油脂外露。如果用手搓捏面团，不粘手，软硬适中，面团上有清晰的手纹痕迹，当用手拉断面团时，感觉稍有连接力，拉断的面头不应有收缩现象，则说明面团的可塑性良好，已达到最佳程度。

面团调制好后，适当静置几分钟到十几分钟，使面筋蛋白水化作用继续进行，以降低面团黏性，适当增加其结合力和弹性。若调粉时间较长，面团的黏弹性较适中，则不进行静置，立即进行成型工序。面团是否需静置和静置多少时间，视面团调制程度而定。

② 韧性面团的调制　韧性面团是用来生产韧性饼干的面团。这种面团要求具有较强的延伸性和韧性，适度的弹性和可塑性，面团柔软光润。与酥性面团相比，韧性面团的面筋形成比较充分，但面筋蛋白仍未完全水合，面团硬度仍明显大于面包面团。

在投料顺序上，由于韧性面团用油量一般较少，用水量较大，可先将面粉加入到搅拌机中搅拌，然后将油、糖、蛋、奶等辅料加热水或热糖浆混匀后，缓慢倒入搅拌机中。如果使用改良剂，则应在面团初步形成时加入。由于韧性面团调制温度较高，疏松剂、香精、香料一般在面团调制的后期加入，以减少分解和挥发。

韧性面团的调制，不但要使面粉和各种辅料充分混匀，还要通过搅拌使面筋蛋白与水分子充分接触，形成大量面筋，降低面团黏性，增加面团的抗拉强度，有利于压片操作。另外，通过过度搅拌，将一部分面筋在搅拌桨剪切作用下不断撕裂，使面筋逐渐处于松弛状态，一定程度上增强面团的可塑性，使冲印成型的饼干坯有利于保持形状。

韧性面团的调制时间一般在 30～35min。对面团调制时间不能生搬硬套，应根据经验，通过判断面团的成熟度来确定。韧性面团调制到一定程度后，取出一小块面团搓捏成粗条，用手感觉面团柔软适中、表面干燥，当用手拉断粗面条时，感觉有较强的延伸力，拉断面团两断头有明显的回缩现象，此时面团调制已达到了最佳状态。

面团温度直接影响面团的流变学性质，根据经验，韧性面团温度一般在 38～40℃。面团的温度常用加入的水或糖浆来调整，冬季用水或糖浆的温度为 50～60℃，夏季 40～45℃。

为了得到理想的面团，韧性面团调制好后，一般需静置 18～20min，以松弛形成的面筋，降低面团的黏弹性，适当增加其可塑性。

③ 苏打饼干面团调制和发酵　苏打饼干是采用生物发酵剂和化学疏松剂相结合的发酵性饼干，具有酵母发酵食品的特有香味，多采用 2 次搅拌、2 次发酵的面团调制工艺。

a. 面团的第一次搅拌与发酵　将配方中面粉的 40％～50％与活化的酵母溶液混合，再加入调节面团温度的生产配方用水，搅拌 4～5min。然后在相对湿度 75％～80％、温度26～28℃下发酵 4～8h。发酵时间的长短依面粉筋力、饼干风味和性状的不同而异。通过第一次较长时间的发酵，使酵母在面团内充分繁殖，以增加第二次面团发酵潜力，同时酵母的代谢产物酒精会使面筋溶解和变性，产生的大量 CO_2 使面团体积膨胀至最大后，继续发酵，气体压力超过了面筋的抗拉强度而塌陷，最终使面团的弹性降到理想程度。

b. 第二次搅拌与发酵　将第一次发酵成熟的面团与剩余的面粉、油脂和除化学疏松剂以外的其他辅料加入搅拌机中进行第二次搅拌，搅拌开始后，缓慢撒入化学疏松剂，使面团的 pH 值达 7.1 或稍高为止。第二次搅拌所用面粉，主要是使产品口感酥松，外形美观，因而需选用低筋粉。第二次搅拌是影响产品质量的关键，它要求面团柔软，以便辊轧操作。搅拌时间一般 4～5min，使面团弹性适中，用手较易拉断为止。第二次发酵又称后续发酵，主要是利用第一次发酵产生的大量酵母，进一步降低面筋的弹性，并尽可能地使面团结构疏松。一般在 28～30℃发酵 3～4h 即可。

(2) 辊轧　辊轧是将面团经轧辊的挤压作用，压制成一定厚薄的面片。一方面便于饼干冲印成型或辊切成型；另一方面，面团受机械辊轧作用后，面带表面光滑、质地细腻，且使面团在横向和纵向的张力分布均匀，这样，饼干成熟后，形状完美，口感酥脆。对于制作苏打饼干的发酵面团，经辊压后，面团中的大气泡被赶出或分成许多均匀的小气泡。同时经过多次折叠，压片，面片内部产生层次结构，焙烤时有良好的胀发度，成品饼干有良好的酥脆性。

① 韧性面团辊轧　在辊轧前要静置一段时间，目的要消除面团在搅拌时因拉伸所形成的内部张力，降低面团的黏度与弹性，提高面筋的工艺性能和制品的质量。静置时间的长短，根据面团温度而定。一般是面团温度高，静置时间短；温度低，静置时间长。面团温度如达到40℃，大致要静置10～20min。

一般采用包含9～13道辊的连续辊轧方式进行压片（图3-14），在整个辊轧过程中，应有2～4次面带折叠并旋转90°过程，以保证面带在横向与纵向受力均匀。面团经过辊轧，被压制成一定厚薄的面片。

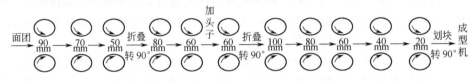

图3-14　韧性饼干面团连续辊轧压片示意

② 苏打饼干面团辊轧　多采用往返式压片机，这样便于在面带中加入油酥，反复压延。苏打饼干面团的每次辊轧的压延比不宜过大，一般控制在（1:2）～（1:2.5），否则，表面易被压破，油酥外露，饼干膨发率差，颜色变劣。苏打饼干面团的压延过程见图3-15。

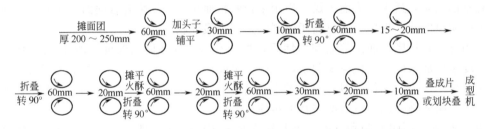

图3-15　苏打饼干面团的压延过程

③ 酥性面团的辊轧　酥性面团中含油、糖较多，轧成的面片质地较软，易于断裂，所以不应多次辊轧，更不要进行90°转向。一般单向往复辊轧3～7次即可。根据具体情况，也可采用单向辊轧一次。酥性面团在辊轧前不必长时间静置。轧好的面片厚度约为2cm，较韧性面团的面片厚。这是由于酥性面团易于断裂，而且比较软，通过成型机的辊轧后即能达到成型要求的厚度。

（3）成型　辊轧工序轧成的面片，经成型机制成各种形状的饼干坯。饼干成型方式有冲印成型、辊印成型、辊切成型、挤浆成型等多种成型方式。对于不同类型的饼干，由于它们的配方不同，所调制的面团特性不同，这样就使成型方法也各不相同。

① 冲印成型　冲印成型是一种古老而且目前仍广泛使用的饼干成型方法。它的优点是能够适应多种大众产品的生产，如粗饼干，韧性饼干，苏打饼干等。其动作最接近于手工冲印动作，对品种的适应性广，凡是面团具有一定韧性的饼干品种都可用冲印成型。冲印成型机有旧式的间歇式冲印成型机和较新式的摆动冲印成型机。饼干冲印成型机（图3-16）主要由压片机构、冲印机构、拣分机构和输送机构等部分组成。

冲印机构是饼干成型的关键工作部件，它主要包括动作执行机构和印模组件两部分。冲印成型示意如图3-17所示。

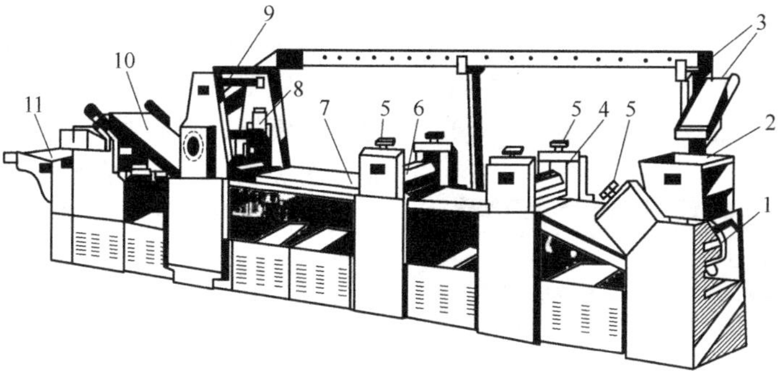

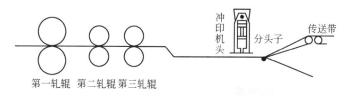

图 3-16　饼干冲印成型机

1—头道辊；2—面斗；3—回头机；4—二道辊；5—轧辊间隙调整手轮；6—三道辊；7—面坯输送带；
8—冲印成型机构；9—机架；10—拣分斜输送带；11—饼干生坯输送带

图 3-17　冲印成型示意

② 辊印成型　饼干辊印成型机如图 3-18 所示。上方为料斗，料斗的底部是一对直径相同的辊筒。一个叫作喂料辊，另一个叫作印模辊（图 3-19）。喂料辊表面是与轴线相平行的沟槽，以增加对面团的携带能力，印模辊上装有使面团成型的模具。两辊相对转动，面团在重力和两辊相对运动的摩擦力作用下不断填充到模具辊的模具中。在两辊中间有一紧贴模具辊的刮刀，可将饼干坯上超出模具厚度的部分刮下来，即形成完整的饼干坯。当嵌在模具辊上的饼干坯随辊转动到正下方时，接触帆布传送带和脱模辊，在饼干坯自身重力和帆布摩擦力的作用下，饼坯脱模。脱了模的饼坯由帆布传送带输送到烤炉的钢丝网带上进入烤炉。这种设备只适用于配方中油脂较多的酥性饼干和甜酥饼干，对有一定韧性的面团不易操作。辊

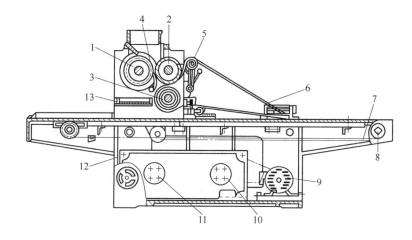

图 3-18　饼干辊印成型机

1—喂料辊；2—印模辊；3—橡胶脱模辊；4—刮刀；5—张紧轮；6—帆布脱模带；7—生坯输送带；
8—输送带支承；9—电机；10—减速器；11—无级调速器；12—机架；13—余料接盘

印成型原理如图 3-20 所示。

③ 辊切成型　饼干辊切成型机兼有冲印和辊印成型机的优点，它主要由印花辊、切块辊、脱模辊、帆布脱模带、撒粉器和机架等组成（图 3-21）。辊切成型是综合冲印成型及辊印成型两者的优点，克服其缺点设计出来的新的饼干成型工艺。它的前部分用的是冲印成型的多道压延辊，成型部分由印花辊、切割辊及橡胶辊组成。面带经前几道辊压延成理想的厚度后，先经花纹辊压出花纹，再在前进中经切割辊切出饼坯，然后由斜帆布传送带送走边料。橡胶辊主要是印花及切割时做垫模用。这种成型方法由于它是先压成面片而后辊切成型，所以具有广泛的适应性，能生产韧性、酥性、甜酥性、苏打等多种类型的饼干，是目前较为理想的一种饼干成型工艺。

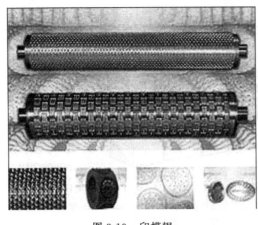

图 3-19　印模辊

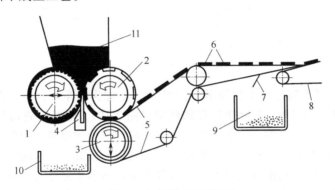

图 3-20　辊印成型原理

1—喂料辊；2—印模辊；3—橡胶脱模辊；4—刮刀；5—帆布脱模带；6—饼干生坯；

7—帆布带刮刀；8—生坯输送带；9、10—面屑斗；11—料斗

饼干的成型、切块和脱模操作是由印花辊、切块辊、橡胶脱模辊和帆布脱模带来实现的。

辊切成型与辊印成型的不同点在于，其成型过程包括印花和切断两个工序，这一点与上述的冲印成型过程相似，只不过辊切成型是依靠印花辊和切块辊在橡胶脱模辊上的同步转动来实现的。饼干辊切成型机原理见图 3-22。

④ 其他成型方式　除以上 3 种常用的成型方式外，还有钢丝切割成型、挤条成型、挤浆成型等成型方式。钢丝切割成型机结构如图 3-23 所示。

钢丝切割成型是利用挤压装置将面团从模孔中挤出，模孔有花瓣形和圆形多种，每挤出一定厚度，用钢丝切割成饼坯。

挤条成型与钢丝切割成型原理相同，只是挤出模孔的形状不同。挤浆成型是用液体泵将糊状面团间歇挤出，挤出的面糊直接落在烤盘上。由

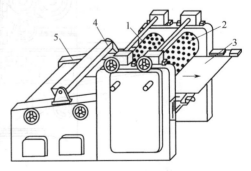

图 3-21　饼干辊切成型机

1—印花辊；2—切块辊；3—帆布脱模带；

4—撒粉器；5—机架

于面糊是半流体，所以在一定程度上，因挤出模孔的形状不同或挤出头做 O 形或 S 形运动，就可得到不同形状的饼干。蛋黄饼干、威化饼干一般采用挤出成型工艺。

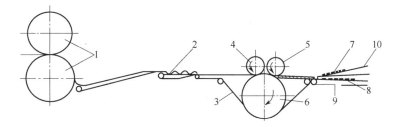

图 3-22　饼干辊切成型机原理
1—定量辊；2—波纹状面带；3—帆布脱模带；4—印花辊；5—切块辊；6—脱模辊；
7—余料；8—饼干生坯；9—水平输送带；10—倾斜输送带

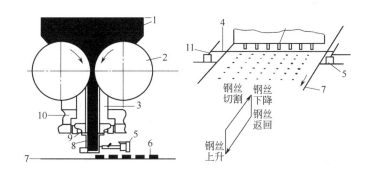

图 3-23　钢丝切割成型机结构
1—进料斗；2—进料辊；3—填充块；4—钢丝；5—钢丝支座；6—面板；7—输送带；
8—模头；9—模板；10—模板与填充块夹紧装置；11—机械手

（4）烘烤　饼干焙烤的主要作用是降低产品水分，使其熟化，并赋予产品特殊的香味、色泽和组织结构。在焙烤过程中，化学疏松剂分解产生的大量 CO_2，使饼干的体积增大，并形成多孔结构，淀粉胶凝；蛋白质变性凝固，使饼干定型。

在工业化生产中，饼干的焙烤基本上都是使用可连续化生产的隧道式烤炉。整个隧道式烤炉由 5 节或 6 节可单独控制温度的烤箱组成，分为前区、中区和后区 3 个烤区。前区一般使用较低的焙烤温度，为 160～180℃，中区是焙烤的主区，焙烤温度为 210～220℃，后区温度为 170～180℃。

烘烤的温度和时间，随饼干品种与块形大小的不同而异，对于配料不同、大小不同、厚薄不同的饼干，焙烤温度、焙烤时间都不相同。

韧性饼干的饼干坯中面筋含量相对较多，焙烤时水分蒸发缓慢，一般采用低温长时间焙烤。

酥性饼干由于含油、糖多，含水量少，入炉后易发生"油摊"现象，因此常采用高温短时焙烤。

苏打饼干入炉初期底火应旺，面火略低，使饼干坯表面处于柔软状态有利于饼干坯体积膨胀和 CO_2 气体的逸散。如果炉温过低，时间过长，饼干易成僵片。进入烤炉中区后，要求面火逐渐增加而底火逐渐减弱，这样可使饼干膨胀到最大限度并将其体积固定下来，以获得良好的产品。

（5）冷却　烘烤完毕的饼干，其表面层与中心部的温差很大，外温高（可达 160℃以上），中心温低（110℃左右），温度散发迟缓。为了防止饼干外形收缩与破裂，必须冷却后再包装。

在夏秋春季，可采用自然冷却法。如要加速冷却，可以使用吹风，但空气的流速不能超过2.5m/s。空气流速过快，会使水分蒸发过快，饼干易破裂。冷却最适宜的温度是30～40℃，室内相对湿度70%～80%。

（6）包装　饼干的包装材料有马口铁、纸板、聚乙烯塑料袋、蜡纸等，包装规格有500g、250g等。要指出的是，饼干虽是耐储性的一种食品，但也必须考虑贮藏条件。饼干适宜的贮藏条件是低温、干燥、空气流通、空气清洁、避免日照的场所。库温应在20℃左右，相对湿度以不超过70%～75%为宜。

3. 饼干的质量标准

（1）理化指标

① 甜饼干　水分5%以下（红糖饼干除外）。

② 苏打咸饼干　水分6%以下（粗饼干除外）。

③ 苏打咸饼干酸度　0.5%以下（以乳酸计）。

（2）外观指标

① 块数　25块/kg（±0.5块）25～50块/kg（±1块）、50～75块/kg（±1.5块）、75～100块/kg（±2块）、100块以上/kg（±2.5块）。

② 厚度　100块/kg以下（±0.2cm/10块）、100块/kg以上（±0.3cm/10块）。

③ 色泽　底、表面、边色泽一致；低档和中档甜饼干颜色从浅黄到金黄都可；高档甜饼干金黄色；苏打饼干浅黄色（精粉可发白）。

（3）口感指标

① 松脆度　有较小密度，不僵、不硬，有层次感。

② 酥度　颗粒组织均匀，细腻，不粘牙。

③ 食味　味纯正，无异味。中档、高档酥性饼干有明显的香味。

第四节　糕点的生产

一、海绵蛋糕

蛋糕是以鸡蛋、糖、面粉和油脂为主要原料经打蛋、调糊和烘烤等工序而制成的组织松软的糕点食品。

根据配料中各主要成分含量、调糊和造型操作特点，一般可分为清蛋糕型、油蛋糕型、复合型和裱花型等四种。清蛋糕又称为海绵蛋糕，由于成熟方法的不同，又分为烘蛋糕和蒸蛋糕。

1. 加工基本原理

海绵蛋糕是充分利用鸡蛋中蛋白（蛋清）的起泡性能，使蛋液中充入大量的空气，加入面粉烘烤而成的一类膨松点心。在打蛋机的高速搅拌下，降低了蛋白的表面张力，增加了蛋白的黏度，将大量空气均匀地混入蛋液中。与此同时，由于蛋白中的球蛋白和其他蛋白受搅拌的机械作用，产生了轻度变性。变性的蛋白质分子形成了一层十分牢固的蛋白薄膜，将混入的空气包围起来。随着空气混入量的增加，蛋液中的气压增大，促进蛋白膜逐渐膨胀扩展，最后形成了大量蛋白泡沫。面糊入炉烘烤后，随着炉温升高，气泡内空气及水蒸气受热膨胀，促使蛋白膜继续扩展，待温度达到80℃以上时，蛋白质变性凝固，淀粉完全糊化，蛋糕随之而定型。

2. 生产工艺流程

原料选择与处理→打蛋→调糊→入模→烘烤→冷却→脱模→成品

3. 操作要点

（1）原料要求及处理

① 鸡蛋　鸡蛋是蛋糕制作的重要原料之一。为了得到高质量的产品，最好使用新鲜鸡蛋，工厂化生产中也有使用冰蛋和蛋粉的。

② 糖类　蛋糕加工中，一般使用白砂糖、绵白糖、蜂蜜、饴糖和淀粉糖浆等糖类。白砂糖要求纯度高，蔗糖含量在99％以上，糖色洁白明亮，颗粒均匀，松散干燥，不含带色糖粒和糖块，因为颗粒大的糖往往由于糖的使用量较高或搅拌时间短而不能溶解，如蛋糕成品内仍有白糖的颗粒存在，则会导致蛋糕的品质下降，在条件允许时，最好使用细砂糖。

③ 面粉　通常用于加工蛋糕的面粉是低筋粉或蛋糕专用粉。要求湿面筋不低于22％。蛋糕专用粉，它是经氯气处理过的一种面粉，这种面粉色白，面筋含量低，吸水量很大，产品保存率高。面粉在蛋糕的制作中，面粉的面筋构成蛋糕的骨架，淀粉起到填充作用。

④ 油脂　在蛋糕的制作中用的最多的是色拉油和奶油。奶油具有天然纯正的乳香味道，颜色佳，营养价值高的特点，对改善产品的质量有很大的帮助；而色拉油无色无味，不影响蛋糕原有的风味，所以广泛采用。

⑤ 化学膨松剂　常用的化学膨松剂有泡打粉、小苏打和臭粉，使用最多的是泡打粉。化学膨松剂在蛋糕加工中主要作用是增加体积，使体积结构松软，组织内部气孔均匀。

⑥ 乳化剂　蛋糕油又称蛋糕乳化剂或蛋糕起泡剂，它在海绵蛋糕的制作中起着重要的作用。不但可以缩短打蛋时间，而且成品外观和组织更加漂亮和均匀细腻，入口更润滑。添加量一般是鸡蛋的3％～5％。

（2）打蛋液　打蛋液是将鸡蛋液、白砂糖等放入打蛋机（图3-24）内进行快速搅拌的过程。首先将全蛋液（蛋白液）、白砂糖加入打蛋机中快速搅打20min，使蛋、糖溶解均匀，充入大量空气，形成大量乳白色泡沫。打蛋结束时，体积约膨胀1.5～2倍。如达不到1.5倍，则充气不足，制作的糕坯不松软，成品胀发不够；但也不能搅打过度，过度易将蛋液打泻，胶体黏度也会降低，使蛋液中气泡容易逸出。

（3）调糊　当打蛋结束后，加入水、香精和膨松剂，搅打约1min，加入面粉，低速搅动均匀，约需1min。面粉使用前要过筛，如需用发酵粉，事先与面粉掺和均匀。调糊操作时，一定要轻轻地混合，机器开慢档，以搅到均匀、无结块、无糊块、无颗粒为止。如搅拌过快，时间过长，面粉容易起筋，制品内部则有无孔隙的僵块，外表不平。

图3-24　立式打蛋机

（4）入模成型　调好的蛋糊要及时入模烘烤，不要放得过久，因为胀润后的粉粒和少量未完全溶化的糖粒密度均大于蛋液，容易下沉，会出现上层蛋糊制品体大量轻、下层蛋糊制品体小量重的现象。由于蛋液的黏度随温度升高而下降，因此在气温高时更易出现这种现象。

蛋糕成型均用铁皮模。蛋糕模具如图3-25所示。入模前注意先将炉盘洒点水烤热，然后将模子均匀地刷上一层油，以防熟后粘模而挑碎。入模时可以使用调匙舀糊入模，或将蛋糊装入角袋挤入模中，也可使用注料机注入。要求入模要均匀，注入质量大体相仿，避免将糊浇到模外。蛋糊入模后，表面如需撒用果仁或蜜饯的可在入炉时撒上，过早撒上容易下沉。

SN6211　　SN6221　　SN6251　　SN6252

图 3-25　蛋糕模具

（5）烘烤　蛋糕烘烤的温度和时间通常要依据蛋糕配方种类、形态大小和烤炉特性而决定。一般海绵蛋糕的烘烤温度为 180～230℃。要求底火大、面火小、炉温稳定。进炉时温度在 160～180℃，使蛋糊涨满铁皮模；约 10min 后升到 200℃，使糕坯定型、上色而成熟；出炉温度为 230℃。为防止夹生，可在糕坯表面上色之后，用细竹签插入蛋糕中心，拔出竹签。如有粘连物，说明未熟，可降低炉温，再适当延长烘烤时间，或在表面盖上一张纸再烘至中心成熟。

成熟以后，抽出烤盘，用铁针挑出装箱，每叠高度不超过 5 只，以免受压变形。

二、桃酥

1. 工艺流程

配料→调粉→成型→烘烤→冷却→包装

2. 配料标准

① 面粉 15kg，白糖 6kg，花生油 6kg，碳酸氢铵 0.3kg，泡打粉 0.3kg，鸡蛋 2kg，芝麻 0.75kg。

② 面粉 50kg，猪油 25kg，砂糖 25kg，鸡蛋 5kg，臭粉 0.5kg，小苏打 0.5kg，杏仁（或瓜子仁、核桃仁、花生仁）3kg。

3. 操作要点

① 调粉　首先将油、糖、鸡蛋、碳酸氢铵、泡打粉等充分混匀，制成乳状液。倒入面粉，边翻边拌，尽量避免揉搓，防止面团起筋，影响产品的疏松度。

② 成型　将调好的面团摊放在不锈钢面板上，用手稍稍压平后，盖上一层塑料布，然后用擀杖反复擀压至厚度为 1cm 的面饼。将杏仁撒在面饼上，再盖上塑料布，用擀杖轻轻擀压，使杏仁瓣嵌入面饼中。将印模放在面饼上用力下压，将面饼分成若干个大小均匀的饼坯。也可将把调制好的面团分成小剂，用手拍成高状圆形，按入模内，按模时应按实按平，按平后削平然后磕出，成型要规格。将磕出的生坯行间距适当地码入烤盘内，最后中间按一个凹眼，分别撒芝麻。

③ 烘烤　将成型好的饼坯放入烤盘中，注意不要太密，否则产品烤时会摊发相黏。将烤盘立即放入烤炉。进炉温度设定为 150℃左右，在此温度下烘烤 3～4min，然后升温至 180℃，烘烤 5～6min。使产品适度摊发，表面裂纹良好。

④ 出炉后，冷却至 30～40℃。

4. 质量标准

① 色泽　表面色泽为金黄色，裂纹内淡黄色，均匀一致。

② 口味　酥松可口，具有芝麻香味，无异味。

③ 规格　规格整齐，薄厚一致，裂纹均匀。

④ 内部组织　有细小均匀的蜂窝，不欠火，不青心。

第五节　面条的生产

一、挂面的生产

挂面由湿面条挂在面杆上干燥而得名，又称为卷面、筒子面等，是我国各类面条中产量最大、销售范围最广的品种。挂面的花色品种很多，一般按面条的宽度或按使用的面粉等级以及添加的辅料来命名。目前，已形成主食型、风味型、营养型、保健型等同时发展，并注意色彩变化的格局。

1. 原料和辅料

(1) 面粉　挂面生产用粉的湿面筋含量不宜低于26%，最好采用面条专用粉。

(2) 水　我国对制面水质尚未做一规定，一般应使用硬度小于10度的饮用水。

(3) 面质改良剂　面质改良剂主要有食盐、增稠剂（如羧甲基纤维素钠、瓜尔胶、魔芋精粉、变性淀粉）、氧化剂（如偶氮甲酰胺、维生素C）、乳化剂（如单甘酯、蔗糖酯、硬脂酰乳酸钠）和谷蛋白粉等，应根据需要添加。生产鲜销的湿切面，可添加食碱。

2. 工艺流程

原辅料预处理→和面→熟化→压片→切条→湿切面→干燥→切断→计量→包装→检验→成品挂面

(1) 和面　和面操作要求"四定"，即面粉、食盐、回机面头和其他辅料要按比例定量添加；加水量应根据面粉的湿面筋含量确定，一般为25%～32%，面团含水量不低于31%；加水温度宜控制在30℃左右；和面时间15min，冬季宜长，夏季较短。和面结束时，面团呈松散的小颗粒状，手握可成团，轻轻揉搓能松散复原，且断面有层次感。和面设备以卧式直线搅拌器和卧式曲线搅拌器效果较好。近年来，国外已出现先进的真空和面机，但价格昂贵。

(2) 熟化　采用圆盘式熟化机或卧式单轴熟化机对面团进行熟化、贮料和分料，时间一般为10～15min，要求面团的温度、水分不能与和面后相差过大。生产实践证明，在面团复合之后进行第二次熟化，效果较明显，国内外已有厂家采用。

(3) 压片　一般采用复合压延（图3-26）和异径辊轧的方式进行，技术参数如下。

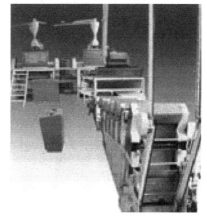

图3-26　挂面复合压延

① 压延倍数　初压面片厚度通常不低于4～5mm，复合前相加厚度为8～10mm，末道面片为1mm以下，以保证压延倍数为8～10倍，使面片紧实、光洁。

② 轧辊线速　为保证面条的质量和产量，末道轧辊的线速以30～35m/min为宜。

③ 轧片道数和压延比　轧片道数以6～7道为好，各道轧辊较理想的压延比依次为50%、40%、30%、25%、15%和10%。轧辊直径：合理的压片方法是异径辊轧，其辊径安排为复合阶段，$\phi240mm$、$\phi240mm$、$\phi300mm$；压延阶段，$\phi240mm$、$\phi180mm$、$\phi150mm$、$\phi120mm$、$\phi90mm$。

(4) 切条　切条成型由面刀完成，面刀的加工精度和安装使用往往与面条出现毛刺、疙瘩、扭曲、并条及宽厚不一致等缺陷有关。面刀有整体式和组合式，形状多为方形，基本规格分为1.0mm、1.5mm、2.0mm、3.0mm、6.0mm五种。目前，国内已开发出圆形或椭圆形面刀，解决了条型单一的问题。面刀下方设有切断刀，作用是将湿面条横向切断，其转速可以根据每杆湿挂面的长度调节。

(5) 干燥　挂面干燥是整个生产线中投资最多、技术性最强的工序，与产品质量和生产成本有极为重要的关系。生产中发生的酥面、潮面、酸面等现象，都是由于干燥设备和技术不合理造成的，因此必须予以高度重视。现行挂面干燥工艺一般分为如下三类。

① 高温快速干燥法　这种方法是我国的传统工艺，最高干燥温度为50℃左右，距离为25～30m，时间约2～2.5h。具有投资小、干燥快等优点。缺点是温湿度难以控制、产品质

量不稳定、容易产生酥面等，已逐渐被其他方法取代。

② 低温慢速干燥法 是 20 世纪 80 年代从日本引进的挂面烘干法，最高干燥温度不超过 35℃，距离为 400m 左右，时间长达 7～8h。此法的特点是模仿自然干燥，生产稳定，产品质量可靠。不足之处是投资大、干燥成本高、维修麻烦等，仅适于一些大中型厂使用。

③ 中温中速干燥法 针对高温快速法和低温慢速法的优点和不足，我国于 20 世纪 80～90 年代研究成功了中温中速干燥法。这种方法具有投资较少、耗能低、生产效率高、产品质量好的特点，已在国内推广。中温中速法适于多排直行和单排回行烘干房使用，前者运行长度宜在 40～50m，后者回行长度宜在 200m 左右，烘干时间均大约 4h。中温中速法的技术参数见表 3-4。

表 3-4 中温中速法的技术参数

干 燥 阶 段	温度/℃	湿度/%	风速/m·s^{-1}	占总干燥时间/%
预干燥	25～35	80～85	1.0～1.2	15～20
主干燥	35～45	75～80	1.5～1.8	40～60
完成干燥	20～25	55～65	0.8～0.1	20～25

图 3-27 挂面打捆机

(6) 切断 一般采用圆盘式切面机和往复式切刀。前者传动系统简单，生产效率高，但整齐度较差、断损较多；后者整齐度好、断损少、效率稍低、传动装置较复杂。

(7) 计量、包装 传统的圆筒形纸包装仍广泛采用人工，这种方法较难实现机械化。新型的塑料密封包装已实现自动计量包装，主要在引进设备的厂家中使用，是今后发展的方向。挂面打捆机见图 3-27。

(8) 面头处理 湿面头应即时回入和面机或熟化机中。干面头可采用浸泡或粉碎法处理，然后返回和面机。半干面头一般采用浸泡法，或晾干后与干面头一起粉碎。浸泡法效果好，采用较广泛，但易发酸变质。粉碎法要求面头粉细度与面粉相同，且回机量不超过 15%。少数厂家采用打浆机，使干面头受到粉碎和浸泡双重作用，效果很好且较卫生。

二、方便面的生产

方便面加工的基本原理是将成型后的面条通过蒸汽蒸面，使其中的蛋白质变性，淀粉高度 α 化，然后借助油炸或热风将蒸熟的面条进行迅速脱水干燥，这样制得的产品不但易保存，而且复水性好。

1. 方便面的分类

方便面按生产工艺不同，可分为热风干燥型和油炸型两类。

(1) 热风干燥型方便面 借助热风进行最后脱水干燥的方便面。具有干燥速度慢、α 化程度低（仅有 80%）、复水性差等缺陷，但该产品保存期长，成本低。

(2) 油炸型方便面 借助于油炸最后脱水干燥的方便面。具有干燥速度快，α 化程度高（可达 85%），复水性好等优点；但因面条含油高达 20% 左右，易氧化，保存期短，而且生产成本也较高。

2. 原料和辅料

(1) 面粉 生产方便面的面粉，质量要求较高，水分12%～14%，蛋白质含量9%～12%，湿面筋含量28%～36%（32%～34%为好），灰分≤0.5%，粉质曲线稳定时间≥4min，降落数值≥200s。

(2) 水 水质要求参考如下：硬度≤10度；pH7.5～8.5；碱度≤50mg/kg；铁≤0.1mg/kg；锰≤0.1mg/kg。

(3) 油脂 选用油炸用油时，首先应考虑油脂的稳定性，其次为风味、色泽、熔点等。目前生产上多采用棕榈油作为油炸方便面的用油。

(4) 抗氧化剂 为防止油脂氧化变质，应在炸油中适当加入叔丁基羟基茴香醚（BHA）、二丁基羟基甲苯（BHT）、特丁基对苯二酚（TBHQ）或天然抗氧化剂。

(5) 面质改良剂 主要有复合磷酸盐、食盐、碳酸钾或纯碱、乳化剂、增稠剂、谷朊粉、增筋剂、鸡蛋等。当小麦粉质量有缺陷或生产高质量的方便面时，往往要添加多种面质改良剂。

食盐主要起强化面粉筋力的作用，兼有增味、防腐作用，一般用精盐。

加碱能有效地强化筋力，并使方便面在蒸煮、冲泡时不糊汤，食用爽口。一般用食碱（纯碱、无水碳酸钠），加碱量为面粉量的0.15%～0.2%，与加盐量一样，视面粉筋力而定，筋力弱多加，强则少加。

为使油脂能均匀分布，防止淀粉老化，可加乳化剂。一般用单甘油酯，或与蔗糖酯混合使用。用量为面粉量的0.3%～0.6%，与等量的食用油于60℃均质乳化。为增加鲜味，可加0.2%的味精。

为增强面团的硬度和产品的韧性，可加入适量的玉米淀粉，用量为4%～6%。

为了缩短和面时间，增加面团延展性，减少吸油量，可加入增稠剂（如羧甲基纤维素钠），用量为面粉量的0.2%～0.4%。

(6) 色素 可使用栀子黄等天然色素来使面条产生好看的黄色。

3. 方便面生产工艺流程

(1) 热风干燥型方便面生产工艺流程 配料→调粉→熟化→复合压片→辊切→波纹成型→蒸面→喷淋着味→热风干燥→整理包装。

(2) 油炸型方便面生产工艺流程 配料→调粉→熟化→复合压片→辊切→波纹成型→蒸面→油炸→冷却→整理包装。BEP-12Y油炸型方便面生产线见图3-28。

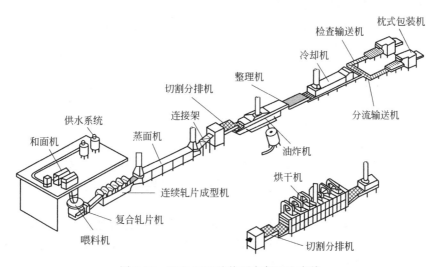

图 3-28 BEP-12Y 油炸型方便面生产线

4. 操作要点

(1) 配料　见表 3-5。

表 3-5　方便面基本配方

原　　料	油炸型方便面			热风干燥型方便面	
	上海	福州	厦门	广东	上海
面粉/kg	25	25	25	25	25
精盐/kg	0.625	0.35	1.5	0.75	1.25
鸡蛋/kg	1.3	—	蛋清2.5	—	3.5
羧甲基纤维素钠/g	100	—	—	—	25
碳酸钾或纯碱/g	15	35	—	50	—
单硬脂酸甘油酯/g	—	—	—	—	25
色素/g	0.5	适量	—	适量	0.5
复合磷酸盐/g	7.5	—	6.5	—	10
BHA/g	—	—	—	—	0.625
BHT/g	—	—	—	—	0.625
柠檬酸/g	—	—	—	—	0.625
酒精(溶剂)/mL	—	—	—	—	6.0
水/kg	7.5~8.0	8.25	6.5	6.5	6.0

(2) 调粉　先将面粉和玉米淀粉加入和面机，然后加入混合水和色拉油，开始搅拌，食盐、纯碱和味精等预先溶于水，过滤后盛于储罐，用泵定量打入和面机，25kg 面粉约加8kg 混合水，水温保持 20~30℃，和面机低速（70~110r/min）长时搅拌，搅拌时间 15~20min，和面的质量主要靠感官和经验来判断，要求和好的面团料坯为均匀颗粒状料，如散豆腐渣状。

(3) 熟化　面团的"熟化"就是在低温下"静化"半小时左右，以改善面团的黏弹性和柔软性，有利于面筋形成和面团均质化。

和好的面团经自流管进入圆盘式熟化机或卧式单轴熟化机的熟化盘中央，搅拌槽内单臂搅拌杆低速搅拌 5~10r/min，时间一般为 10~15min。通过熟化机连续喂料，可实现连续化生产。

(4) 压片　压片具有两个作用：一是使面团成型；二是使面条中面筋的网状组织达到均匀分布。

熟化后的面团首先经自流管分配，进入两对轧辊，各辊轧出一片粗面片，此两片粗面片进入第三对轧辊合压成一条面带，再经 5 或 6 道轧辊连续压薄至规定的厚度，最后进入轧条机，轧成符合规格的湿面条（厚 0.8~1.0mm，宽 1.2~1.5mm）。辊轧出的湿面条带由钢丝网输送带送入蒸面机。压片一般采用复合压延和异径辊轧的方式进行，技术参数同挂面生产。

(5) 切条及波纹成型　切条及波纹成型就是生产出一种具有独特的波浪形花纹的面条，其主要目的是防止直线型面条在蒸煮时会黏结在一起，折花后脱水快，食用时复水时间短。面条的波纹形成通常由波纹成型机来完成。

面片由面刀纵切成条后垂直落入波纹成型导箱内，经导箱下面短网带的慢速输送形成波纹。面条下落的线速度与短网带的速度是影响波纹成型效果的主要因素，面条线速与短网带线速的比值通常为 (7:1)～(10:1)，成型效果好，速度比大则波纹密，速度比小则波纹稀。另外，导箱上的压力锤质量也是影响波纹成型的又一因素。短网带向前输送一段距离后，将波纹面条卸到连续蒸面机的长网带上，二者的速度比约 (1:4)～(1:5)。这样，最初形成的紧密波纹面带被拉得比较稀疏、扁平，目的是便于蒸熟。

(6) 蒸面　蒸面的目的是使淀粉受热糊化和蛋白质变性，面条由生变熟。

蒸面是在连续式自动蒸面机上进行的。蒸面机有水平式和倾斜式两种。水平蒸面机槽内盛有自来水，过热蒸汽直接喷入水中，使之沸腾，产生大量的供蒸面用的水蒸气。倾斜式蒸面机使喷入槽内的过热蒸汽沿着斜面由低到高在槽中分布，冷凝水由高向低流动。蒸面一般采用倾斜式连续蒸面机，蒸汽压力为 0.15～0.2MPa，机内温度 95～98℃，蒸面时间 90～120s，面条 α 化程度可达 85% 以上。为节省占地，已有多层回转式连续蒸面机投入生产。

由于热蒸汽具有上升的特性，这样在水槽低的一端蒸汽量少，温度低；湿度大、温度较低的面块由底部进入，遇蒸汽易冷凝结露，面带可多吸收水分，以利于淀粉糊化。在水槽高的一端蒸汽量多，温度高，湿度低，面块受热蒸熟。倾斜式蒸面机内从槽底端到槽顶端温度由低到高，而湿度则由高到低，这种温湿度分布有利于面块蒸熟。将切好的面送上传送带蒸 1～2min。多层蒸面机由长约 7m 长方形不锈钢箱式蒸锅组成，网宽 600mm，往复三层，网带、链条、排潮管均用不锈钢制造，蒸面时间 100～110s，动力由切割分排机分配。

(7) 喷淋着味　将面浸入调味液或喷涂调味液使之入味。该工序有的设在蒸面与切断之间，有的设在入模与干燥之间，用于生产调味方便面，方法为喷淋调味液或浸渍。

(8) 切断、折叠、入模　从连续蒸面机出来的熟面带被旋转式切刀和托辊按一定长度切断，即完成面块的定量操作。接着，折叠导板将切断后的面块齐腰对折（生产碗装面无需对折），并由入模装置输入油炸锅或热风干燥机的模盒中。面块质量在 65～120g（可调）。入模装置有六线并立入模机和三线分列入模机两种，前者适于大型厂，后者适于中小型厂。

(9) 热风干燥　广泛采用往返式链盒干燥机，热风温度为 70～80℃，相对湿度≤70%，干燥时间约 45min，干燥后面块水分≤12.5%。

(10) 油炸干燥　油炸设备为自动油炸锅，面块的油炸时间为 70～80s，油锅里的油液通常有 3 个温度段：入料口 140～170℃，中间段 150～180℃，出料口 155～185℃。为得到复水快的方便面，炸油温度应取高值，同时适当延长油炸时间。油炸面最终水分应降至 10% 以下，含油率不应超过 20%。油炸设备为自动油炸锅，主要的油炸技术参数为：前温 130～135℃，中温 140～145℃，后温 150～155℃，油炸时间 70～80s，炸油周转率≤16h，油位高出模盒 15～20mm，油炸后面块水分≤8%。

炸油一般使用棕榈油，因其所含的天然抗氧化剂维生素 E 较高，不易氧化酸败变质（富含维生素 E 和胡萝卜素稳定性好）。棕榈油来源主要靠进口，炸油使用一定时间后就要更换，以免食物中毒。在气温不高的季节，也可采用精炼植物油。油炸袋装方便面温度一般为 150℃左右，杯装面为 180℃左右。面条经过连续油炸锅的时间为 70～80s。

为控制炸油劣变，应定时检测油脂酸价、过氧化值、碘价等的变化。为降低面块含油率，应注意油锅内温区设置、面块油炸前的含水量、油炸时间、添加剂的使用、面块沥油装置等因素。

(11) 整理、冷却、包装　冷却的目的主要是为了便于包装和贮存，防止产品变质。在冷却机内经吹风强制冷却至室温或略高于室温，然后加入调味汤料进入自动包装机，用符合卫生要求的复合塑料薄膜（袋装面）或聚苯乙烯泡沫塑料（碗装面）完成包装，后者将逐渐被可降解材料代替。

（12）调味料的配制

① 调味汤料制备　调味汤料是方便面的重要组成部分，是决定产品营养价值和口味的关键，亦关系到产品的档次和等级。方便面品牌的竞争，实际上已演变成汤料的竞争。汤料的种类按其内容物可分为粉包、菜包、酱包等，常用的有鸡肉汤料、牛肉汤料、三鲜汤料、麻辣汤料等。所用原料根据其性能和作用，可分为咸味料、鲜味料、天然调味料、香辛料、香精、甜味料、酸味料、油脂、脱水蔬菜、着色剂、增稠剂等。各种原料的比例应遵循一定规律并结合丰富的调味经验来确定。方便面中两种汤料的参考生产过程如下。

粉包：原料预处理→混合→过筛→包装→成品。

肉酱包：原料预处理→熬煮→绞碎→调味→加热→包装→灭菌→冷却→脱水→成品。

② 调味汤料配方实例　调味汤料配方见表3-6～表3-9。

表3-6　鸡肉汤料 %

味精	9.7	大蒜粉末	0.8	呈味核苷酸	0.5
黑胡椒粉末	2.4	粉末状酱油	6.6	干燥葱片	2.9
精制食盐	61.7	葱汁粉末	2.4	洋葱粉末	6.6
琥珀酸钠	0.4	姜粉末	1.6	焦糖色素	2.6
胡萝卜粉末	0.8	鸡肉香精	1.0	合计	100

表3-7　牛肉汤料 %

精制食盐	59.20	焦糖色素	1.70	柠檬酸	0.30	琥珀酸钠	0.50
豆芽粉末	2.00	黑胡椒粉末	0.15	葡萄糖	11.25	姜粉末	0.05
味精	9.00	呈味核苷酸	0.20	牛肉精	9.90	粉末状酱油	5.50
大蒜粉末	0.05	洋葱粉末	0.10	韭菜	0.10	合计	100

表3-8　虾味汤料 %

鲜虾粉	11.7	味精	10.3	虾子香精	1.37
砂糖	7.51	生姜粉末	1.86	香葱粉	1.46
大蒜粉末	1.88	胡椒粉	2.12	榨菜粉	2.58
干葱片	1.12	精制食盐	58.1	合计	100

表3-9　辣味汤料 %

辣椒粉	3.78	榨菜粉末	4.56	胡椒粉末	2.17
花椒粉	2.12	芥末粉末	1.75	咖喱粉末	3.12
生姜粉末	1.89	大蒜粉末	2.13	砂糖	7.51
精制食盐	60.27	味精	10.70	合计	100

5. 方便面的质量标准

（1）技术要求

① 感官要求　色泽正常均匀，气味正常，无霉味、哈喇味及其他异味。

② 烹调性　煮（泡）3～5min后不夹生，不牙碜，无明显断条现象。

（2）理化要求　见表 3-10。

表 3-10　方便面的理化标准

项目 品名	水分 /%	酸值（以脂肪 酸含量计）	α 化 /%	复水时间 /min	盐分 /%	含油 /%	过氧化值（以脂肪 含量计）/%
油炸型	≤10.0	1.8	85	3	2	20～22	≤0.25
热风干燥型	≤12.5	—	80	3～5	2～3	—	

（3）卫生要求
① 无杂质，无霉味，无异味，无虫害，无污染。
② 添加剂符合 GB 2760—81 规定。
③ 原辅料符合国家食品卫生标准规定。
④ 细菌指标参照 GB 2726—81 执行。

本章小结

　　本章主要介绍了小麦制粉的基本工艺，面包、饼干、面条和糕点生产的工艺流程及各单元操作的技术要点。

　　小麦制粉工艺由小麦清理和小麦制粉两大部分组成。通过风选法、筛选法、精选法等方法，再经过毛麦处理、小麦的搭配和水分调节，以提高原料洁净度，保证面粉的质量。小麦制粉流程一般由皮磨系统、心磨系统、渣磨系统和清粉系统组成。

　　面包生产工艺有一次发酵法、二次发酵法、快速发酵法、液体发酵法、连续搅拌法和冷冻面团法等。要求面粉的面筋含量要高，也可使用专用面粉，且面团调制、发酵、整形和烘烤是各种工艺中的关键工序。

　　饼干按照成型方法不同可分冲印成型饼干、辊切成型饼干、辊印成型饼干、挤出成型饼干、钢丝切割成型饼干等。不同种类的饼干对调制面团要求、成型方式和烘烤条件的要求不同。

　　海绵蛋糕主要是利用了蛋白的起泡性能，打蛋、调糊和烘烤等关键工序是保证产品质量的关键。

　　面条生产中严格把握调粉操作标准，控制好压延倍数、轧辊线速、轧片道数和压延比等压片参数，并依产品种类和特点，确定合理的烘烤干燥条件。

复习思考题

　　1. 简述小麦制粉的基本工艺要点。
　　2. 简述二次发酵法面包的生产工艺流程。
　　3. 如何鉴别面包面团的发酵成熟度？
　　4. 二次发酵法生产面包时，各次发酵的目的与操作参数是什么？
　　5. 韧性饼干、酥性饼干、苏打饼干在面团调制要求上有何不同？
　　6. 苏打饼干面团的每次辊轧的压延比为何不宜过大？
　　7. 饼干的成型方法有哪些？各适合于何种类型的饼干？
　　8. 面条调粉操作的"四定"要求是什么？调好后的面团的感官标准是什么？
　　9. 简述方便面生产工艺要点。
　　10. 简述蛋糕加工中打蛋和调糊的操作要点。

实验实训项目

实验实训一　二次发酵法主食面包的制作

【实训目的】

通过实训，加深对面包制作基本原理的理解；熟悉面包常用配料的性质、作用和使用限量；掌握二次发酵法面包制作的工艺流程、制作方法和质量评价。

【材料及用具】

原辅材料：面粉、酵母、食盐、奶油或稀奶油、糖、牛奶或奶粉、鸡蛋、果料、面质改良剂和水等。

设备及用具：和面机、面包醒发机、烤盘、烘箱、刀具等。

【方法步骤】

1. 生产工艺流程

种子面团配料→种子面团调制→种子面团发酵（第一次发酵）→主面团配料→主面团调制→主面团发酵（第二次发酵）→切块→搓圆→中间醒发→整形→入盘（听）→最后醒发→烘烤→冷却→成品

2. 操作要点

（1）面团调制

① 种子面团调制　将全部面粉的30%～70%（通常50%）及种子面团所需的全部辅料于搅拌机中搅拌8～10min，面团终温应控制在24～26℃进行发酵。

② 主面团的调制　将主面团的水、糖、蛋和添加剂投入搅拌机中搅拌均匀，并加入发酵好的种子面团继续搅拌使之拉开，然后加面粉、奶粉搅拌至面筋初步形成。当加入油脂搅拌到与面团充分混合时，最后加食盐搅拌至面团成熟。搅拌时间一般为12～15min，面团终温为28～30℃。

③ 面团搅拌成熟的标志　表面光滑、内部结构细腻，手拉可成半透明的薄膜。

（2）面团发酵

① 种子面团发酵　发酵室的理想温度为28～30℃，相对湿度80%～85%。一次发酵法的发酵时间约为2.5～3h，当发酵到总时间的60%～75%（或体积达到原来的1.5～2倍）时进行翻面。

② 主面团发酵　发酵室的理想温度为28～30℃，相对湿度80%～85%。一次发酵法的发酵时间约为20～60min。

二次发酵法的种子面团发酵时间为4～5h，成熟时应能闻到比较强烈的酒香和酸味，主面团的发酵时间20～60min，成熟时面团膨大，弹性下降，表面略呈薄感，手感柔软。

（3）整形　将发酵好的面团通过称量分割做成一定形状的面包坯后进行如下操作训练。

① 圆形面包的搓圆。

② 花式面包的整形。

（4）入盘　先在烤盘上刷油，然后将圆形面包和花色面包用手工装入烤盘，送入醒发箱进行最后醒发。

（5）最后醒发　醒发温度38～40℃，湿度80%～90%，时间55～65min。最后醒发的程度为原来体积的2～3倍，手感柔软，表面半透明。

一般在醒发后或醒发前（入炉前），在面包坯表面涂抹一层蛋液，可增加面包表皮的光泽，使其皮色美观。

（6）烘烤冷却　根据面包大小，烘烤条件的范围大致为180～220℃，时间15～50min。

① 膨胀阶段 面包坯入炉初期应在炉温较低和相对湿度较高（60%~70%）的条件下进行。底火应高于面火，以利于水分挥发，面包体积最大限度地膨胀。面火160℃，底火180~185℃，时间占总烘烤时间的25%~30%。

② 定型阶段 当面包瓤的温度达到50~60℃时，面包体积已基本达到成品要求，面筋已膨胀至弹性极限，淀粉已糊化，酵母活动停止。这时可将炉温升到最高面火达210℃，底火不应超过210℃，此时面包坯定型。时间占35%~40%。

③ 上色阶段 在焙烤的后期，面火应高于底火，面火约为220~230℃，底火为140~160℃，使面包坯表面产生褐色的表皮，增加面包香味。时间占30%~40%。

烘烤完毕的面包，应采用自然冷却或通风的方法使中心温度降至35℃左右，再进行切片或包装。

3. 实训总结

① 感官鉴定结果。

② 分析与讨论。

【实训作业】

1. 面包加工对原辅材料的要求是什么？

2. 二次发酵法中各次发酵的主要目的是什么？如何控制发酵条件？

3. 面包烘烤操作要点是什么？

实验实训二 韧性饼干制作

【实训目的】

通过实训，使学生理解韧性饼干面团的调粉原理，熟悉其生产工艺过程，掌握调粉、成型、烘烤等操作要点。

【材料用具】

原辅材料：面粉、淀粉、饴糖、白砂糖、奶粉、奶油、食盐、磷脂、碳酸氢钠、碳酸氢铵等。

设备及用具：电子天平、温度计、烧杯、量筒、调面机、压面机、印模、烤盘和烤箱等。

【方法步骤】

1. 生产工艺流程

原料准备→配料及预处理→调粉→成型→烘烤→冷却→包装

2. 配料标准

配料标准见表3-2。

3. 操作要点

(1) 原料预处理 白砂糖加水加热至沸，待全部溶解后加入饴糖，搅匀，煮沸，备用。油脂溶化（隔水），备用。将碳酸氢钠、碳酸氢铵用少量水溶解备用，盐用水溶解备用。面粉、淀粉、奶粉分别用筛子过筛，备用。

(2) 面团的调制 将盐水、碳酸氢钠、碳酸氢铵、油脂、亚硫酸氢钠、淀粉、面粉依次加入调面缸。将温度为85~95℃的热糖浆倒入调面缸内，开启搅拌约25~30min，制成软硬适中的面团，面团温度一般为38~40℃。

(3) 静置 调制好的面团静置10~20min。

(4) 辊轧成型 将调制好的面团分成小块，通过压面机将其压成面片，旋转90°，折叠再压成面块，如此9~13次，用冲模冲成一定形状的饼干生坯。

（5）焙烤冷却　将装有饼干生坯的烤盘送入饼干烤炉，在上火 160℃左右、下火 150℃左右的温度下烘烤。冷却至室温，包装。

实验实训三　酥性饼干制作

【实训目的】

通过实训，使学生理解酥性饼干面团的调粉原理，熟悉其生产工艺过程，掌握调粉、成型、烘烤等操作要点。

【材料用具】

原辅材料：面粉、淀粉、饴糖、白砂糖、奶粉、奶油、食盐、磷脂、碳酸氢钠、碳酸氢铵等。

设备及用具：电子天平、温度计、烧杯、量筒、调面机、压面机、印模、烤盘和烤箱等。

【方法步骤】

1. 生产工艺流程

原料准备→配料及预处理→调粉→成型→烘烤→冷却→包装

2. 配料标准

配料标准见表3-3。

3. 操作要点

（1）原料预处理　白砂糖加水加热至沸，待全部溶解后加入饴糖，搅匀，煮沸，备用。油脂溶化（隔水），备用。将碳酸氢钠、碳酸氢铵用少量水溶解备用，盐用水溶解备用。面粉、淀粉、奶粉分别用筛子过筛，备用。

（2）面团的调制　将糖水（30℃以下），油、磷脂、碳酸氢钠、碳酸氢铵、盐水、奶粉倒入调面缸，开启搅拌，拌匀。将面粉、淀粉加入调面缸内，继续搅拌 5～10min，制成软硬适中的面团，面团温度一般为 25～30℃。

（3）成型　将调制好的面团分成小块，通过压面机将其压成表面光洁，厚度 2.5～3mm 的均匀面带，用冲模冲成一定形状的饼干生坯。

（4）焙烤冷却　将装有饼干生坯的烤盘送入饼干烤炉，在上火 160℃左右，下火 150℃左右的温度下烘烤。冷却至室温，包装。

实验实训四　蜂蜜海绵蛋糕的制作

【实训目的】

通过实训，使学生了解蛋糕的生产工艺，熟悉并掌握各环节的操作要点。

【材料及用具】

原辅材料：面粉、蛋糕乳化油、鸡蛋、白糖 250g、发酵粉 5g、花生酱、奶油、脱脂淡奶等。

设备及用具：打蛋机、搅拌盆、蛋扦、搅拌桶、筛子、垫纸、蛋糕圈、蛋糕板、烤盘、烤箱等。

【方法步骤】

1. 工艺流程

原料选择与处理→打蛋→调糊→入模→烘烤→冷却→脱模→成品

2. 配料标准

低筋面粉 250g、鸡蛋 500g、白糖 250g、花生酱 100g、奶油 45g、蛋糕乳化油 20g、发酵粉 5g、脱脂淡奶适量。

3. 操作要点

（1）原料预处理　鸡蛋去壳取蛋液，将砂糖、糖浆、泡打粉混匀，将蛋糕乳化油和温水一起放在搅拌盆内，用蛋扦搅打均匀备用。

（2）打蛋　将鸡蛋、白糖、乳化油倒入打蛋机中，高速搅拌约 15min，使蛋液充入空气至完全膨松，体积约为原来的 2 倍。

（3）调糊　将筛过的面粉和发酵粉慢慢地倒入搅拌桶，低速搅拌均匀，再加入花生酱和熔化的奶油以及脱脂淡奶，缓慢搅拌均匀。

（4）入模　在烤盘内铺上垫纸，再放好蛋糕圈将拌匀的物料装入备用的蛋糕圈内，并顺势抹平表面。

（5）烘烤　预热烤箱至 170℃（或上火 170℃、下火 160℃）。将烤盘送入烤箱，约 40min，至完全熟透取出，趁热覆在蛋糕板上，冷却至室温包装。

【实训作业】

1. 打蛋液为什么要高速搅打？打蛋结束的标志是什么？

2. 为什么要低速调糊？

实验实训五　桃　酥　制　作

【实训目的】

通过实训，使学生掌握桃酥类糕点的制作方法。

【材料及用具】

原辅材料：面粉、猪油、砂糖、鸡蛋、臭粉、小苏打、杏仁（或瓜子仁、核桃仁、花生仁）等。

设备及用具：和面机、印模、烤盘、烤箱等。

【方法步骤】

1. 工艺流程

配料→调粉→成型→烘烤→冷却→包装

2. 配料标准

面粉 50kg，猪油 25kg，砂糖 25kg，鸡蛋 5kg，臭粉 0.5kg，小苏打 0.5kg，杏仁（或瓜子仁、核桃仁、花生仁）3kg。

3. 操作要点

（1）调粉　首先将油、糖、鸡蛋等充分混匀，制成乳状液。倒入面粉，边翻边拌，尽量避免揉搓，防止面团起筋，影响产品的疏松度。

（2）成型　将调好的面团摊放在不锈钢面板上，用手稍稍压平后，盖上一层塑料布，然后用擀杖反复擀压至厚度为 1cm 的面饼。将杏仁撒在面饼上，再盖上塑料布，用擀杖轻轻擀压，使杏仁瓣嵌入面饼中。将印模放在面饼上用力下压，将面饼分成若干个大小均匀的饼坯。

（3）烘烤　将成型好的饼坯放入烤盘中，注意不要太密，否则产品烤时会摊发相黏。将烤盘立即关入烤炉。进炉温度设定为 150℃ 左右，在此温度下烘烤 3～4min，然后升温至 180℃，烘烤 5～6min。使产品适度摊发，表面裂纹良好。

（4）出炉后，冷却至 30～40℃。

【实训作业】

1. 桃酥类糕点对面粉中面筋含量有何要求？

2. 桃酥类糕点在调糊过程中要注意哪些问题？

3. 要使桃酥类糕点具备良好的酥松口感，应注意哪些问题？

实验实训六　参观面制品生产企业

【实训目的】

通过对面制品生产企业的参观，了解并熟悉面制品的生产工艺流程、加工设备及各单元操作的技术，增强感性认识。

【实训场所】

饼干加工厂、面条（方便面）加工企业、面粉加工企业。

【实训要求】

1. 观察和了解生产设备的摆放、运行。

2. 了解产品的生产工艺流程。

3. 注意观察产品生产过程中的单元操作。

【实训作业】

1. 各种产品生产工艺要点。

2. 仔细观察，结合所学知识找出企业中你认为存在的问题。

第四章 米制食品加工

学习目标

通过学习，了解稻米的分类、物理性质、籽粒结构等主要工艺性质；主要学习稻谷加工成大米的基本原理、生产工艺流程和操作要点；熟悉部分大米再加工产品的生产工艺流程和操作要点；熟悉主要生产设备的结构、工作原理及影响工艺效果的主要因素。

稻谷是世界上主要粮食作物之一。我国历来盛产稻谷，历史悠久，品种繁多，分布广泛，面积大，产量高，总产量居世界首位。稻谷含有大量的淀粉，还有脂肪、蛋白质、维生素、钙、磷等，营养价值较高。稻谷不但是人民生活的必需品，同时又是食品工业最主要的基础原料之一。

第一节 稻谷的工艺性质

一、稻谷的分类

稻谷是禾本科草本植物栽培稻的果实，包括颖和颖果。中国的稻米品种较多，是我国主要粮食作物之一。根据稻谷的粒形和粒质可将食用稻谷分为以下 3 类。

(1) 籼稻谷　籼型非糯性稻谷。稻粒一般呈长椭圆形或细长形。按其粒质和收获季节分为以下两种。

① 早籼稻谷　米粒腹白较大，硬质颗粒较少。

② 晚籼稻谷　米粒腹白较小，硬质颗粒较多。

(2) 粳稻谷　粳型非糯性稻谷。稻粒一般呈椭圆形。按其粒质和收获季节分为以下两种。

① 早粳稻谷　米粒腹白粒大，硬质颗粒较少。

② 晚粳稻谷　米粒腹白粒小，硬质颗粒较多。

(3) 糯稻谷　糯性稻谷。按其粒形和粒质分为以下两种。

① 籼糯稻谷　籼型糯性稻谷。稻粒一般呈长椭圆形或细长形，米粒呈乳白色，不透明；也有呈半透明状（俗称阴糯），黏性大。

② 粳糯稻谷　粳型糯性稻谷。稻粒一般呈椭圆形，米粒呈乳白色，不透明；也有呈半透明状（俗称阴糯），黏性大。

GB 1350—1999 将稻谷分为五类，即早籼稻谷、晚籼稻谷、粳稻谷、粳糯稻谷、籼糯稻谷。

二、稻谷的籽粒结构

稻谷的籽粒主要由颖（稻壳）和颖果（糙米）两部分组成。

1. 颖（稻壳）

稻谷的颖包括内颖、外颖、护颖和颖尖（俗称芒）四部分，如图 4-1、图 4-2 所示。颖的表面粗糙，生有许多形状和长短不一的颖尖。内外颖都有纵向脉纹，外颖有 5 条，内颖有 3 条。护颖生长在内外颖基部的外侧，起托住籽粒和保护颖壳的作用。

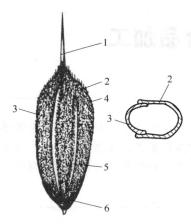

图 4-1　稻颖的结构

1—颖尖；2—外颖；3—内颖；
4—茸毛；5—脉；6—护颖

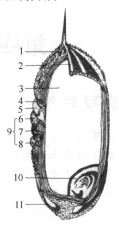

图 4-2　稻谷的结构

1—外颖；2—内颖；3—胚乳；4—糊粉层；
5—种皮；6—内果皮；7—中果皮；8—外果皮；
9—果皮；10—胚；11—护颖

颖尖多生于外颖的尖端，内颖极少长颖尖。一般粳稻有颖尖的居多，籼稻则大部分无颖尖。由于稻谷品种的不断改良，目前有颖尖的品种逐渐减少。

稻谷经加工脱壳后，内外颖脱落，脱下的颖壳通称为稻壳，俗称大糠或砻糠。

2. 颖果（糙米）

稻谷脱壳后便是糙米，如图 4-3 所示。糙米主要由皮层、胚乳和胚 3 部分组成。胚乳占绝大部分，约占整个谷粒的 70% 左右，随稻谷的品种和等级不同而变化。

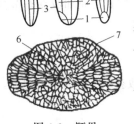

图 4-3　颖果

1—胚；2—腹部；3—背部；
4—小沟；5—背沟；
6—胚乳；7—皮层

胚位于颖果腹部下端，与胚乳连接不很紧密，碾米时容易脱落，其质量约占整个谷粒的 2%～3.5%。颖果的皮层由果皮、种皮、外胚层和糊粉层等部分组成，总称为糠层。皮层的质量约占整个谷粒的 5.2%～7.5%。果皮和种皮叫外糠层。果皮可分为外果皮、中果皮和内果皮。

果皮约占整个谷粒质量的 1.2%～1.5%。外胚乳和糊粉层称为内糠层。碾米时，颖果皮层都依大米精度而不同程度地被剥落成米糠。皮层的厚薄随稻谷品质和品种的不同而有较大的差异。质优的稻谷皮层软而薄，质劣的则厚，碾除较困难，出米率也低。

糙米表面光滑，有蜡状光泽，并且具有 5 条纵向沟纹，背上的一条叫作背沟，两侧面各有两条，其中较明显的一条在内外颖钩合的相应部位，另一条则与外颖上最明显的一条脉纹相对应。目前鉴别大米的精度高低是以米粒表面和背沟留皮多少来决定的。糙米纵沟纹的深浅随稻谷的品种不同而异，是影响出米率的因素之一。沟内的皮层往往很难全部碾去，沟纹越深，皮层越难碾去，若要碾去，势必给胚乳造成很大的损伤，出米率随之越低。稻谷和糙米籽粒各组成部分的质量比例见表 4-1。

实际上，稻谷和糙米籽粒各部分的质量比例随着稻谷的类型、品种、栽培土壤、地理条件等因素的不同而有较大变化。

表 4-1　稻谷和糙米籽粒各组成部分的质量比例　　　　　%

项目	稻壳	外糠层	内糠层	胚乳	胚
稻谷	18~20	1.2~1.5	4~6	66~70	2~3.5
糙米	稻壳已脱	2.1	4.7	90.7	2.5

三、稻谷的化学成分

稻谷的化学成分主要有水分、蛋白质、脂肪、淀粉、粗纤维、矿物质和维生素等。各种成分的含量因稻谷品种及生长条件的不同而有差异。

1. 水分

稻谷含水量的高低对稻谷加工影响很大。水分过高，则籽粒的流动性差，会造成筛理困难，影响清理效果；同时，高水分的谷粒，强度低，碾米时碎米增多，出米率降低，另外还会增加碾米机的动力消耗及加工成本。但稻谷水分过低会使籽粒发脆，也容易产生碎米，降低出米率。稻谷水分一般以 13%~15% 对加工最为适宜。

2. 蛋白质

糙米中蛋白质含量 8% 左右，白米含蛋白质 7% 左右，主要分布在胚及糊粉层中，胚乳中较少。稻谷籽粒的蛋白质含量越高，籽粒的强度就越大，耐压性越强，加工时产生碎米也越少。稻米中的蛋白质主要是贮藏性蛋白质，依其溶解特性可分为清蛋白、球蛋白、醇溶蛋白、谷蛋白 4 种。

3. 脂肪

稻谷中脂肪的含量一般在 2% 左右，大多集中在胚和皮层中。糙米碾白时，胚和皮层大部分被碾去，故白米中基本不含脂肪。米糠中含脂肪较多，一般含油率在 18%~20%。由于米糠脂肪中不饱和脂肪酸含量高，容易氧化变质，因而在保管、加工过程中要多加注意。提倡使用新鲜米糠榨油，避免米糠在贮存过程中酸败变质。

4. 淀粉

稻谷中淀粉含量最多，一般在 70% 左右，大部分在胚乳中。加工时应尽量完整地保留，以提高出米率。

5. 矿物质

稻谷中矿物质大多存在于颖（含 18% 左右）、皮层和胚中（各含 9% 左右），胚乳中含量很少（约 5%）。胚乳中主要的矿物质是磷，此外有很微量的钙、铁和镁。

6. 维生素

稻谷籽粒含有少量人体不可缺少的 B 族维生素，它主要存在于胚和皮层中，其中以维生素 B_1（硫胺素）、维生素 B_2（核黄素）等为最多。为了尽量保留这些维生素，大米加工精度不宜过高。

7. 粗纤维

稻谷中粗纤维含量约 10%，主要分布在稻壳中，其次是皮层，胚乳中仅含 0.34%。它对人体无营养价值，不能被人体所消化。近年来研究表明，适量摄入一定量的粗纤维，对人体的肠胃健康是有益的。

四、稻谷的物理性质

稻谷的工艺特性包括：谷粒色泽、气味和表面状态，谷粒的形状与大小，稻谷的容重和千粒重，米粒的强度及爆腰率等。

1. 稻谷的色泽、气味和表面状态

正常的稻谷，色泽应是鲜黄色或金黄色，且富有光泽，无不良气味。未成熟的稻谷籽粒一般都呈淡绿色。经发热发霉的稻谷，不仅米粒颜色产生黄变，无光泽，还会产生霉味甚至苦味。陈稻的色泽和气味比新稻差。新鲜程度不正常的稻谷，加工的成品质量不高，且加工中易产生碎米，出米率低。

2. 谷粒的表面状态、形状与大小

稻谷的表面状态是指稻谷表面粗糙或光滑程度。它对稻谷的加工工艺效果有直接的影响。表面粗糙的稻谷，脱壳和谷糙分离比较容易。

稻谷籽粒的大小，是指稻谷的长度、宽度和厚度的大小，一般称为粒度。

稻谷的粒形可根据稻谷长宽比例的不同分成 3 类，长宽比大于 3 的为细长粒，小于 3 大于 2 的为长粒形，小于 2 的为短粒形。一般籼稻谷均属前两类，而粳稻谷大部分属于后一类。稻谷籽粒的大小和形状因稻谷品种、生长周期、气候条件和栽培条件的影响，其籽粒大小存在较大差异。

在加工工艺中，籽粒的形状大小是合理选用筛孔和调节设备操作的主要依据之一。如果形状和大小不同的稻谷混杂在一起，就必然会给清理、砻谷和碾米带来困难，以致影响生产效果。这种形状和大小不同的稻谷各占试样的百分率，称为互混率，如遇互混率比较高的稻谷，最好采取分级加工。

3. 容重和千粒重

稻谷的容重是指单位容积内稻谷的质量，以 kg/m^3 或 g/L 为单位。粒大，饱满坚实的籽粒，其容重就大，出糙率高。因此容重是评定稻谷工艺品质的一项重要指标。稻谷及其加工产品的容重是设计计算输送设备装载量和仓储容积的依据。

稻谷的千粒重是指 1000 粒稻谷的质量，以克为单位。一般粳稻的千粒重为 $25\sim27g$，籼稻为 $23\sim25g$。千粒重在 28g 以上的为大粒，$24\sim28g$ 的为中粒，$20\sim24g$ 的为小粒，20g 以下的为极小粒。千粒重对于评定稻谷的工艺品质有相当重要的意义。因为千粒重大的稻谷，其籽粒饱满坚实，颗粒大，质地好，胚乳占籽粒的比例高，所以它的出米率都比千粒重小的稻谷高。

4. 米粒强度

是指米粒承受压力和剪切折断力大小的能力。米粒的强度大，在加工时就不易压碎和折断，产生碎米就较少，出米率就高。米粒的强度也因品种、米粒饱满程度、胚乳结构紧密程度、水分含量和温度等因素不同而存在差异。通常蛋白质含量高，腹白小，胚乳结构紧密而坚硬，透明度大的米粒（称为硬质粒或玻璃质粒），其强度要比蛋白质含量少，腹白大，胚乳组织松散，不透明的籽粒（称粉质粒）大；粳稻比籼稻大，晚稻比早稻大，水分低的比水分高的大，冬季比夏季大。据测定，米粒在 5℃ 时强度最大，随着温度的上升其强度逐渐降低。

影响米粒强度的因素还有稻谷的类型、稻谷的品种、稻谷的含水量等。在生产实践中，可以根据糙米籽粒的强度大小，采用适宜的加工方法，如调节米粒的水分、控制米机的加工温度等措施来提高米粒强度、减少碎米、提高出米率。

5. 爆腰率

爆腰又称裂纹，是指糙米粒或大米粒上出现裂纹的现象。爆腰不是稻谷固有的物理特性。爆腰米粒占试样米粒的百分率，称为爆腰率。米粒爆腰后碎米增多，商品价值降低，蒸煮米饭细碎黏稠，食用品质下降。

爆腰的原因是由于在外界条件急遽变化的情况下，米粒内部与表面收缩膨胀不平衡，产生应力造成的。气候干旱、病害、过迟收获、机械打击、剧烈撞击或日光暴晒、米粒迅速吸湿或迅速干燥都能造成大量爆腰。

米粒产生爆腰后其强度大大降低，加工时米粒容易被折断，产生碎米，使出米率降低。对于爆腰率高的稻谷，特别是爆腰裂纹多而深时，不宜加工高精度大米。否则会使碎米增加，造成出米率严重下降。因此，爆腰率是评定稻谷工艺品质的重要指标，应根据原粮的爆腰率合理加工不同的成品大米。

第二节 稻谷加工

一、稻谷的清理

碾米厂加工的稻谷，难免会混入一定数量的杂质，如泥土、砂石、无价值的稻谷籽粒、异种粮粒、金属等。这些杂质的存在，不但影响稻谷的安全贮藏，而且还给稻谷的加工带来很大的危害。因此，稻谷加工首先要进行杂质的清理。稻谷在经过清理工艺过程后的净谷指标为：总杂质不超过 0.60%，其中含砂石不超过 1 粒/kg，含种不应超过 130 粒/kg。

清除稻谷中杂质的方法很多，主要是利用杂质与稻谷在物理性质上的不同而进行分选的，常用的方法如下。

（1）风选法　吸式风选、吹式风选、循环风选是常用的风选手段。

（2）筛选法　常用设备有溜筛、振动筛、高速振动筛、圆筛和平面回转筛等。

（3）密度分选法　利用稻谷与杂质密度的不同，进行分选的方法。它又可分湿法和干法两种。

① 湿法密度分选　使谷、杂质通过水流长槽进行分选，如洗谷机。但稻谷在经洗谷机处理后，含水量较高，必须进行干燥。湿法分选，一般米厂都不采用，但可用于蒸谷米生产中的清理杂质。

② 干法密度分选　则是借助振动的鱼鳞筛板以及从筛板底部穿过鱼鳞孔的气流利用稻谷和杂质在密度、悬浮速度方面的差别，使稻谷和杂质分离。常用的设备有密度去石机。

（4）磁选法　利用磁力清除稻谷中磁性金属杂质的方法，称为磁选法。常用的设备有永磁滚筒、永磁筒等。显然，充分利用稻谷和杂质在物理性质方面差别明显的特征是确定选择清理方法的根据。

二、稻谷的脱壳

去掉稻谷颖壳的工序称砻谷（俗称脱壳）。脱去稻谷颖壳的机械称为砻谷机。

脱壳工艺效果的好坏，直接影响后道工序的工艺效果，与成品质量、出品率、产量和成本有着密切关系。因此，要求在脱壳时，应尽量保持糙米的完整，减少破碎和爆腰，以利于提高出米率，避免或减少糙米表面损伤和起毛，这样，有利于自动分级，提高谷糙分离效果。

根据稻谷脱壳时受力和脱壳方式不同，脱壳通常分为挤压搓撕脱壳、端压搓撕脱壳和撞击脱壳 3 种。

1. 挤压搓撕脱壳

挤压搓撕脱壳是稻谷两侧受两个具有不同运动速度的工作面的挤压、搓撕而脱去颖壳的方法。其基本原理是用两个相对运动工作面对稻谷两侧施加的力，产生挤压、摩擦、搓撕作用，使稻谷脱去颖壳。如图 4-4(a) 和图 4-4(b) 所示。

2. 端压搓撕脱壳

端压搓撕脱壳是稻谷两端受两个不等速运动的工作面的挤压、搓撕而脱去稻谷颖壳的方法。因为稻谷是两端受外力作用，使谷壳破坏、脱去，故称为端压搓撕脱壳。如图 4-4(c) 所示。

3. 撞击脱壳

撞击脱壳是指高速运动的谷粒与工作面撞击而脱壳的方法。其基本原理是使稻谷粒以较大的速度运动，从而与工作面冲撞，使谷壳受到破坏，达到脱去颖壳的目的。如图 4-4(d) 所示。

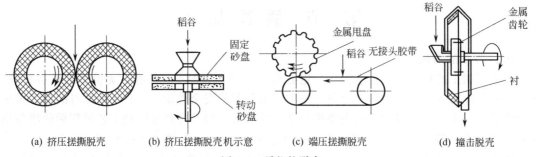

(a) 挤压搓撕脱壳　　(b) 挤压搓撕脱壳机示意　　(c) 端压搓撕脱壳　　(d) 撞击脱壳

图 4-4　稻谷的脱壳

脱壳的设备根据工作原理和机构的不同可分为以下几种：胶辊砻谷机、辊带式砻谷机、砂盘砻谷机、离心砻谷机等。

三、谷壳的分离与收集

稻谷经过砻谷机脱壳后，糙米、稻谷、谷壳混在一起。由于谷壳的容积大、密度小、散落性差，若不将它们分开，将影响后面各道工序工艺效果。

谷壳的容重、密度和悬浮速度都比稻谷、糙米轻。因此可利用风选法对砻下物进行谷壳分离。分选时，吸风和吹风均能达到目的。目前使用广泛的是吸风分离方法，如图 4-5 所示。在分离的同时，借助气力将谷壳输送到谷壳房。

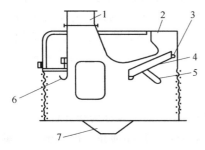

图 4-5　谷壳分离器
1—吸风口；2—进料口；3—缓冲槽；4—淌板；
5—角度调节器；6—调节风门；7—出料口

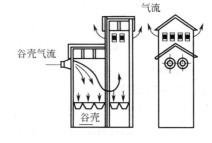

图 4-6　沉降室

砻下物经稻壳分离后，每 100kg 稻壳中含饱满粮粒不应超过 30 粒。谷糙混合物中含稻壳量不应超过 0.8%（胶砻）；糙米中含稻壳量不应超过 0.1%。

谷壳收集工序也是稻谷加工中较为重要的工序之一，它不但要完成将谷壳全部回收的任务，而且要使排出的空气达到规定的含尘浓度，以免污染大气，影响环境卫生。

谷壳收集的方法，主要是根据所用分离设备的不同来决定的，一般可分为重力沉降和离心沉降两种。重力沉降如图 4-6 所示。离心沉降是使带有谷壳的气流进入离心分离器（刹克龙）内，依靠离心力和重力的作用，使谷壳沉降，是碾米厂广泛应用的方法。采用这种方法，设备结构简单、价格低，维修方便，收集的谷壳便于整理。由于谷壳粗糙，为减少摩擦，提高设备使用寿命，离心分离器一般采用玻璃、水泥或陶瓷制作。

谷壳收集后，一般无需整理。但如果砻谷机产量不稳定，风速和风量控制不当，谷壳分离不够理想，往往造成一方面粮粒被吸走，另一方面谷壳又没分离干净，这种情况下，谷壳需进行二次吸风整理，将其中粮粒、糙碎等整理出来，以便物尽其用。

四、谷糙分离

谷糙分离的基本原理：利用稻谷和糙米在粒度、摩擦系数、密度、弹性等物理特性方面的差异，使它们在运动过程中产生良好的自动分级。稻谷上浮，不易接触筛面，糙米下沉与筛面有较多接触机会。配备合适的筛孔，或配置不同的分离面，将糙米分离出去，从而谷糙得到分离。

稻谷经砻谷机脱壳之后，谷壳立即被气流分离出去，剩下的是已脱壳的糙米和小部分没有脱壳的稻谷，根据工艺要求，谷糙混合物必须进行分离，分出纯净糙米，为碾米工段提供原料，并把分出的稻谷回砻谷机继续脱壳。

分出的净糙米中，每千克糙米含谷量不应超过 40 粒。如果糙米中含谷太多，会影响碾米工艺效果，降低成品质量。经过谷糙分离后所分出的稻谷，称为回砻谷，要求尽可能少含糙米。要求回砻谷含糙不应超过 10%。如果含糙太多，不仅影响砻谷机产量、增加胶耗和动力消耗，而且将使糙米受到损伤，增加碎米和爆腰，使出米率降低。更严重的是糙米受到再次摩擦，起毛、染黑，影响谷糙分离效果。所以，谷糙分离是碾米工艺中必不可少的重要的工序之一。

分选方式主要有如下几种。

(1) 粒度分选　粒度分选主要是利用筛选基本原理，在谷糙混合物进行充分自动分级的前提下，根据谷糙粒度，特别是长度方面的差异，选择合适的筛孔，将糙米分离出去成为筛下物，稻谷成为筛上物，使谷糙得到分离。

(2) 密度、弹性、摩擦系数分选　即利用谷糙在密度、弹性、摩擦系数等物理特性方面的差别进行谷糙分离。当谷糙混合物在分离设备内碰撞或表面摩擦时，根据其弹性和摩擦系数的大小，使谷糙向相反方向运动，从而达到谷糙分离目的。

用于谷糙分离的设备主要有谷糙分离筛、谷糙分离机等。

五、碾米

糙米表面皮层含有较多的纤维素，它的存在影响大米的吸水性、膨胀率、色泽、口感，延长煮饭时间。因此，糙米表面皮层必须去除才能提高大米的食用品质。碾米的任务就是将糙米表面皮层部分或全部除去，使之成为符合规定等级标准的成品大米。

1. 碾米的基本原理

碾米方法主要有化学碾米和机械碾米两种。

(1) 化学碾米　主要是依靠生物酶的作用去除米皮，或以化学溶剂浸泡法使糙米皮层软化，并将皮层和胚芽内的脂肪游离出来，然后施以轻缓的机械作用，以达到去皮碾白的目的。这种碾米方法虽成品完整率高，碎米少，但工艺流程复杂，成本昂贵。

(2) 机械碾米　主要是依靠碾米机碾白室构件与米粒间产生的机械力作用，以及米粒与米粒之间的碰撞摩擦作用，使糙米碾白。根据碾米机在碾去糙米皮层时作用原理不同，可分为擦离式碾米、碾削式碾米和混合式碾米三种形式。

① 擦离式碾米　米粒在米机内，由于米粒与碾白室构件之间以及米粒与米粒之间的相对运动，便产生相互间的碰撞、挤压和摩擦，使米皮与胚乳脱离碾成白米。如图4-7(a)所示。这种擦离作用，必须在较大压力的摩擦下进行，因米机内部压力较大，故又称为压力式碾白。小压力下的运动摩擦，碾白效果很低，只能对米粒表皮起光洁作用。

擦离式碾米的擦离作用较为强烈，碾米过程容易产生碎米，因此，适用于碾白胚乳坚硬、皮层松软而又具有弹性的米粒，不宜用来碾米皮干硬、籽粒松脆、强度较差的米粒。用

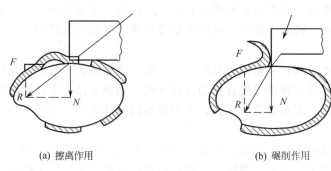

(a) 擦离作用　　　　　　　　　　　　(b) 碾削作用

图 4-7　机械碾米

此法碾制的成品表面光洁、色泽明亮、精度均匀。

②碾削式碾米　借助于高速转动的金刚砂辊的锋刃对糙米皮层进行碾削，把米皮不断地削离下来，这种作用称为碾削作用。这种碾白的方式，由于砂辊线速较高，故又称速度式碾白。如图 4-7(b) 所示。由于它去皮时所需的压力较小，因此产生碎米少，适宜于碾制米皮干硬、结构松脆、强度较差的粉质米粒。但是碾削碾白会在米粒表面留下砂粒去皮的洼痕，使米粒表面起毛，含糠粉较多，成品表面光洁度和色泽较差，同时也一定程度损伤胚乳，影响出米率。这种碾白方式所碾下的米糠，常含有细小的淀粉，如用于榨油，会使出油率下降。

③混合式碾米　这是一种以碾削去皮为主、擦离去皮为辅的混合碾白方式。碾米时首先以高速转动的金刚砂滚筒碾削糙米的皮层，而后依靠砂辊表面的筋或槽使米粒与碾白室构件，米粒与米粒之间产生一定的擦离作用。它综合了擦离和碾削碾白的优点，是目前运用较多的一种碾米方式。

2. 碾米机的分类

碾米机按照碾辊主轴的装置形式，分为立式碾米机和卧式碾米机两类。

(1) 立式碾米机　主轴垂直的碾米机称为立式碾米机（图 4-8）。属于碾削型，碾白压

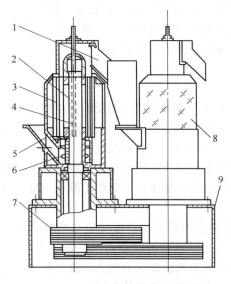

图 4-8　立式双辊碾米机结构示意

1—出料斗；2—碾白室；3—米筛；4—主轴；5—进料斗；
6—螺旋推进器；7—带轮；8—壳体；9—机架

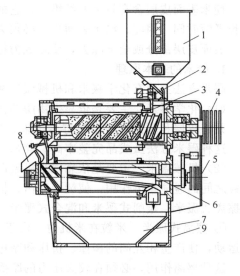

图 4-9　卧式碾米机结构示意

1—进料斗；2—流量调节器；3—碾白室；4—三角带轮；
5—防护罩；6—擦米室；7—接糠斗；8—分路器；9—机座

力很小，适宜于碾制籽粒结构松脆的粉质米，也适用于高粱脱壳碾米、粟子碾米等杂粮加工。这种碾米机碾白作用较小、碾白道数较多、动力消耗较大、产量低、立式传动不方便。

（2）卧式碾米机　主轴水平放置的碾米机均属于卧式碾米机（图4-9）。卧式碾米机中有单辊碾米机、双辊碾米机以及碾米擦米组合碾米机等。卧式碾米机除了碾制大米外，还可用于杂粮碾制。

碾米机还可按碾辊性质不同分为铁辊碾米机和砂辊碾米机两类。碾辊为铁辊的碾米机称为铁辊碾米机，属擦离型碾米机。碾辊由金刚砂制成的碾米机称为砂辊碾米机，属于碾削型和混合型碾米机。

3. 碾米基本要素

碰撞、翻滚、碾白压力、轴向输送这4个因素对于米粒在碾米机内的碾白非常重要，称为碾米基本要素。

（1）碰撞　米粒在碾米机内的基本运动形式之一是碰撞。米粒的碰撞运动包括米粒与碾辊、米粒与米粒、米粒与碾白室内壁之间的碰撞。米粒与米粒及米粒与碾白室内壁之间碰撞时，主要产生擦离作用。在以上三类碰撞过程中，米粒与碾辊碰撞起主要作用。

（2）翻滚　米粒在碾白室内碰撞时，既有翻转，也有滚动。米粒必须有翻滚运动才能使米粒各部位均等地受到碾白作用。米粒翻滚不充分，会使米粒局部碾得过多，产生过碾现象，从而降低出米率；也会使米粒碾得不够，从而使精度不符合要求。米粒翻滚过分时，会使米粒两端被碾去，使碎米增加，也会降低出米率。

（3）碾白压力　米粒在碾白室内各个部位所受的压力叫作碾白压力。压力是形成擦离作用的主要条件。压力的大小决定了擦离作用的强弱或碾削作用的深度。不同的碾白作用，不仅压力大小不同，而且压力形成的方式也不一样。

擦离碾白时。碾白室内的米粒流体密度较大（一般为米粒平均容重的60%～70%），其碾白压力主要是由于米粒与米粒之间、米粒与碾白室构件之间的相互挤压而形成，并随着米粒流体在碾白室内密度大小不同而变化。一般情况下凡是螺距加大、螺旋线中断、碾白室截面积缩小等，均会导致米粒密度增大，从而使碾白压力上升。

碾削碾白时，碾白室内的米粒密度较小（一般为米粒平均容重的20%～50%），米粒呈松散悬浮状态。所以碾削碾白过程实质上是米粒在碾白室内进行碰撞运动的过程。碾削碾白压力的大小，随着米粒流体密度和米粒平均速度的增大而增大。其中速度对碾削碾白压力影响较大，米粒流体密度虽然也影响碾削碾白压力的大小。可是其作用并没有像影响擦离碾白那样显著。碾削碾白压力的大小主要取决于米粒的平均速度。

（4）轴向输送　轴向输送是保证米粒连续不断地碾白的必要条件。由于轴向输送，米粒流体在碾白室内轴向运动的速度叫作米粒流体轴向速度。总体来看，米粒流体轴向速度能够稳定在某一数值，但在碾白室内的各个部位，轴向速度并不相同，速度快的部位碾白程度较小，速度慢的部位碾白程度大。

六、碾米工艺的评定

碾米工艺的评定可以根据如下指标进行。

（1）碾白精度　碾白精度是指大米的背沟和粒面留皮程度。以国家统一规定的精度标准或规定的米样标准为准。主要通过感官鉴定。

① 色泽　加工精度越高，米粒颜色越白。评定时，首先将成品大米与标准米样比较，观察色泽是否一致。由于刚出机的白米，米温较高，颜色常常发暗，需冷却后才能翻白，在评定时需要注意。

② 留皮　留皮程度是评定大米精度的主要指标，加工精度越高，留皮越少。评定时，

仔细观察米粒表面留皮是否符合标准要求。观察时，先看米粒腹面留皮情况，然后再观察背部和背沟的留皮情况。

③ 留胚 加工精度越高，米粒留胚越少。凡米粒胚部带有黄点的，均视为留胚米。评定时，观察成品大米与标准米样的留胚百分数是否一致。

④ 留角 角是指米粒胚芽旁边的尖角，精度越高，米角越圆。评定时，观察加工出来的米粒与标准米样留角是否一致。

⑤ 糙白不均率 糙白不均率是指成品大米试样中，比标准米样精度上下差一级的米粒占试样米粒数的百分率。它是鉴别碾米机去皮是否均匀，精度是否一致的重要指标。

(2) 碾减率 糙米在碾白过程中，因皮层及胚的脱落，其体积、质量均有所减少，减少百分数便称为碾减率。一般碾减率约为 5%～12%，其中皮层及胚乳约 4%～10%，胚乳碎片 0.3%～0.5%，机械损耗 0.5%～1.0%，水分损耗 0.4%～0.6%。米粒的精度越高，碾减率越大。

(3) 糙出白率 糙出白率是指出机白米占糙米的百分率。米粒的精度越高，碾减率越大，糙出白率越低。

(4) 碎米率 碎米率是指出机白米中碎米的百分率。

(5) 增碎率 增碎率是指出机白米中碎米率较进机糙米中碎米率的增加量。

(6) 完整率 完整率是指白米中完整无损的籽粒占试样质量的百分数。

(7) 含糠率 白米试样中，糠粉占试样的质量百分比。

(8) 整精米率 整精米占净稻谷试样质量的百分数。

(9) 产量 每台碾米机的生产能力，即每小时的出米质量。

(10) 电耗 碾制 1t 成品大米的电耗量。

七、成品及副产品的整理

1. 成品整理

成品整理就是将碾制后的白米中的糠粉、碎米、异色粒等分离出去，从而使白米符合一定标准或要求的成品大米。成品整理主要包括擦米、凉米、分级、精选、色选、配米等工序，其工序的合理选用组合应依据地区、成品要求、消费市场等的不同而变化。

(1) 擦米 擦米就是擦除黏附在米粒表面上的糠粉，使米粒表面光洁，提高成品的外观色泽的过程。擦米还有利于大米的贮藏和米糠的回收利用。常用的擦米设备有铁辊喷风碾米机和喷雾着水抛光机。

一般说来，在多机碾米工艺中，末级碾米机的主要作用就是以擦米为主，以碾白为辅。如果经多级碾、擦之后，白米含糠还不符合要求，这时就要采用喷雾着水抛光机擦米。这种抛光机能进一步使白米表面吸附力很强、粒度较细的糠粉擦去，使米粒表面更光滑、更洁净，甚至达到免淘洗的程度。

铁辊碾米机具有碾、擦的双重作用，当碾白室间隙较小，出米口压力较大时，以碾米为主；反之，以擦米为主。

(2) 凉米 凉米的目的是降低米温，以利于包装、贮藏。尤其在加工高精度大米时，米温一般比室温要高 15～20℃，如不经冷却，立即打包进仓，容易使成品发热、品质劣变。所以在环境温度较高、出机米温也高的情况下，应考虑采用凉米工序或设备，凉米一般都在擦米后进行，并把凉米和吸糠有机地结合起来。

凉米的常用设备有凉米箱、流化床、风选器等。

热米冷却必须逐步进行，如果骤然冷却，会产生爆腰。

(3) 白米分级 将白米分成不同含碎等级的工序叫白米分级，其目的主要是根据成品的质量要求，分离出超过标准的碎米。白米分级的设备主要有分级筛、滚筒精选机和碟片精选机。

（4）白米色选　随着生活水平的提高，人们对大米的质量要求越来越高，除了对白米进行脱糠、除碎外，还必须对白米中含有的异色粒进行分选，这个过程称为白米色选。色选机原理示意见图4-10。

2. 副产品整理

副产品整理主要是分离米糠中的碎米、米秕以及因米筛破损漏入米糠中的少量整米，以提高出米率，合理利用碎米、米糠等各种副产品。处理后的米糠中不应含有正常完整米粒和长度超过整米1/3以上的米粒；米秕不应超过0.5％；米秕内不应含有完整米粒和长度超过整米1/3以上的米粒。

副产品整理一般采用风选和筛选的方法，设备对选用吸风分离器、糠秕分离器、圆筛、跳筛、振动筛、平面回转筛等。图4-11是糠秕分离平转筛。

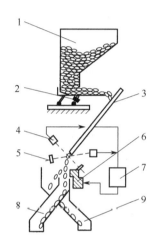

图 4-10　色选机原理示意

1—进料斗；2—振动槽；3—通道；
4—光电传感器；5—基准色板；6—气流喷射器；
7—电子中控室；8—合格米；9—异色粒

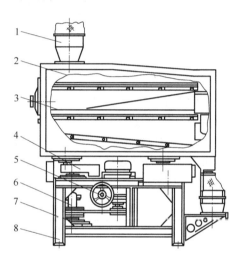

图 4-11　糠秕分离平转筛

1—进料斗；2—筛船；3—筛格；4—偏心回转机构；
5—调速张紧机构；6—调速机构；7—减速箱；
8—机架

第三节　大米制品加工

一、营养强化米加工

大米是我国近2/3人口的主食，在我国目前的膳食结构中起着提供人们热量和蛋白质的重要作用，同时是多种维生素和矿物质的来源。然而大米的加工精度越高，其营养价值下降越大。因为大米的多种营养成分主要分布在皮层中，而皮层在碾米过程中基本去除，长期食用高精度的大米会引起某些营养素的缺乏症。因此，为了获得美味适口而又营养丰富的大米产品，必须对精白米进行营养强化或在加工中解决营养损失的问题。

谷物蛋白中通常缺乏人体所需的赖氨酸和苏氨酸，通过强化特定氨基酸，以保持蛋白质中各种氨基酸的适当比例，可以提高大米蛋白的生理价值。另外，我国人民饮食结构中，铁、钙是普遍缺乏的矿物盐，维生素 B_1、维生素 B_2 容易缺乏，因此，上述营养素是大米强化的主要对象。

大米营养强化标准应参照每日膳食中营养素供给量标准加以制定。

氨基酸的强化应根据联合国粮农组织（FAO）和世界卫生组织（WHO）建议的氨基酸构成比例模式（见表 4-2），使强化后的大米中第一限制性氨基酸（赖氨酸）和第二限制性氨基酸（苏氨酸）达到规定的数值。一些发达国家均按上述要求对大米添加赖氨酸和苏氨酸。我国因考虑苏氨酸的供应问题，目前只考虑赖氨酸单独强化。赖氨酸的强化标准必须能使赖氨酸强化后与苏氨酸的配比接近平衡，每 100g 大米赖氨酸的强化标准约为 $0.10\sim0.15g$。国外一些发达国家在维生素和矿物盐的强化标准上均超过日供应量的几倍甚至几十倍，这是由于这些国家大米或谷物类食品每天的进食量较少，食用时以一定比例添加到普通白米中，以满足人们对维生素 B_1、维生素 B_2 的需要量。我国则应充分考虑以谷物为主体、蔬菜进食较多的膳食结构特点，同时还要考虑强化成本，强化后大米的风味变化，以及大米这种颗粒物料强化工艺的可行性。

表 4-2　FAO/WHO 建议的氨基酸构成比例模式

氨基酸种类	缬氨酸	亮氨酸	异亮氨酸	苯丙氨酸+酪氨酸	蛋氨酸+胱氨酸	赖氨酸	苏氨酸	色氨酸
FAO/WHO 建议模式	5.00	7.40	4.00	6.00	3.50	5.50	4.00	1.00
粳米蛋白质	5.43	8.40	3.54	4.75	1.73	3.52	3.85	1.68

根据营养学家的建议和强化工艺的可能，维生素 B_1、维生素 B_2 的强化标准在扣除损失后，可定为日供应量的 50%；关于铁的强化，可按日供应量的 50% 为标准，以选择生物价值高的铁盐，如以乳酸亚铁等为宜。儿童、青少年、孕妇及老年人对钙的需求较大，钙的强化标准可考虑日供应量的 25%。国际科学研究所食品和营养委员会推荐谷物强化标准见表 4-3。

表 4-3　国际科学研究所食品和营养委员会推荐谷物强化标准

营 养 素	推 荐 值	营 养 素	推 荐 值
硫胺素/mg · kg^{-1}	6.4	维生素 A/IU	16094
核黄素/mg · kg^{-1}	4.0	维生素 B_6/mg · kg^{-1}	4.4
烟酸/mg · kg^{-1}	53	叶酸/mg · kg^{-1}	0.7
铁/mg · kg^{-1}	88	镁/mg · kg^{-1}	441
钙/mg · kg^{-1}	1984	锌/mg · kg^{-1}	22

营养强化米的生产方法很多，目前主要应用的方法如下。

1. 籽粒预混合工艺

用一种含有硫胺素和烟碱酸的酸溶液加到白米籽粒表面，在空气干燥后涂上两层含有硬脂酸玉米醇溶蛋白以及松香酸的酒精溶液，最后用焦磷酸高铁和滑石粉混合撒在大米籽粒上面，然后将所得产品按 1∶200 的比例添加到普通白米中。这种工艺生产的强化米具有较好的稳定性。该工艺可以同时强化多种营养素，如钙、铁、锌等矿物质。

2. 人造强化米工艺

在小麦粉加水以前按要求混合维生素和矿物质，然后制成混合面团。混合面团在一个受压容器中通过并切割和干燥形成类似大米形状的籽粒。这种人造强化米的维生素含量为糙米的 200 倍。按照需求，将人造米添加到白米中获得最后产品。这种生产工艺的优点是可以根据一些特殊国家营养素缺乏的需要改变预混合米的营养组成，而且米粉和粗粉能用来代替面粉。缺点是在淘洗和蒸煮中对强化的营养素的损失较大，另外，预混合人造米的米饭可口性较差。

3. 酸预蒸法工艺

酸预蒸法工艺是将白米浸泡在含维生素和氨基酸的醋酸溶液中，浸泡一定时间后排去浸泡溶液，通入一定量的蒸汽，然后进行干燥。这种工艺生产的强化米易于消化、可口美味，以 1∶100 的比例混入白米时能提供充分含量的营养素；其最大缺点是容易使米粒产生爆腰，降低品质。

4. 浸吸法

浸吸法是国外采用较多的强化米生产工艺，强化范围较广，可同时添加多种强化剂。其工艺流程如图 4-12 所示。

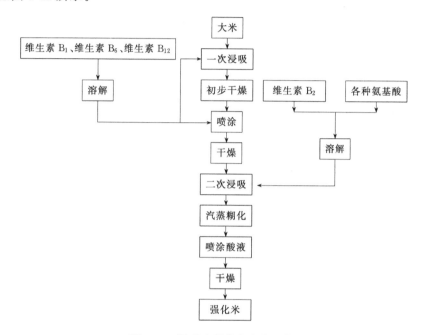

图 4-12　浸吸法强化米生产工艺

（1）一次浸吸与喷涂　先将维生素 B_1、维生素 B_2、维生素 B_{12} 称量后溶于 0.2% 的重过磷酸盐的中性溶液中，再将大米与上述溶液一同置于带有水蒸气保温夹层的滚筒中。滚筒轴上装置螺旋叶片起搅拌作用，滚筒上方靠近米粒进口处装有喷雾器，可将溶液喷洒在翻动的米粒上。此外也可由滚筒另一端吹入热空气，对滚筒内的米粒进行干燥。浸吸时间为 2～4h，溶液温度为 30～40℃，大米吸附的溶液量为大米质量的 10%。浸吸后，鼓入 40℃ 热空气，启动滚筒，使米粒稍微干燥，再将未吸尽的溶液由喷雾器喷洒在米粒上，使之全部吸收，最后鼓入热空气，使米粒干燥至正常水分。

（2）二次浸吸　将维生素 B_2 和各种氨基酸称量后，溶于重过磷酸盐中性溶液中，再置于上述滚筒中与米粒混合进行二次浸吸。溶液与米粒之间比例及操作与一次浸吸相同，但最后不进行干燥。

（3）汽蒸糊化　取出二次浸吸后较为潮湿的米粒，置于连续式蒸煮器中进行汽蒸。米粒通过加料斗以一定速度加至运输带上，在 100℃ 蒸汽下汽蒸 20min，使米粒表面糊化，这对防止米粒破碎及水洗时营养素的损失均有好处。

（4）喷涂酸液及干燥　将汽蒸后的米粒仍置于滚筒中边转边喷入一定量的 5% 醋酸溶液，然后鼓入 40℃ 的低温热空气进行干燥，使米粒水分降至 13%，最终得到营养强化米。

5. 涂膜法

涂膜法是在米粒表面涂上数层黏稠物质。这种方法生产的营养强化米，淘洗时维生素的损失比不涂膜的减少一半以上。其工艺流程如图 4-13 所示。

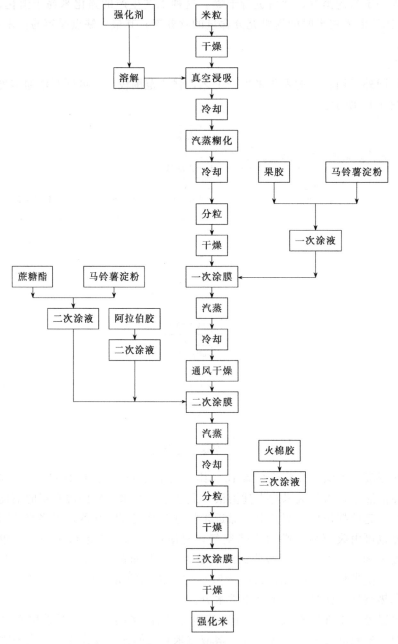

图 4-13　涂膜法强化米生产工艺

（1）真空浸吸　先将需强化的维生素、矿物盐、氨基酸等按配方称重，溶于 20kg 40℃ 的热水中。大米预先干燥至水分 7％，取出 100kg 干燥后的大米置于真空罐中，同时注入强化剂溶液，在 $8×10^4$ Pa 真空度下搅拌 10min，米粒中的空气被抽出后，各种营养素即被吸入内部。

（2）汽蒸糊化与干燥　自真空罐中取出上述米粒，冷却后置于连续式蒸煮器中汽蒸

7min，再用冷空气冷却。使用分粒机使黏结在一起的米粒分散，然后送入热风干燥机中，将米粒干燥至水分15%。

（3）一次涂膜 将干燥后的米粒置于分粒机中与一次涂膜溶液共同搅拌混合，使溶液覆在米粒表面。一次涂膜溶液的配方：果胶1.2kg、马铃薯淀粉3kg溶于10kg 50℃热水中。一次涂膜后，将米粒自分粒机中取出，送入连续式蒸煮器中汽蒸3min，通风冷却。接着在热风干燥机内进行干燥，先以80℃热空气干燥30min，然后降温至60℃连续干燥45min。

（4）二次涂膜 将一次涂膜并干燥的米粒，再次置于分粒机中进行二次涂膜。二次涂膜的方法是：先用1%阿拉伯胶溶液将米粒湿润，再与含有1.5kg马铃薯淀粉及1kg蔗糖酯的溶液混合浸吸，然后与一次涂膜工序相同，进行汽蒸、冷却、分粒、干燥。

（5）三次涂膜 二次涂膜并干燥后，接着便进行三次涂膜。将米粒置于干燥器中，喷入火棉乙醚溶液10kg，干燥后即得营养强化米。

第一层涂膜、第二层涂膜可以改善风味，增加制品的黏稠性。第三层涂膜除同样具有增加制品黏稠性的作用外，更具有防止老化、改善制品光泽、延长保藏期、防潮和降低营养素在贮藏及水洗时的损失的作用。

6. 强烈型强化法

强烈型强化法是我国研制的一种大米强化工艺，比浸吸法和涂膜法工艺简单，设备少，投资省，上马快，便于大多数米厂推广应用。其工艺流程如图4-14所示。

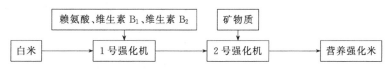

图4-14 强烈型强化米生产工艺

该流程只需两台大米营养强化机。所组成的强化系统工艺简单，可实现赖氨酸、维生素、矿物质等多种营养素对大米的营养强化。

强烈型强化法是将各种营养素强制渗入米粒内部或涂覆于米粒表面。将大米和按标准配制的营养素溶液分次进入各道强化机中，在米粒与强化剂混合并受强化机剧烈搅拌过程中，利用强化机内的工作热（60℃），使各种营养素迅速渗入米粒内部或涂覆于米粒表面。同时使强化剂中水分迅速蒸发，经适当缓苏，便能生产出色、香、味与普通大米相同的营养强化米。食用时不用淘洗便可直接炊煮。

二、其他类型的白米深加工

除营养强化米外，白米深加工的产品还有蒸谷米、水磨米、不淘米、留胚米、增香米等类型。

1. 蒸谷米

清理后的稻谷经过浸泡、汽蒸、干燥、冷却等处理后，再进行砻谷、碾米，所得的成品米称为蒸谷米，也称半煮米。这种产品，由于生产过程中有浸泡、汽蒸的过程，产品中营养成分比普通白米流失的要少，米饭比普通白米饭胀性好，出率高。除此以外，蒸谷米生产中经过热处理，胚乳变得细密、透明、坚实，容易脱壳，加工后的米粒透明、有光泽，出米率可提高1%～2%。蒸谷米也存在一些缺点，如色泽较深，米饭黏度降低，不宜煮稀饭，工序较复杂，成本较高等。

2. 水磨米

水磨米是我国一种传统的米制品，粒面光洁如洗，呈现晶莹如珠的光泽。水磨米的生产工艺中，碾白、擦米与加工普通大米相同，增加了渗水碾磨、冷却、分级等工序。碾磨中渗水的目的主要是利用水分子在米粒与碾磨室工作构件之间、米粒与米粒之间形成一层水膜，有利于碾磨光滑细腻的米粒。另外，浸水可以对米粒表面进行水洗，使黏附在米粒表面的糠粉去除，增强米粒的光泽，同时提高产品的耐贮藏性能。

3. 不淘米

所谓不淘洗米也称清洁米，是指符合卫生要求、不必淘洗就可直接炊煮食用的大米。这种大米不仅可以避免在淘洗过程中物质和营养成分的大量流失，而且可以简化做饭的工序，节省做饭的时间，同时还可以节约淘米用水，防止淘米水污染环境。另外，生产不淘洗米，还可以大大减少大米的带菌量，提高大米的贮藏性能和卫生标准。

生产不淘洗米的方法主要有湿润法、渗水法、膜化法3种。

(1) 湿润法　湿润法是在糙米或白米湿润状态下，利用擦离作用加工不淘洗米的方法。它把碾米和淘洗有机地结合在一起。湿润后的糙米具有以下特性：皮层与胚乳容易分离，皮层松软、粗糙，胚乳坚实、细密，皮层吸水量大于胚乳吸水量，皮层摩擦系数随吸水量增大而增大。湿润法就是综合利用这些特性进行碾米的。

(2) 膜化法　将大米表面的淀粉通过预糊化作用转变为包裹米粒的胶质化淀粉膜。

(3) 渗水法　原理同水磨米的浸水渗水碾磨，加工后的产品可以符合不用淘洗卫生要求。

4. 留胚米

留胚米是留胚率在80%以上的大米。这种产品营养丰富，含有22%左右的谷胚蛋白，必需氨基酸组成比例良好，含有近25%的谷胚油脂，其中人体必需脂肪酸高达80%，油酸与亚油酸比例接近1:1。此外还含有丰富的维生素 E、维生素 B_1、维生素 B_2、维生素 B_6、无机盐、谷维素和谷胱甘肽。特别是谷胱甘肽，它是国际上公认的长寿因子。所以留胚米比普通大米营养价值高。食用留胚米有助于增进人体健康，防止因吃精白米而患疾病，特别是脚气病。

留胚米的生产方法与普通大米基本相同，需经过清理、砻谷、碾米三大过程。为了使留胚率在80%以上，碾米时必须采用多机轻碾，即碾白道数要多、碾米机内压力要低。碾米要同时配置有单机循环式与多机连续式，单机循环式是在一台米机上装有循环用料斗，米粒经过6～8次循环碾制而得到留胚米。这种方法效率低，但占地面积小，设备投资低。多机连续式是将6～8台碾米机并列串联，使米粒依次通过各道碾米机碾制而得到留胚米。这种加工方法适合大规模生产，但占地面积大，投资高。

留胚米在温度、水分适宜条件下，微生物容易繁殖，因此留胚米常采用真空包装或充气包装，防止留胚米品质降低。

5. 增香米

增香大米是指普通大米经增香剂（香精）增香后的大米。香米食味可口，消费者对其有特殊的爱好，所以商品价格较普通大米高得多。然而，天然香米产量低，受水土限制而不能大面积播种，故而较为宝贵，难以成为大众化主食食品。香米之所以香主要是米粒中含有2-乙酰-1-吡咯啉的气味物质，其最小味觉值为 10^{-7}。露兜树的叶子中含有浓度数量级为 10^{-6} 的 2-乙酰-1-吡咯啉，所以这种树也具有香米的香气。美国从露兜树叶中提取 2-乙酰-1-吡咯啉生产香米精。这种香精是泰国香米长期使用的添加剂。

三、米粉的生产

米粉是由大米粉加工而成的条或丝状制品，是我国南方人民的传统食品。习惯上，将以全米粉加工的丝状食品称作米粉，将以其他淀粉如豆类、薯类及混杂的全淀粉制成的丝状食品称作粉丝或粉条（粉丝与粉条的区别在于粗细度的不同），这两种制品的加工工艺不同，原料处理也不同。

米粉有宽粉、细粉两个品种，按照加工工艺可分为切粉和榨粉，根据含水量多少可分为干态、湿态两种类型。湿粉水分含量高，不宜久存；干粉可长期保存。

1. 米粉的加工原理及原料的选用

大米中不含面筋，不能形成小麦面条那样的耐拉伸延展的黏弹性结构，米粉的成型和机械性能是由淀粉凝胶提供的，因此米粉的加工关键取决于米淀粉凝胶的性质。

加工米粉时，首先使淀粉糊化，形成凝胶，然后让淀粉回生使凝胶结构固定下来。米粉质量的好坏除了与加工工艺有关外，大米的品种、支链淀粉与直链淀粉的比例也是非常重要的。

在生产即食米粉时，要求选用含支链淀粉多的大米，因为支链淀粉含量高时，制成的米粉韧性较好，不易断条，蒸熟后不易回生。我国南方产的籼米适宜生产即食米粉。

2. 米粉加工工艺流程

米粉的生产要经过洗米、浸泡、粉碎、蒸煮成型、干燥及包装等主要工序。米粉种类不同，工艺过程又有一定差别。根据成条方法的不同，一般将米粉制品分为榨粉和切粉两种。前者是用挤压成型办法得到的圆形细长条；后者是用面片切成的细条，细条的横截面为方形或长方形。

(1) 榨粉工艺流程（图 4-15）

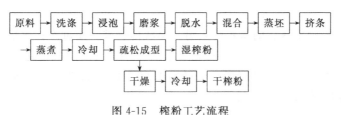

图 4-15 榨粉工艺流程

(2) 切粉生产工艺流程（图 4-16）

图 4-16 切粉工艺流程

3. 操作要点

(1) 原料的洗涤与浸泡 通过人工洗米、机械洗米或射流洗米的方法除去米粒表层糠灰及夹在米中的杂质。洗涤后的大米用足量的水浸泡 1～2h，使米粒含水量达 35%～40%。

(2) 粉碎与磨浆 原料的破碎有湿法与干法两种，但用湿法磨粉比干法的产品质量好。干法粉碎后经筛眼直接筛出粉末。原料洗涤后不需浸泡（也可以浸泡），要求含水量 22%～24%。干法粉碎质量较差，但效率高。湿法磨浆要求米浆浓度 32～35°Bé。含水量 50%～55%。湿法磨浆设备有石磨、砂轮磨和钢磨，各有优缺点。石磨磨浆平稳、浆温低，能保证米浆品质不受损害，但生产效率低；砂轮磨效率高、噪声小、浆温稍高；钢磨转速、效率及米浆温度介于石磨与砂轮磨之间，但噪声大。磨好的米浆过 CB_{42} 绢筛。

(3) 脱水 脱水使米浆含水量降至 35%～38% 后蒸坯。这是因为含水过多会造成挤片或挤条时出现糊状倒流现象，挤出的粉条互相粘连、表面不光滑、含水量过低、蒸坯时难以糊化。米浆脱水方法有布袋压滤脱水、筛池过滤脱水、真空脱水几种。其中真空脱水较为先进简便。

（4）蒸坯、挤片　蒸坯是使脱水后的粉团糊化，便于挤片。蒸坯设备可用隧道式输送蒸槽或圆筒式连续蒸粉机。用温度为 105℃ 的蒸汽汽蒸约 2min，使其糊化度达 75%～80%。蒸粉后用挤片设备挤片，挤片设备类似于榨粉机。磨好的米浆也可以直接喷流到蒸粉机的帆布带上，形成较薄的一层，经汽蒸后得薄片。经冷却后切成合适的长度并堆积起来。

（5）切条或榨条　经过蒸煮的坯片具有较高的强度，需送进榨条机或切条机进行成型操作。切条是将上道工序冷却后的粉片用切条机按产品的规格要求，切成 8～10mm 宽度的扁长条，即得湿切粉，干燥后得干切粉。榨条是将粉片经一带有若干圆形模孔的模头挤压成直径 0.8～2.5mm 的圆长条。榨条过程中要掌握好压力与进料速度，若进料不足，会使粉条不结实、韧性不好；若进料过多、压力过大，部分坯料在榨机内回流，造成粘连，容易堵塞孔眼。

（6）蒸煮　榨条成型的米粉通常还要进行复蒸，以使粉条糊化度达 90%～95%。复蒸可用蒸汽，也可以将米粉条在传送带上经沸水蒸煮。使用蒸汽时，温度 95～99℃，时间 10～15min；使用沸水时，时间 1～2min，若时间过长，粉条吸水过多，会出现烂糊现象。

（7）冷却与松条　经过蒸煮的粉条，表面带有胶性溶液，黏性较大，要及时冷却松条。操作方法是使粉条通过冷水槽，降温松散；或通过冷风道冷透后再入松条机松散。

（8）干燥　经蒸煮后的粉条含水量较高，要制成干制品则需干燥。粉条干燥难度较大，一般采用低温长时间干燥法，温度 40～45℃，时间 3～8h，水分降至 13% 左右即可进行冷却包装。

若生产即食米粉则蒸熟后的米粉转入另一网状传送带，通过冷却水槽，洗去米粉表面的淀粉，用回转刀切成 200mm 长短段，按份计量后放入连续干燥机传送链上的长方形模盒中成型为块状米粉，然后进行干燥。其干燥可采用 80℃ 以上的热风干燥或油炸。干燥后成品水分为 11%。食用时热水浸泡即可。

本章小结

本章主要介绍了稻米的分类、工艺性质、稻米及大米制品生产加工的基本原理和方法、生产工艺流程、主要生产设备的结构、工作原理及影响工艺效果的主要因素。

重点内容是稻米的加工。应掌握稻谷在清理、脱壳、谷壳分离、谷糙分离、碾米和整理时的技术要点；了解营养强化米、蒸谷米、水磨米、不淘米、留胚米、增香米的生产方法；掌握米粉的加工方法和操作要求。

复习思考题

1. 稻谷按粒形和粒质分为几类？各类稻谷的特点是什么？
2. 稻谷有哪些物理性质？各物理性质与加工之间有何关系？
3. 什么是爆腰？产生爆腰的因素有哪些？产生爆腰的后果是什么？
4. 清理杂质的基本原理和方法是什么？
5. 稻谷脱壳的方法有哪几种？谷壳分离的目的是什么？谷糙分离的目的是什么？
6. 碾米的目的和要求是什么？碾白的方式有几种？各有什么优缺点？
7. 大米的加工精度和大米的营养成分含量的关系是什么？为什么？
8. 强化大米中应考虑强化哪些营养素？如何确定强化大米中强化对象的数量？应该考虑哪些因素？
9. 榨粉和切粉的生产有何区别？

实验实训项目

实验实训一 制米食品企业的参观和调查

【实训目的】

通过对制米食品企业的参观和调查，了解制米食品企业主要生产原料的种类、来源、主要产品、生产工艺流程、主要生产设备、生产车间设备布置、人员配备、安全操作规程及产品销售市场等相关信息。

【方法步骤】

1. 请制米食品企业的技术人员做报告

① 制米食品企业生产基本情况。

② 产品的种类、销售市场及企业生产经营量管理的方法和经验。

2. 现场参观，请车间负责人讲解

① 生产的工艺流程、工艺参数及技术要点。

② 加工机械的原理、性能和主要机械的选型及功用。

③ 介绍实际生产经验，处理好生产中出现的问题。

④ 学生提出问题，与工厂技术人员互动交流。

【实训作业】

根据所学的理论知识并结合参观实习内容，写出实习总结报告。

实验实训二 米粉条制作及质量鉴别

【实训目的】

通过米粉条制作及质量鉴别，熟悉米粉条制作工艺流程及质量鉴别方法。

【材料及用具】

材料：精米 0.5kg。

用具：胶体磨（或石磨、砂轮磨和钢磨）、脱水用布袋、绢筛、蒸笼、水槽、面盆、小型手摇压面机。

【方法步骤】

1. 米粉条制作

（1）大米的洗涤与浸泡 洗涤后的精米 0.5kg，用足量的水浸泡 1～4h，夏季为了防止变酸，要每隔 1h 换一次水。

（2）磨浆 用胶体磨（或石磨、砂轮磨和钢磨）对上述浸泡好的精米进行磨浆，磨好的米浆过筛。

（3）脱水 布袋压滤脱水，使米浆变成雪白块状湿生米粉。

（4）蒸坯 将上述湿生米粉揉搓成柔韧的粉团后分剂。在蒸笼底上铺一层白布，将小粉团上蒸笼，均匀分布在白布上。蒸时用旺火，一般 2～3min 蒸至 7 分熟，倾出晾冷。

（5）切条 经过蒸坯的粉团具有较高的强度。用小型手摇压面机对晾冷后的粉团反复碾压，以形成韧劲十足的米粉面片，然后压切成 8～10mm 宽度的扁长条，即得湿切粉。

（6）蒸煮 湿切粉还没有完全熟，要进行复蒸，以使粉条糊化度达 90%～95%。复蒸可用蒸汽，也可以经沸水蒸煮。使用蒸汽时用旺火，时间 10～15min；使用沸水时，时间 1～2min，若时间过长，粉条吸水过多，会出现烂糊现象。

（7）冷却与松条 经过蒸煮的粉条，表面带有胶性溶液，黏性较大，使粉条通过冷水槽，降温松散以做到及时冷却松条。

（8）干燥　要制成干制品则需干燥。粉条干燥难度较大，一般采用低温长时间干燥法，温度 40～45℃、时间 3～8h，水分降至 13％左右即可进行冷却包装。

2. 米粉条的质量鉴别

米粉质量的鉴别主要有以下几个方面。

色泽：洁白如玉，有光亮和透明度的，质量最好；无光泽，色浅白的质量差。

状态：组织纯洁，质地干燥，片形均匀、平直、松散，无结疤，无并条的，质量最好；反之，质量差。

气味：无霉味，无酸味，无异味，具有米粉本身新鲜味的质量最好；反之，质量差。如果有霉味和酸败味重，不得食用。

加热：煮熟后不糊汤、不粘条、不断条，质量最好，这种米粉吃起来有韧性，清香爽口，色、香、味、形俱佳；反之，质量次。

【实训作业】

1. 本实训中米粉条在制作中湿切粉还没有完全熟就要进行复蒸，其原因是什么？

2. 对所做实训产品进行客观评价，并找出本实训内容中存在的问题。

第五章　豆制食品加工

学习目标

　　通过学习，使学生能了解豆制食品的种类和营养价值，重点掌握目前南豆腐、北豆腐、内酯豆腐及其制品的制作工艺、操作要点，掌握腐乳制品的生产及操作要点；重点掌握豆乳的制作工艺及技术要点；同时，能解决豆乳产品生产中的异味问题。

　　相传公元前 200 年，我国的劳动人民就已初步掌握了从大豆中提取蛋白质和制作豆腐的技术，距今已经有 2200 多年的历史。

　　明朝罗欣的《物源》中讲：前汉的书籍中有"刘安做豆腐"的记载。提起中国的豆腐来，日本人总是怀着敬佩的心情竭力地赞扬。淮南堂是我国淮南一家豆腐坊的名字，原是为了纪念豆腐的发明人——前汉淮南王刘安而起的。经过北宋时期到了元代，豆腐的制作又添加了新的科学内容，王桢在《农书》中说，"大豆为济世之谷可做豆腐、酱料。"在历史上，由于一种豆制品往往有许许多多的名称，例如豆腐就有小宰羊、鬼食、菽乳、盆头豆腐、没骨肉、水豆腐、老豆腐、南豆腐等叫法；豆腐皮也有千张、百叶（百页）、豆腐片、干豆腐等叫法，所以在研究豆制品发展时需要加以注意。

　　新中国成立前，豆制品生产绝大多数是个体经营的小手工作坊，厂房简陋，设备更是十分落后，操作墨守成规，技术进步缓慢，一直处于落后的状态；新中国成立后，豆制品生产也和其他行业一样，得到了飞跃发展。特别是在党的十一届三中全会以后，豆制品生产更是有了飞速发展，更新改革了设备，引进了国外生产流水线，开发了新品种，豆制品的产量和品种增加，质量不断提高，为国家和人民做出了很大的贡献。

　　现在，一部分大型的豆制品生产企业已经实现了工业的机械化或半机械化。如北京某大型豆制品生产企业通过引进国外设备和有效的利用国产设备，已实现了多种大豆制品从磨浆、点卤至成型、包装的自动化和机械化。

　　我国对新型大豆制品的开发，实际上是在 20 世纪 50 年代。但由于饮食习惯和经济条件的制约，发展极为缓慢。从 20 世纪 70 年代末期以来，随着人民饮食观念的转变，开发利用大豆蛋白资源的意义逐渐被人们认识，许多科研单位、大中专院校以及生产企业都积极参加了这方面的工作，并在短时间内取得了一定的成效。

　　进入 21 世纪，人们的饮食结构发生了很大变化，高蛋白、低脂肪，天然、保健食品是其发展方向。大豆及其制品顺应了人们的饮食需求。有资料显示：豆腐及其制品所含蛋白质是植物蛋白，含有人体所需的 8 种必需氨基酸。它的蛋白质比任何一种粮食作物的蛋白质含量都高。除油脂类和少数其他制品，几乎所有大豆制品的主要成分都是大豆蛋白。以干基含量计算，制品中的蛋白质含量均在 50% 左右或更多。就这一点完全可以和动物性食品相媲美。值得一提的是动物蛋白大都含有胆固醇，而豆腐及其制品不仅不含胆固醇，而且含有调整人体胆固醇蓄积量的豆固醇，可以有效地降低人体血液中的胆固醇含量，防治动脉粥样硬化，是理想的营养食品。与其他植物蛋白相比较，大豆蛋白的蛋白质消化率较高。其含植物蛋白为全价蛋白，大豆制成豆腐及其制品后，吸收率由 65% 左右上升到 92%～96%。

目前，豆制品行业的发展已呈现出新的面貌。主要表现为生产自动化、品种多样化、包装精密化、管理标准化。

1. 生产自动化

当前，从我国的豆制品生产来看，已经逐步向机械化发展，有比较成型的北豆腐、豆腐片生产线、豆浆生产线。与发达国家相互交流，引进更先进的技术设备，以提高生产效率。

2. 品种多样化

随着人们的物质文明和精神文明的提高，广大群众对商品的要求也越来越高，单一的品种已不能适应市场的需要。就日本而言，根据年龄、职业和行业的需要，仅豆乳就有适合老人、儿童、孕妇、成人不同的产品。目前已有将豆浆和大米或者大米的提取物按适当的比例混合，研制出了有清除体内氧自由基活性的米豆腐。将大豆和其他一些绿叶植物配合生产保健饮料，产品不仅富含蛋白质，而且还含有很多人体必需的微量元素，具有良好的保健功能。在饼干和面粉中添加一定量的大豆蛋白，制成的饼干和面条的蛋白质含量提高，碳水化合物的含量降低，而弹性、强度等感官特性并不会发生什么变化。此外，还有许多利用脱脂豆粉、大豆分离蛋白以及其他分离物开发的豆片、饮品、果冻等产品也已经面市。

3. 包装机械化

豆制品的包装现在已经从过去的无包装，转变成为现在的真空包装和多样式的包装形式。现在的大企业已经具备了无菌包装车间，少数企业的包装车间已经完全实现了全封闭性、光学杀菌。从豆制品成品的无菌冷却、检斤装袋、真空包装到反压灭菌、降温贮存，实现了机械化。

4. 管理标准化

标准化管理是组织现代化生产的手段，是科学管理的重要组成部分。没有标准化就没有高质量、高速度。豆制品的生产也必须按照标准化的要求，进行科学管理。每个品种，从原料到成品，从质量标准到操作规程，都要有严格的标准。随着企业标准和职工队伍素质的提高，豆制品会有突飞猛进的发展。

第一节　豆制品的种类及其营养价值

一、豆制品的种类

大豆制品的种类较多。根据生产方法大概可分为以豆腐为中心的传统大豆制品和以大豆蛋白为中心的新型大豆制品。

1. 传统大豆制品

主要包括非发酵大豆制品和发酵大豆制品。

（1）非发酵豆制品包括　非发酵豆制品包括豆腐、豆浆、豆腐片等，基本上都经过清选、浸泡、磨浆、除渣、煮浆及成型工序，产品多呈蛋白质凝胶态。具体的有南豆腐、北豆腐、充填豆腐、腐竹、干豆腐、卤制豆制品、油炸豆制品、大豆熏制品、冷冻豆制品、干燥豆制品、豆粉等。

（2）发酵大豆制品　大豆发酵制品，包括豆豉、黄酱及各种腐乳等，都是用大豆或大豆制品接种霉菌发酵后制成的。大豆及其制品经微生物作用后，消除了抑制营养的因子，产生多种具有香味的有机酸、醇、酯、氨基酸，因而更易被人体消化吸收，更重要的是增加了维生素 B_{12} 的含量。

2. 新型大豆制品

新型大豆制品包括油脂类制品、蛋白类制品及全豆类制品。

这些产品基本上都是 20 世纪 50 年代兴起的，其生产过程大多采用较为先进的生产技术，生产工艺合理，机械化、自动化程度高。

（1）油脂类制品　油脂类产品以大豆毛油为原料，经过特定的工艺精加工后，各种产品都具有各自特有的工艺性能，可以适应食品工业的各种需要。如大豆磷脂、色拉油、人造奶油、起酥油、大豆油。

（2）蛋白类制品　蛋白类制品则多以脱脂大豆为原料，充分利用了大豆蛋白的物化特性，其产品应用于食品加工过程，不仅可以改变产品的工艺特性，而且可以提高产品的营养价值。如脱脂大豆粉、功能性浓缩大豆制品、大豆组织蛋白、大豆分离蛋白、蛋白发泡剂、大豆蛋白纤维、海绵蛋白。

（3）全豆制品　豆乳、豆乳粉、大豆冰淇淋、全脂豆腐。

二、豆制品主要成分和营养价值

1. 水分

每 100g 黄豆的含水量在 10％～15％左右。在正常情况下黄豆通常含有 10％左右的水。由于收获季节变化的影响，水分有时高达 18％～19％，不但影响产品的产出率，更不利于保管，尤其是在贮存条件不佳的条件下，更不能久存。

2. 碳水化合物

每 100g 黄豆约含有 25.3g 的碳水化合物。黄豆中的碳水化合物可分为可溶性与不溶性两大类。含量在 25％～30％的碳水化合物，有相当复杂的成分组成，主要是半纤维素、纤维素以及寡糖类的五碳糖，几乎不含淀粉和葡萄糖等还原性糖。

3. 油脂

每 100g 黄豆约含有 19g 油脂。大豆的油脂不仅具有较高的营养价值，而且对大豆的风味、口感等方面也有很大的影响。大豆制品中如含有一定量的油脂，能使其口感滑润、细腻、有香气，否则会感到粗糙涩口。

4. 磷脂

除脂肪酸甘油酯外，大豆中还含有约 1.1％～3.2％的磷脂，大豆磷脂中约含有 85％～90％磷脂酰胆碱以及磷脂酰乙醇胺、磷脂糖苷等。人的大脑 20％～30％由磷脂构成。大豆中的磷脂可充分溶解而易被人体吸收。研究表明，人体的各组织器官中含有大量磷脂，大豆磷脂可增强组织机能，预防脑动脉、冠状动脉硬化，对肝炎、脂肪肝也有一定的疗效。另外，大豆磷脂还能促进脂溶性维生素的吸收，防止体质及各组织器官酸化。

5. 蛋白质

每 100g 黄豆含有 34～38g 的蛋白质。所有豆类蛋白质的氨基酸组成都比较好，其中以黄豆为最好，黄豆是含蛋白质最丰富的植物性食物，它的蛋白质的质量与蛋、奶食物中蛋白质相似，而它的蛋白质含量超过肉类、蛋类，约相当于牛肉的 2 倍，鸡蛋的 2.5 倍，因此，科学家把黄豆称为蛋白质的仓库。豆制品不仅蛋白质含量高，而且蛋白质质量好，组成蛋白质的氨基酸有 20 余种，其中 8 种人体必需氨基酸数量较多；豆制品另一个突出的特点是不仅不含胆固醇，而且豆制品中含有的豆固醇有一定的抗动脉硬化作用。故豆制品的营养价值完全可以与肉、蛋、乳等动物性食品相媲美，是老年人和高血压以及冠心病患者理想的食品。

6. 维生素

每 100g 黄豆主要含有硫胺素 0.79mg、胡萝卜素 0.40mg、核黄素 0.25mg、尼克酸

2.1mg。另外，大豆中还含有丰富的抗老化作用的维生素 E。

7. 无机质

每 100g 黄豆主要约含有磷 571mg、钙 367mg、铁 11.0mg、钠 1.0mg、镁 173mg、锰 2.8mg、钾 1310mg、铝 0.7mg、铜 1.2mg。

8. 大豆生物活性物质的生理功能

通过大量的实验研究，大豆中以大豆异黄酮为主的，包括大豆皂苷、大豆多肽等生物活性物质的营养和生理功能也得到了充分的肯定。

异黄酮是 1986 年发现的。美国纽约大学一位学者通过实验，发现黄豆中的蛋白酶抑制素可以抑制皮肤癌、膀胱癌，对乳腺癌的抑制效果更明显，可达 50%。另有报告说，蛋白酶抑制素对结肠癌、肺癌、胰腺癌、口腔癌亦能发挥抑制功效。

黄豆含有皂苷，皂苷能阻止容易引起动脉硬化的过氧化脂质的产生，能抑制脂肪的吸收，促进脂肪的分解。

9. 大豆营养抑制因素

黄豆里有一层薄而结实的细胞膜包着它所含的营养成分，因而营养成分不易被人体吸收，不能很好起到对人体应有的作用。最主要的是黄豆里还有胰蛋白酶抑制素、大豆血细胞凝集素、胀气因素、豆腥味等大豆营养抑制因素，如果没有被破坏，会妨碍人体内的消化作用，有的甚至会引起中毒。所以食用时必须经过适当的加工措施，才可消除不利因素，提高其使用价值。

用黄豆制成的豆制品，里面的细胞膜和胰蛋白酶抑制素被破坏，它的营养成分就容易为人体所吸收，胰蛋白酶的消化作用也不受妨碍，所以说，豆制品的营养和吸收要比黄豆好。用浸泡加热等方法，将黄豆的营养抑制因素去除，制成的豆制品（如豆腐、豆浆）比生黄豆的营养效果更好，更易于婴幼儿食用、消化和吸收。

第二节　传统豆制品

一、豆制品加工原理

传统豆制品各品种间的生产工艺各不相同，但就其产品的本质而言，无论是豆腐类制品，还是干燥豆制品，都属大豆蛋白凝胶。生产豆制品的过程就是制取不同性质的蛋白质胶体的过程。

豆制品加工是利用大豆蛋白的亲水、凝胶和沉淀等特性，通过物理机械性粉碎、蛋白质变性和化学"盐析"等过程而加工制成。

1. 物理性粉碎

通过泡豆和过磨粉碎彻底破坏大豆细胞组织，主要是蛋白质皮膜，使蛋白质最大限度地溶解于水中，成为溶解状的豆浆汁，即生豆浆。

2. 蛋白质变性

生豆浆必须加热后才能形成凝胶，通过加热豆浆汁，使蛋白质发生热变性，由溶胶状变成凝胶状，为点浆凝固创造条件。

3. 盐析过程

通过煮浆，大豆蛋白质虽已发生了热变性。但还不能凝固，这是因为蛋白质表面还带有电荷，在蛋白质表面形成双电层及水合膜，阻碍蛋白质分子凝聚，但在已加热变性的豆浆汁中加入一定量的碱金属中性盐（如卤水、石膏），它们在水中产生与蛋白质表面相反的电荷离子，压缩双电层和破坏水合膜，这时蛋白质分子依靠分子间的力彼此吸引，先形成线性结构，然后线与线交织在一起，就形成了网络结构而从水中析出。这一过程化学上称为盐析作用。

4. 加压脱水

通过盐析过程形成的豆腐脑，其中充满水分。通过加压强制豆腐脑内多余的水分排出，使蛋白质网络更好地接近和黏合，形成一种形似固体的豆腐。

二、原辅料要求

1. 原料要求

大豆是豆制品的主要原料，在选购前要了解大豆的种类、产地及生长习性，以便节约成本和提高出品率。

我国大豆以产量大、品质好著称于世界，共有936个品种。大豆种植历史悠久，用途广泛，品种很多，因此分类方法也很不一致。按国家标准 GB 1352—86《大豆》规定，大豆根据种皮颜色和粒形分为五类。

① 黄大豆 种皮为黄色。按其粒形分为以下两种：东北黄大豆，粒色为黄色，粒形多为圆形、椭圆形，有光泽或微光泽，脐色多为黄褐、淡褐或深褐色；一般黄大豆，粒色一般为黄色、淡黄色，粒形较小，多为扁圆和长椭圆形，脐色为黄褐、淡褐或深褐色。

② 青大豆 种皮为青色。按其子叶的颜色分为青皮青仁大豆、青皮黄仁大豆。

③ 黑大豆 种皮为黑色。按其子叶的颜色分为黑皮青仁大豆、黑皮黄仁大豆。

④ 其他大豆 种皮为褐色、棕色、赤色等单一颜色的大豆。

⑤ 饲料豆（袜食豆） 一般籽粒较小，呈扁长椭圆形（肾脏形），两片子叶上有凹陷圆点，种皮略有光泽或无光泽。

此外，还有按大豆用途分类，分为食用大豆、副食用和粮油加工食用大豆、蔬菜用大豆、罐头用大豆、油用大豆、饲料用大豆，按生长季节分为春（播）大豆、夏（播）大豆、秋（播）大豆、冬（播）大豆；按大豆的生育成熟期可将大豆分为极早熟大豆、早熟大豆、中熟大豆和晚熟大豆；按大豆的主要化学组成分为脂肪型大豆和蛋白质大豆；按是否基因转化分为普通大豆和转基因大豆。

黄豆的产量为世界大豆总产量的90%以上，因而约定俗成地将大豆专用于称呼黄豆。黄豆也是生产豆制品和食用油的主要材料，而其他大豆主要供食用或饲料。

黄豆是豆科植物大豆的黄色种子，为"豆中之王"。蛋白质一项就比瘦肉多1倍、比鸡蛋多2倍、比牛乳多1倍，故被称为"豆中之王"、"田中之肉"、"绿色牛乳"等，是数百种天然食物中最受营养学家推崇的食物。

2. 辅料要求

豆腐生产过程中常用的添加剂主要有凝固剂、消泡剂，其中凝固剂是生产传统豆制品不可缺少的辅料，主要有石膏、盐卤和葡糖酸-δ-内酯等3种。

（1）凝固剂 凝固剂基本上分成两大类，即盐类和酸。

适合做凝固剂的盐类多为二价盐，主要是钙盐和镁盐，而一价盐和三价盐类作用很弱。适用的酸有醋酸、乳酸、葡糖酸、柠檬酸、酸浆等，也可以用盐酸，但其凝固体体积小，而凝固蛋白质比例高。

生产豆腐用的最广的凝固剂，在我国有盐卤和石膏，民间有用醋酸、酸浆、乳酸的。日本做袋豆腐用葡糖酸，做一般豆腐用石膏、乙酸钙和氯化钙等，据介绍效果均好。

影响凝固剂用量的因素很多，并且与大豆品种有关，凝固剂用量太多，凝固剧烈，严重的则使蛋白质沉凝；凝固剂用量太少，凝固不完全，凝固物发黏。

加凝固剂要求均匀，否则导致凝固的豆腐出现花斑。

① 石膏   石膏是一种矿产品。它的主要成分是硫酸钙，石膏分为生石膏（$CaSO_4 \cdot 2H_2O$）、半熟石膏（$CaSO_4 \cdot 1H_2O$）、熟石膏（$CaSO_4 \cdot 1/2H_2O$）和过熟石膏（$CaSO_4$）四种，主要是含结晶水量不同。对豆浆的凝固作用以生石膏为快，熟石膏慢，而过熟石膏几乎不起作用。生石膏作为凝固剂，制得的豆腐弹性较好，但由于凝固速度比较快，在操作过程中不易控制稳定，因此在我国生产中基本都是采用熟石膏。不过在日本，为了提高凝固力，保证豆浆的完全凝固，通常采用生石膏。

石膏在水中的溶解度较低，形成 Ca^{2+} 和 SO_4^{2-}，与其他凝固剂比较，凝固速度较慢，故石膏豆腐的保水性能好、质感光滑细嫩。用石膏点脑，多采取冲浆法，即用少量的熟浆或水加入适量的石膏并充分搅拌使之尽可能溶化后，倒入冲浆容器中，然后把温度为75～85℃的熟浆冲入容器中并加以搅拌，即可凝固成脑。使用石膏作为凝固剂，豆浆的温度不能过高，否则豆腐发硬；而豆浆温度过低，则豆腐成型不好，过软易碎。

由于石膏溶解度低，所以事先要把石膏加水制成过饱和溶液。在使用石膏时，由于石膏粉在豆浆中沉淀快，能使豆浆温度降低，因而使凝固过程延长。但总的来说石膏的作用慢，能适用于不同的豆浆浓度，做老豆腐、嫩豆腐均可，而且容易操作。不过使用石膏粉时，因石膏的不溶性也易发生不均匀凝固，使凝固物上嫩下老。

使用石膏多用冲浆法，也可用点浆法，而盐卤一般采用点浆方式。

有报道指出，用纯硫酸钙对大豆蛋白质作用，只需豆浆的1%左右就可使全部大豆蛋白质凝固。但实际生产中的使用量一般在4%以上，有时还超过很多。这主要是因为石膏的颗粒大小决定了石膏与豆浆中蛋白质的接触面积比理想面积小，再加上搅拌速度受到限制，无法保证石膏与蛋白质完全均匀地接触。如果是使用熟石膏的话，用量还要多一些，以加快凝胶速度。

② 卤水   卤水又称为盐卤，是生产海盐的副产品。就种类来说，盐卤可分为三种：卤块、卤片、卤粉。

盐卤的成分比较复杂，除主要成分氯化镁之外，其次是氯化钠、氯化钙、氯化钾以及硫酸镁、硫酸钙等。

氯化镁的特点是保水性不强，豆腐中保留水分不高，豆腐的纹理紧密地粘在一起，用它做的豆腐的味道较好。

由于海洋污染越来越严重，海水中的有害物质在浓缩的海水副产品中，会对人体构成危害，所以有人建议禁止使用盐卤，而应改用精制氯化镁作凝固剂。不过卤水生产的豆腐有一种特殊的风味，在日本也被认为比其他品种的豆腐更"高级"一些，因此，应该采取措施防止污染或者限定食品用盐卤的生产地。

卤块、卤片、卤粉溶在水中即为卤水，是棕褐色汁液，味苦涩，它的主要成分是氯化镁（$MgCl_2$），卤水中的氯化镁含量变化较大，使用时应通过试验确定适当的添加量。

一般来说，1kg大豆的盐卤添加量在20～30g。实践证明：吃卤水的豆配制卤水的浓度可以大些；不吃卤水的豆可稍淡些，应该灵活掌握。用盐卤作凝固剂，蛋白质凝固速度快，蛋白质的网络结构很容易收缩，制品持水性差，一般用于生产北豆腐、豆腐干等含水量比较低的产品。

为了解决卤水点豆腐时蛋白质凝固速度过快，不好操作的问题，日本有公司研制出可延迟凝固的微胶囊包衣型卤水凝固剂。添加到豆浆中后，卤水慢慢释放，可有效地延缓凝固过程，保证了凝固剂与蛋白质的均匀接触。

③ 葡糖酸-δ-内酯   葡糖酸-δ-内酯（GDL）是一种新型无毒酸类添加剂，主要作为酸味剂、防腐剂、膨松剂及蛋白质凝固剂。

葡糖酸-δ-内酯是易溶于水的白色结晶粉，有微甜味。它溶于水后，慢慢地分解成葡糖酸，呈酸味，如果加热则分解更快。葡糖酸-δ-内酯与氯化镁、硫酸钙不同，是利用有机酸凝固蛋白质的凝固剂，它比硫酸钙更容易使用。葡糖酸-δ-内酯多用于生产充填豆腐，添加剂使用量一般在豆浆量的 2%～3%。

葡糖酸-δ-内酯在豆浆中会慢慢转变为葡糖酸，使蛋白质凝固，这种转变在温度高时速度加快，pH 值高时转变也变快。因此生产时要先将豆浆冷却到室温。

葡糖酸-δ-内酯易溶于水，呈甜味，而变成葡萄糖后有酸味，糖做成豆腐酸味大。可考虑配成葡糖酸为 20%～30%，加石膏 70%～80%，不过混合凝固剂反应快，操作要更加快。其特点是做成豆腐后可改进风味。

葡糖酸-δ-内酯在低温时比较稳定，因低温不出现葡糖酸，所以利用此特点，在低温豆浆中可先混合葡糖酸-δ-内酯，然后把上述豆浆混合物装袋，以后通过袋外加热，袋内豆浆中生成葡糖酸使豆浆凝固成豆腐。

用葡糖酸-δ-内酯做出的豆腐，保水性能好、有弹性、口感好，比选用其他凝固剂的豆腐优越得多，能节约大豆，提高出品率。但这种凝固剂价格较贵，产品易碎，成型较差。此种凝固剂最适于做充填豆腐、袋豆腐、盒豆腐。

类似葡糖酸-δ-内酯的化学物质还有丙胶酸，是乳酸的二聚体，溶于水会分解成乳酸，如加在热豆浆中，乳酸即凝固。

④ 葡糖酸　葡糖酸为无色或浅淡黄色浆状液体，其酸味爽快，易溶于水，微溶于酒精，而不溶于其他溶剂。由于葡糖酸不易结晶，故其产品多为 50% 的液体。结晶葡糖酸的熔点为 131℃。

葡糖酸减压浓缩，则生成葡糖酸-δ-内酯。将葡糖酸-δ-内酯加于豆浆中，混合均匀再加热，即生成葡糖酸，从而使大豆蛋白质实现凝固，是一种新型有前途的凝固剂。

葡糖酸可直接用于点豆腐，也可直接用于清凉饮料，与食醋配制作为酸味料，尤其适合在营养品中使用，以代替乳酸、柠檬酸。

(2) 消泡剂　大豆蛋白质在水溶液中是胶体溶液，并有较大的表面张力，当机械振动或液体流动时，混入空气形成泡沫且不易消失，从而影响操作和产品质量。为此需添加消泡剂减少其泡沫。消泡剂的分子一般都具有极性端和非极性端。当泡沫与少量消泡剂碰到一起，消泡剂分子的极性端伸向水分子，其非极性端伸向泡沫的蛋白质分子。由于泡沫和消泡剂表面张力的不同，将泡沫分散，使其成为豆乳，从而促进蛋白质的溶解，有利于蛋白质的提取和利用。

① 酸败油脚　油脚是榨油工业的下脚料，可直接用来消泡，但效果不理想，经过酸败的油脚比单纯油脚好，酸败油脚的消泡效果是比较明显的。

使用方法：取适量热水或热黄浆水，冲入少量酸败油脚中，搅拌均匀，或恒温加热，滴加在豆浆中。使用量为 0.5%。

由于油脚含有大量微生物、酸败物质和工业碱等化合物，很不卫生，不提倡使用，北京市卫生防疫部门曾一度禁止使用。

② 酸败油脚加石灰　酸败油脚加适量氢氧化钙（石灰）搅和成膏状物，使用时将膏状物配加适当发酵黄浆水效果更好。油脚与石灰比例为 10∶1，使用量为 1%。

豆乳由于添加了氢氧化钙，pH 值升高，使碱性蛋白增多，制品体积变大，持水率高。

③ 植物油加石灰　将生石灰过 40 目筛使其呈粉状，将植物油加热至 150～160℃，倒入生石灰粉中，不停搅拌，有条件的地方可直接通入蒸汽（196～294kPa）煮沸 2～3h，则成黄色膏状液体，冷却变硬。

使用时，将膏状物加入沸水或热黄浆水中，滴加至磨糊或豆乳中即可。使用量一般为0.5%～0.6%。

④ 脂肪酸皂化素　这是目前比较经济实用的一种消泡剂。该消泡剂是由酸化油再加定量的皂化油组成。皂化油中的脂肪酸钠不仅起到中和酸作用，而且溶水性很好，是一种乳化剂，能使脂肪酸均匀地分散，使其发挥效能。

酸化油：将 20°Bé 的盐酸缓缓倒入植物油中，在保温缸中酸化 24～36h，使油脂酸化。油温过高，盐酸很快挥发，失去酸化作用；温度过低，油脂和酸不能反应，酸化不能完成。

注意：一定要先加植物油于酸化缸内，后倒盐酸，千万不要喷溅，以免发生危险。

皂化油：向碱面中倒入适量的水，搅拌均匀，然后倒入植物油，放在热源上共煮，使其沸腾皂化，待呈粥状黏稠液体，分不清油、水、碱面时即可。

酸化油加皂化油：将皂化油缓缓倒入酸化油中，使其发生反应。两产品混合时能产生大量泡沫，如果操之过急，会危及安全。混合后，测定酸碱值，pH 值在 6～7，如果酸值过大可用少量碱面调整。调整后继续保温 3～4h，使其互相作用，生成棕褐色或棕黄色黏稠液体，冷却时呈粥状物。

使用时，将脂肪酸皂化素兑入沸水或热管浆水中，制成乳浊液滴加至豆糊、豆乳中。脂肪酸皂化素因含皂化物，使用量大时，会使产品变糟，缺乏弹性。使用量为 0.15%～0.2%。

⑤ 乳化硅油　这是一种新型消泡剂。乳化硅油含有 30%～35% 的低黏度的硅油（硅树脂），用 2%～3% 聚乙烯醇为乳化剂，加少量的水，经乳化设备加工后，将硅油制成十分微小的颗粒，分散在连续的水箱中，成为一种外观是乳白色的乳液。在一定条件下，具有相当的稳定性和高消泡能力。只有 1～75mg/L 就能产生效果。它既不溶于水，也不溶于动植物油，对大部分泡沫有效。

乳化硅油作为消泡剂，与其他类型的消泡剂不同，它不但可以消除已形成的泡沫，还可以防止泡沫的形成。

乳化硅油具有一定的热稳定性，经 120℃、30min 消毒灭菌，仍保持消泡性能。因此除适用于一般工业上的防水剂、抛光剂、脱膜剂外，更适用于发酵、食品工业。

使用前先用水 4～10 倍稀释。稀释后的乳液稳定性要降低，1 周内应尽快用完，同时只能用冷水，不能用热水，否则会产生破乳现象。

使用方法：应先将规定量加入大豆的磨糊中，使其充分分散，达到消泡的作用。一般使用量是 0.05% 左右。

⑥ 甘油脂肪酸酯　最好的甘油脂肪酸酯既可消泡，又可作为乳化剂。适用于油/水及水/油两种类型的乳化和消泡。

甘油脂肪酸酯分为未蒸馏品和蒸馏品两种。甘油脂肪酸酯的蒸馏品无异味、无异臭、白色粉末，几乎不溶于水，溶于油，是一种界面活性剂。生产豆腐的用量为大豆磨糊的 1%，很好搅拌，使其分散后进行加热即可。

甘油脂肪酸酯消泡作用不如硅树脂好，但它有改善品质的效果。此外，异丙烷树脂、葡萄糖脂肪酸酯、香兰素等也有用作消泡用途的。

除了以上几种主要的食品添加剂外，还有一些辅料，如做豆制品时会用到酱油、醋等调味品；做豆乳时会用到甜味剂、乳化剂等，这些都将在以下的文章中详细描述。

三、豆腐制作

非发酵大豆制品的种类很多，在我国常见的豆腐品种有各种类型的包装豆腐（包括南豆腐、北豆腐、内酯豆腐）、石膏板豆腐、集贸市场上的柴锅豆腐等。豆制品有不经过油炸的产品，如豆腐干、豆腐皮、豆腐丝、千张、熏干等；经过油炸的产品，如炸制品、卤制品、炒制品等上百个品种；还有豆芽菜、豆嘴等。

（一）豆腐制作工艺流程

豆腐的生产过程经过数千年优胜劣汰的历史洗礼，除了机械化和自动化程度有所不同，存在一些差别外，生产原理是基本一致的。首先是大豆的浸泡使大豆软化适用于湿法提取，浸泡后的大豆粉碎制浆后，经过滤将豆渣分离除去，进行煮浆使豆浆热变性，然后根据产品要求加入不同类型的凝固剂，脱水成型后按标准规格切制成块，装盒灭菌，冷却入库即得到了豆腐。豆腐的生产流程如图 5-1 和图 5-2 所示。

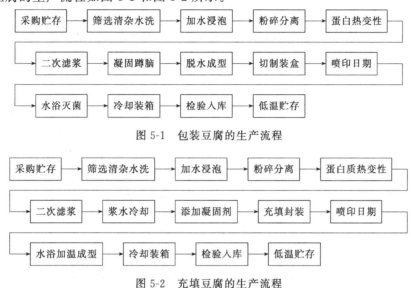

图 5-1　包装豆腐的生产流程

图 5-2　充填豆腐的生产流程

（二）豆腐制作主要技术要求

1. 大豆的选取与除杂

（1）原料的选择　应选择蛋白质含量高的大豆品种，制作豆腐的大豆以色泽光亮、籽粒大小均匀、饱满、无虫蛀和鼠咬的新大豆为好。陈大豆存放时间长，生命活动消耗了本身的一部分蛋白质，特别经过高温季节，由于高温的作用使脂肪氧化和蛋白质变性，加工出的豆腐质地粗糙，无弹性，口感差，持水性差，色泽发暗。

制豆腐的原料以原大豆为佳，普通豆腐只能利用其可溶性蛋白的 70% 左右。低变性脱脂豆粉也可作为制豆腐的原料，但风味和口感都受到影响。

（2）大豆的清理　大豆原料在进一步加工前须进行清理，以除去杂质。同时应去除碎豆、裂豆、虫蛀豆和其他异粮杂质。

手工作坊和小豆腐加工厂一般不采用筛选的方法，经过清洗就可以进入浸泡工序。较大规模的豆腐加工厂可以采用机械方法清除杂质。清理的方法一般分为干法和湿法。干法一般包括振荡筛和密度去石机。振荡筛需配置风机形成负压，以吸走杂质。相对密度大的杂质通过筛网分离。密度去石机主要用以去除并肩石。但这种方法很难完全除去虫蛀豆和裂豆。因此，大型加工厂应对原料中的虫蛀豆和裂豆比例严格控制。

湿法是利用大豆与杂质的相对密度差异，在水中的浮力和沉降速度不同进行分离的。最简单的就是流水槽，水槽一般有 15° 左右的倾角，顺着水流，轻杂质漂在水的表面，重杂质在最下层，大豆在中间层，从而将大豆与杂质分离。

振荡式洗料机是水和大豆不断流入前后做往复运动的水槽，当水槽向后运动时水与大豆涌出槽外，经排水网大豆与水分离，水可以循环使用，大豆则进入下一道工序。相对密度大的石子等杂质沉降在底部而被去除。

另一种湿法清理的方法是旋水分离法。原理是利用由此而产生的离心力差异达到分离的目的。大豆与石块被运送泵以一定的速度输入旋水分离器的底部。分离器的底部是封闭的，水流又沿分离器轴心由下向上做旋转运动，形成内涡旋。大豆及石块在水流的作用下，由于相对密度不同，石块等相对密度大的杂质具有较大离心力，它们在外涡旋的作用下，沿旋水分离器流入锥体内壁很快落到底部，并由于自身重力作用不能随内涡旋做向上的旋转运动。而大豆由于离心力较小，它们在向下旋转运动的过程中逐渐靠近分离器轴心，在到达分离器底部之前，在内涡旋作用下，做向上的旋转运动，并随水流一起通过旋水分离器的出口排出。旋水分离器结构简单，清理彻底，占地面积小，消耗功率低，造价低，并能同时完成原料大豆的筛选、水洗和提升，是一种经济合理，易于普及推广的原料大豆处理设备。

无论是干法还是湿法清理，都应设置磁选装置，以去除细小金属杂质，否则会对磨浆操作和产品质量产生不利影响。

图 5-3　大豆浸泡设备

2. 浸泡

经过清选的大豆，在磨浆之前要由输送系统送入泡料槽中加水浸泡，使大豆粒充分吸水膨胀，利于大豆粉碎后蛋白质溶出。

大豆的浸泡程度不但影响产品的得率而且影响产品的质量。浸泡适度的大豆蛋白体膜呈脆性，在磨浆时蛋白质的结合体可得到充分破碎，使蛋白质能最大限度地游离出来。浸泡不足则大豆蛋白体膜较硬；浸泡过度，大豆蛋白体膜过软。这两种情形都不利于蛋白体的机械破碎。蛋白质溶出不彻底，则可用于生产大豆制品的蛋白质的量少，产品得率低。而过度浸泡大豆同样对品质无意义。特别是温度较高时，过度浸泡会使大豆中的某些成分溶出，发生与预备发芽时相同的成分变化，这样，浸泡水中的溶出物进一步增加，从而对产品的得率和品质有不良影响，严重时可能会导致产品变质。大豆浸泡设备见图 5-3。

大豆充分吸水后的体积为未吸水的 2～2.5 倍，因此，浸泡时的容器应是大豆体积的 3～4 倍。大豆的吸水速度与大豆的种类、水温和水质有关。其中以水温对浸泡时间的影响最大。大豆浸泡时间与水温的关系见表 5-1。

表 5-1　大豆浸泡时间与水温的关系

水温/℃	5	10	18	27
浸泡时间/h	24	18	12	8

一般水温为 5℃时浸泡 24h，10℃时浸泡 18h，18℃时浸泡 12h，27℃时浸泡 8h。应该注意的是浸泡大豆的温度不宜过高，否则不但大豆自身的呼吸加快，消耗一部分籽实的营养成分，且有利于微生物繁殖，导致腐败。在实际生产中，多是采用自然水温。受季节、地区的气候影响较大，因此浸泡时间应灵活掌握，适时调整。大豆的浸泡程度应因季节而异，夏季可泡至八成，冬季则需泡到九成。浸泡后以大豆表面光滑，无皱皮，豆皮轻易不脱落，手感有劲为原则。最简单的判断方法就是把浸泡后的大豆分成两瓣，以豆瓣内表面基本呈平面，略有塌坑，手指掐之易断，断面已浸透不留硬心（白色）为宜。

浸泡大豆的用水量一般为大豆的 2.5～3.0 倍，以保证大豆充分吸水。水少则大豆易吸水不足，影响蛋白质提取；用水量过大则造成浪费。

3. 磨浆

磨浆就是把浸泡好的大豆利用石磨（金刚砂磨或钢板磨）等转动的机械力量，使大豆细胞膜完全破裂，蛋白质和其他营养物质随着磨制时加入的水溶于水中，为把蛋白质和纤维素分开创造条件。大豆磨浆设备见图 5-4。

磨制是提取蛋白质的第一步。大豆经过浸泡，还不能直接分离出蛋白质，必须借助磨的机械力量将大豆均匀磨碎。磨制时加入一定比例的水，使整粒大豆形成浆糊状。大豆蛋白质和其他营养成分溶解在磨糊中，目的就是把大豆组织破坏，即破坏包围蛋白质的膜，使大豆中的蛋白质能游离出来溶解于水中。

破碎要达到一定细度。据介绍蛋白体的大小在 2～20μm 较合适，也有学者认为在 3μm 左右，破碎好的大豆粒粉直径略小于 3μm，即可达到破裂蛋白体膜、释放蛋白质的目的。但也没有必要

图 5-4 大豆磨浆设备

把磨制细度一再降低。因粉碎太细会形成细渣，细渣进入豆浆中还会影响豆制品的质量。

在磨制工序中重要的问题是磨糊的粗细与豆浆浓度的稳定性，磨制时加水可以提高磨豆的效率。实践证明：每 100kg 原料在磨制时加淋水 180～250kg 较为合适。如果加水量过多，原料在磨制过程中没有充分的压碎磨细就随着注入水流出了料口，磨糊达不到应有的细度。相反，加水量太少，磨糊太稠，就会粘在磨膛内不易流出料口，不仅影响磨制的效果，还会因磨膛内发热，而使蛋白质产生变性。因此在磨制时加水量与黄豆使用量的比例应调解，黄豆在磨制过程中加水同时起到冷却和润滑作用。

磨糊细度直接影响到蛋白质在水中的溶解度，对产品质量、出品率有着直接的影响。一般情况是磨糊越细，溶解度越高。影响磨糊细度的因素很多，主要是黄豆的质量、清洁度、浸泡程度、磨口的标准宽度、磨转动的速度等。根据具体情况调节好各个因素，是控制好的磨糊细度的关键。磨制过程中，应防止出现空转的研磨现象，否则会引起磨片和机械传动的损坏，直接影响磨制的粗细度。也就是说，磨糊的粗细度是提高蛋白质提取率的关键环节，必须引起高度重视。

在磨浆时应注意如下两点。

① 磨浆时一定要边粉碎边加水，这样做不但可以使粉碎机消耗的功率大为减少，还可以防止大豆种皮过度粉碎引起的豆浆和豆渣过滤时分离困难的现象。一般磨浆时的加水量为干大豆的 3～4 倍。

② 使用砂轮式磨浆机时，粉碎粒度是可调的。调整时必须保证粗细适度，粒度过大，则豆渣中的残留蛋白质含量增加，豆浆中的蛋白质含量下降，不但影响豆腐得率，也可能影响豆腐品质。但粒度过小，不但磨浆机能耗增加，易发热，而且过滤时豆浆和豆渣分离困难，豆渣的微小颗粒进入豆浆中影响豆浆及豆制品的口感。

4. 煮浆

煮浆是豆腐生产过程中最为重要的环节之一。因为大豆蛋白质的组织成分比较复杂，所以，要严格控制蛋白质变性的温度和煮沸的时间，要保证蛋白质能够充分发生热变性。另外，煮浆还可破坏大豆中的抗生理活性物质和产生豆腥味的物质，同时具有杀菌作用。因

图 5-5 煮浆罐

此,煮浆时蒸汽压力要保持在 0.25MPa 以上,煮浆温度和时间,控制在 96℃ 以上时保持 2~3min,使蛋白质热变性的过程彻底完成。煮浆罐见图 5-5。

煮浆前要按照需要加入不同比例的水将豆浆的浓度调整好。加水量越多,豆浆浓度越低,但如果豆浆浓度过低,凝胶网络的结构不够完善,凝固后的豆腐水分离析速度加快,黄浆水增多,豆腐中的糖分流失,导致豆腐的得率反而下降。因此,加水量应考虑所生产的豆腐品种、工艺要求和产品标准。

煮浆的方法很多,从最原始的土灶煮浆到后面将要介绍的蒸汽加热、通电连续加热等都在我国得到应用。

敞口罐蒸汽煮浆法在中小型企业中应用比较广泛。它可根据生产规模的大小设置煮浆罐。敞口煮浆罐的结构是一个底部接有蒸汽管道的浆桶。煮浆时,让蒸汽直接冲进豆浆里,待浆面沸腾时把蒸汽关掉,防止豆浆溢出,停止 2~3min 后再通入蒸汽进行二次煮浆,待浆面再次沸腾时,豆浆便完全煮沸了。之所以要采用二次煮浆,是因为用大桶加热时,蒸汽从管道出来后直接从浆面逸出,而且豆浆的导热性不是太好,因此第一次浆面沸腾时只是豆浆表面沸腾,停顿片刻待温度大体一致后,再放蒸汽加热煮沸,就可以使豆浆完全沸腾。

封闭式溢流煮浆法是一种利用蒸汽煮浆的连续生产过程。常用的溢流煮浆设备由 5 个封闭式阶梯罐组成,罐与罐之间有管路连通,每一个罐都设有蒸汽管道截止阀和温度表,每个罐的进浆口在下面,出浆口在上面。每一个罐都设有各自的温度要求,由电接点温度计控制进生浆的时间和数量。这是一种自动化程度高,普及率也很高的煮浆设备。

在日本的一些豆腐加工厂也有采用通电加热式的连续煮浆方法的。豆浆的电加热设备中,槽型容器的两边为电极板,豆浆流动过程中被不断加热,由电脑控制各阶段的豆浆温度,使出口温度能够达到所需的热变性要求。

5. 过滤

过滤主要是为了除去豆浆中的豆渣,同时也是豆浆浓度的调节过程。根据豆浆浓度及所生产的品种不同,在过滤时的加水量也不同。豆渣分离不彻底不但使豆制品的口感变差,而且还会影响到蛋白质凝胶的形成。过滤既可在煮浆前也可在煮浆后进行。

(1)熟浆分离法 是先把豆浆加热煮沸后过滤的方法。日本多采用此方法。

熟浆分离法的特点是豆浆灭菌及时,不易变质,产品弹性好、韧性足、有拉劲、耐咀嚼,但熟豆浆的黏度较大,过滤困难,因此豆渣中残留蛋白质较多(一般均在 3.0% 以上),相应地大豆蛋白质提取率减少,能耗增加,且产品保水性变差。离析水(豆腐放置一段时间后,豆腐中的水分会有一部分从豆腐中分离出来形成离析水)的增加又可能影响到豆腐的感官评价和购买欲望,仅适合于生产含水量较少的豆腐干、老豆腐等。

(2)生浆分离法 先过滤除去豆渣,然后再把豆浆煮沸的方法。我国多采用这种方法,工艺上卫生条件要求较高,豆浆易受微生物污染而酸败变质。但操作方便,易过滤,只要磨浆时粗细适当,过滤工艺控制适当,豆渣中的蛋白质残留量可控制在 2.0% 以下,且产品保水性好、口感润滑,我国在豆制品生产过程中大都采用生浆法过滤。

豆浆过滤的方法很多,普遍采用的方式有卧式离心筛过滤、平筛过滤、圆筛过滤等。卧式离心筛过滤是目前应用最广泛的过滤分离方法。它的主要优点是速度快、产能高、分离效果较完全。一些小型磨浆设备中，也有大豆粉碎机内部设置有过滤网，大豆磨浆过程中通过过滤网将豆浆和豆渣分离。采用这种方法，产能较小，适合于个体小作坊使用。

6. 凝固

凝固就是通过添加凝固剂使大豆蛋白质在凝固剂的作用下发生热变性，使豆浆由溶胶状态变为凝胶状态。在这里主要介绍南豆腐和北豆腐的凝胶过程。凝固是豆腐生产过程中最为重要的工序，可分为点脑和蹲脑两个部分。豆腐凝固设备见图5-6。

（1）点脑　点脑又称为点浆，是豆制品生产中的关键工序。把凝固剂按一定的比例和方法加入到煮熟的豆浆中，使大豆蛋白质由溶胶状态转变成凝胶状态，即豆浆变为豆腐脑（又称豆腐花）。豆腐脑是由大豆蛋白质、脂肪和充填在其

图5-6　豆腐凝固设备

中的水构成的。豆腐脑中的蛋白质呈网状结构，而水分主要存在于网状结构内。按照它们在凝胶中的存在形式可分为结合水和自由水。其中结合水主要与蛋白质凝胶网络中残留的亲水基以氢键相结合，一般1g蛋白质能结合$0.3 \sim 0.4$g水，结合水比较稳定，不易从凝胶中排出。而自由水是在毛细管表面的吸附作用下存在于凝胶网络中的，成型时在外力作用下易流出。

所谓豆腐的持水性也称为保水性，主要是指豆腐脑在受到外力作用时，凝胶网络中自由水的保持能力。蛋白质的凝固条件，决定着豆腐脑的网状结构及其保水性、柔软性和弹性。一般说来，豆腐脑的网状结构网眼较大，交织的比较牢固，豆腐脑的持水性就好，做成的豆腐柔软细嫩，产品得率变高。豆腐脑凝胶结构的网眼小，交织的不牢固，则持水性差，做成的豆腐就僵硬、缺乏韧性，产品得率受到影响，另外，豆腐的失水率（豆腐放置一段时间后离析水的比率）也主要受凝胶网络结构的影响。

研究表明，影响豆腐脑质量的因素有很多，大豆的品种和质量、水质、凝固剂的种类和添加量、煮浆温度、点浆温度、豆浆的浓度与pH值、凝固时间以及搅拌方法等会对凝胶过程产生一定的影响。其中又以温度、豆浆浓度、pH值、凝固时间和搅拌方法对质量影响最为显著。

① 豆浆的温度　点脑时蛋白质的凝固速度与豆浆的温度高低密切相关。豆浆的温度过高，易使豆浆中的蛋白质胶粒的内能增大，凝聚速度加快，所得到的凝胶组织易收缩，凝胶结构的弹性变小，保水性变差，同时，由于凝胶速度太快，加入凝固剂要求的技术较高，稍有不慎就会导致凝固剂分布不均，凝胶品质就差；点脑温度过低时，凝胶速度慢，导致豆腐含水量增高，产品也缺乏弹性，易碎不成型。

因此点脑温度应该根据产品的特点和要求及所使用的凝固剂种类、比例和点脑方法的不同而灵活掌握。一般来说，点脑温度越高，则豆腐的硬度越大，表面显得越粗糙。南豆腐和北豆腐的点脑温度一般控制在$70 \sim 90$℃。要求保水性好的产品，如水豆腐，点脑温度宜稍低一些，以$70 \sim 75$℃为宜；要求含水量较少的产品，如豆腐干，点脑温度宜稍高一些，常在$80 \sim 85$℃。以石膏为凝固剂时，点脑温度可稍高，盐卤为凝固剂时的点脑温度可稍低，而对于充填豆腐，由于凝胶速度特别快，因此一般要将豆浆冷却后再加入凝固剂。

② 凝固时间　凝固时间对凝胶特性有很大的影响。豆腐的硬度在最初40min内变化最

快，凝胶基本完成，但即使在 2h 后，豆腐的硬度也还在不断增加，因此冲浆后豆腐至少应放置 40min 以上，保证凝胶过程的完成。不过凝胶过程中应注意保温，防止温度下降过快影响后续成型过程。

③ 凝固剂的比例　是影响点脑质量的最重要因素。凝固剂比例受蛋白质含量、点脑温度的影响，但一般来说，凝固剂的量少，则凝固不充分而使豆腐成型不好硬度降低；凝固剂的量过多，则易发生凝胶不均，离析水增加，豆腐僵硬，出品率下降。

④ 豆浆的浓度　是影响凝胶质量的另外一个重要因素。豆浆的浓度主要是指豆浆中的蛋白质浓度。豆浆的浓度低，点脑后形成的脑花太小，保不住水，产品发死发硬，出品率低；豆浆浓度高，生成的脑花块大，持水性好，有弹性。但浓度过高时，凝固剂与豆浆一接触，就会迅速形成大块脑花，造成凝胶不均和出现白浆等现象。点脑时豆浆中蛋白质浓度要求北豆腐为 3.2% 以上，南豆腐为 4.5% 以上，只有这样，才有可能获得质量比较好的豆腐制品。因此，在控制整个生产过程的加水量时以 1kg 大豆生产的豆浆量为依据，南豆腐多为 6～7 倍，而北豆腐为 9～10 倍。

⑤ 搅拌　搅拌的目的是为了使蛋白质在完全凝固前与凝固剂完全均匀混合。豆浆搅拌速度和时间，直接关系着凝固效果。搅拌速度越快，凝固剂的使用量就越少，凝固的速度就快，相应的凝固物的结构和体积变小、硬度增加；搅拌速度慢，凝固剂的使用量就多，凝固的速度缓慢，使凝固物的体积增大、硬度降低。

搅拌的速度要视产品品种而定，而搅拌时间要视豆腐花的凝固情况而定。豆腐花如已经达到凝固要求，就应立即停止搅拌，防止破坏凝胶产物。这样，豆腐花的组织状况就好，产品细腻柔嫩、有劲，产品得率也高。如果搅拌时间过长，豆腐花的组织被破坏，则凝胶的持水性差，品质粗糙，成品得率低，口味也不好。如果搅拌时间没有达到凝固的要求，豆腐花的组织结构不好，柔而无劲，产品不易成型，有时还会出现白浆，也影响产品得率。

搅拌方式要保证豆浆与凝固剂完全和均匀接触。在这种条件下，凝固剂能充分起到凝固作用，使大豆蛋白质全部凝固。如果搅拌不当，可能使一部分大豆蛋白质接触过量的凝固剂而使组织粗糙，另一部分大豆蛋白质接触的凝固剂不足而不能凝固，影响产量和质量。

（2）蹲脑　蹲脑又称涨浆或养花，是大豆蛋白质凝固过程的继续。从凝固时间与豆腐硬度的关系可以看出，点脑操作结束后，蛋白质与凝固剂的凝固过程仍在继续进行，蛋白质网络结构尚不牢固，只有经过一段时间后凝固才能完成，组织结构才能稳固。蹲脑过程宜静不宜动，否则，已经形成的凝胶网络结构会因振动而破坏，使制品内在组织产生裂隙，外形不整，特别是在加工嫩豆腐时表现更为明显。不过，蹲脑时间过长，凝固物温度下降太多，也不利于成型及以后各工序的正常进行。

7. 成型

成型就是把凝固好的豆腐脑放入特定的模具内，通过一定的压力，榨出多余的黄浆水，使豆腐脑紧紧地结合在一起，成为具有一定含水量、弹性和韧性的豆制品。

豆腐的成型主要包括上脑（又称上箱）、压制、出包和冷却等工序。

（1）破脑　除加工嫩豆腐外，加工其他豆腐制品一般都需要在上箱压榨前从豆腐脑中排除部分豆腐水。在豆腐脑的网络结构中的水分不易排出，只有把已形成的豆腐脑适当破碎，不同程度地打散豆腐脑中的网络结构，才能达到生产各种豆制品的不同要求。破脑程度既要根据产品质量的需要，又要适应上箱浇制工艺的要求。南豆腐的含水量较高，可不经破脑，北豆腐只需轻轻破脑，脑花大小在 8～10cm 范围较好。

（2）上脑（又称上箱）　豆腐的压制成型是在豆腐箱和豆腐包内完成的，使用豆腐包的目的是在豆腐的定型过程中使水分通过包布排出，使分散的蛋白质凝胶连接为一体。豆腐包布网眼的粗细（目数）与豆腐制品的成型有相当大的关系。北豆腐宜采用孔隙稍大的包布，这样压制时排水较畅通，豆腐表面易成（皮）。南豆腐要求含水量高，不能排除过多的水，就必须用细布。

（3）压制定型　豆腐脑上箱后，置于模型箱中，还必须加以定型。其作用是使蛋白质凝胶更好地接近和黏合，同时使豆腐脑内要求排出的豆腐水通过包布排出。加压时，主要应注意豆腐脑的温度和施加的压力及时间。

① 压力　是豆腐成型所必需的，但一定要适当。加压不足可能影响蛋白质凝胶的黏合，并难以排出多余的黄浆水；加压过度又会破坏已形成的蛋白质凝胶的整体组织结构，而且加压过大，还会使豆腐表皮迅速形成皮膜或使包布的细孔被堵塞，导致豆腐排水不足，内外组织不均。一般压榨压力在 1～3MPa，北豆腐压力稍大，南豆腐压力稍小。

② 温度　为使压制过程中蛋白质凝胶黏合得更好，除需一定的压力外，还必须保持一定的温度。开始压制时，如豆腐温度过低，即使压力很大，蛋白质凝胶仍然不能很好黏合，豆腐水不易排出，生产的豆腐结构松散。一般豆腐压制时的温度应在 65～70℃。

③ 时间　豆腐脑在一定温度下加压，逐渐按模塑造成一定的形状，这个过程需要一定的时间，时间不足不能成型和定型。而加压时间过长，会过多地排出豆腐中应持有的水。

一般压榨时间为 15～25min。北豆腐在压制成型过程中还应注意整形。压榨后，南豆腐的含水率要在 90% 左右，北豆腐的含水率要在 80%～85%。

豆腐压制完成后，应在水槽中出包，这样豆腐失水少，不粘包、表面整洁卫生，可以在一定程度上延长豆腐的保质期。

（三）南豆腐与北豆腐生产工艺的差异

1. 豆浆

生产南豆腐的豆浆较生产北豆腐时的豆浆浓度稍大，一般 1kg 原料大豆生产的豆浆为 6～7kg。而生产北豆腐时 1kg 原料大豆的豆浆量为 9～10kg。过滤时南豆腐的豆浆应采用更致密一些的滤布以保证南豆腐细腻的口感。

2. 凝固剂

南豆腐的凝固剂为石膏，而北豆腐的凝固剂通常采用卤水。南豆腐凝固剂的用量为 1kg 豆浆添加 7～10g，而北豆腐使用卤水时 1kg 大豆添加 25～30g。

3. 点浆

点浆时，南豆腐与北豆腐的温度控制有一定的差异。石膏的凝胶速度稍慢，所以冲浆温度稍高，应将豆浆温度控制在 75～85℃，而卤水的凝胶速度较快，因此，多采用边加凝固剂边搅拌的方法，豆浆温度也应控制在 70～80℃。

4. 蹲脑

南豆腐生产不需要加很大的压力脱水，所以，要求蹲脑时间要长，一般在 30min 以上。因为蹲脑时间短，会使豆腐结构脆弱，脱水快，保水力差，从而失去细嫩光亮特征，而变得粗硬；而蹲脑时间过长，会使凝固物温度降低，从而导致豆腐结合力差，不脱水，过嫩易碎，成型不稳定。这些都与南豆腐要求持水性高，不需排出很多水分有关。相反，北豆腐成型时要进行破脑后加压脱水，因此北豆腐的蹲脑时间可稍短一些，15～20min。

5. 成型

南豆腐成型时不需要破脑，也不能加太大的压力。南豆腐要求含水量高，不能排除过多的水，成型时的豆腐包布应用细布。北豆腐宜采用孔隙稍大的包布，这样压制时排水较畅通，豆腐表面易成"皮"，在压制成型过程中还应注意整形。成品豆腐的含水率：南豆腐为

90%左右，北豆腐为 80%～85%。

（四）内酯豆腐的生产

内酯豆腐是采用新型凝固剂葡糖酸-δ-内酯（简称为内酯，GDL）凝固而成的。这项技术在日本应用得最早、最广泛。

与传统南豆腐和北豆腐相比，内酯豆腐具有以下优点。

① 生产过程的机械化、自动化程度高，工人劳动强度低，生产效率高。

② 生产卫生条件较好，延长了豆腐的贮存期。

③ 产品有包装，因而易贮存、利销售、便携带。

④ 有利于发展花色品种，鸡蛋豆腐等。

内酯豆腐与南豆腐、北豆腐的生产原理、工艺过程基本相似，但也有不同之处，这里就两者的主要差异作一概括。

1. 生产原理

内酯豆腐的生产除利用了蛋白质胶凝性之外，还利用了葡糖酸-δ-内酯的水解特性。葡糖酸-δ-内酯并不能使蛋白质胶凝，只有其水解后生成的葡糖酸才有此作用。葡糖酸-δ-内酯水解在室温下（30℃以下）非常缓慢，但加热之后水解速度迅速增加。

图 5-7　内酯豆腐生产

内酯豆腐的生产过程同样包括大豆的清选、浸泡、磨浆、煮浆过程。见图 5-7。但内酯豆腐的豆浆浓度要比南豆腐和北豆腐高，一般以 1kg 大豆生产 5kg 豆浆为宜。豆浆的蛋白质含量在 4.5%左右。

2. 生产条件对内酯豆腐品质的影响

（1）凝固剂的添加量　冷却后的豆浆中按一定比例添加葡糖酸-δ-内酯，充分搅拌后进行充填作业。不但要进行充分地搅拌，而且要在加入凝固剂后立即进行充填，从而防止胶凝的形成引起的黏度增加、充填困难和产品质量的降低。从表

5-2 可从看出，凝固剂的添加量越高，豆腐的硬度也高，但如果超过豆浆的 0.5%，则豆腐有明显的酸味，失去了商业价值。因此葡糖酸-δ-内酯的添加量一般为豆浆的 0.25%～0.3%比较合适。

表 5-2　凝固剂的添加量对豆腐硬度的影响

凝固剂的比例/%	上澄水/mL	离析水/mL	硬度/g	pH	味　道
0.1	不能凝固			6.3	无酸味
2.23	0.8	0.7	37.6	5.7	无酸味
3.25	0.9	1.2	59.4	5.3	有酸味
3.30	6.1	2.5	60.4	4.6	有明显酸味

内酯与豆浆混合之前，必须用少量凉开水或凉熟浆溶后加入混匀。即豆浆煮熟后，不允许再有冷水滴进去，否则产品易出现水分离析现象。混合后的浆料，不允许贮藏，必须立即灌装。这是因为在加热前 GDL 会发生水解而部分凝固。添加 GDL 后一般需 15～20min 内分装完，所以每次混合的浆料量也不宜过大。内酯豆腐用的包装袋或包装盒，必须是耐热（100℃上）材料制成，每个包装袋或盒的容积不宜过大，一般以 400g 为宜。

（2）豆浆浓度　原料大豆 1kg 加水 6 倍、7.5 倍、10 倍、15 倍磨浆后，分别加入 0.1%、

0.2％、0.3％的 GDL，生产的豆腐形状如表 5-3 所示。加水量即使达到 15 倍（固形物含量约 4％），豆浆也能凝固，但硬度很低。要保证一定的硬度，控制酸味的发生，加水量应控制在 5～7 倍。

表 5-3　豆浆浓度对充填豆腐性状的影响

加水量/倍	豆浆固形物含量/％	GDL 添加量/％	上澄水/mL	离析水/mL	pH	硬度/g
6	10.0	0.1	0.6	0.2	6.1	10.7
		0.2	0.7	0.6	5.8	47.7
		0.3	1.1	1.0	5.5	72.0
7.5	8.9	0.1	0.5	0.8	6.0	7.7
		0.2	0.7	2.1	5.7	38.8
		0.3	1.2	3.3	5.4	43.2
10	5.9	0.1	1.0	3.9	6.0	7.5
		0.2	1.1	5.1	5.5	26.2
		0.3	1.3	7.7	5.2	32.0
15	3.8	0.1	1.1	12.9	5.8	9.5
		0.2	7.9	10.7	5.2	14.5
		0.3	9.4	11.3	4.9	19.5

（3）凝固温度和凝固时间　豆浆与内酯混合包装后，进行装箱，连同箱体一起进入恒温床，进行热固成型。

应严格控制的工艺参数就是温度和时间，当水温为 85～90℃时，包装内的豆浆很快凝固，产品硬度较高；当温度接近 100℃时，包装内豆浆处于微沸状态，凝固过程中会产生大量泡眼，而且还会因为凝固速度过快，凝胶收缩，出现水分离析、质地粗硬的现象；当温度低于 70℃时，虽然豆浆也可凝固，但凝胶强度弱，产品过嫩，散而无劲。

凝固时间长，豆腐的硬度增加，但时间过长，则离析水也增加。

一般生产上采用的工艺参数为 85～90℃，凝固时间为 15～25min。

四、豆腐片的制作

（一）豆腐片的工艺流程

豆腐片的制作方法有两种：一种是手工操作；另一种是机器制作。机器制作的特点是：产量大，质量稳定，减轻工人体力劳动，机器豆腐片采取连续生产，流水作业，一环扣一环。其工艺流程如图 5-8 所示。

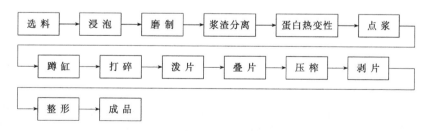

选料 → 浸泡 → 磨制 → 浆渣分离 → 蛋白热变性 → 点浆 → 蹲缸 → 打碎 → 泼片 → 叠片 → 压榨 → 剥片 → 整形 → 成品

图 5-8　豆腐片的工艺流程

（二）机制豆腐片的生产方法

机制豆腐片生产前的四道工序：原料浸泡、磨碎、浆渣分离、煮浆等与豆腐生产的操作方法相同，这里就不再重复了。

1. 点浆

点浆时切忌性急，走勺要稳，下卤要匀，中途不要停止，要一气呵成。

如果发现脑稀，可轻轻开板，撇出一部分黄浆水；如果脑稠了，加点热黄浆水或开水。如果脑点得过嫩，在打脑机搅动时，可向缸内加少量的卤水。

在打花之前（打脑），点浆后一定要保证蹲缸时间，最少15min。

点浆时，豆浆温度与豆腐片的质量和出品率关系很大。豆浆温度过高，则蛋白质凝固作用强烈，过度浓缩会使豆腐片变粗糙，硬而发脆，颜色发红。若豆浆温度过低，蛋白质凝固作用缓慢，黄浆水不容易澄清，一般点浆温度应控制在85℃为宜。

2. 泼脑

泼脑是豆腐片生产的一个重要环节，豆片泼得薄与厚、匀不匀都直接影响产品质量。

泼片的主要工具是由铁皮或不锈钢板制成的小簸箕，簸箕的宽度各边不一样。因此泼出的豆腐片尺寸也不同（簸箕大约长135cm、宽25cm、口长18~20cm）。

（1）泼片工序操作要点如下

① 操作人员一定要坚守工作岗位，注意力集中，上布要快，上下布一定要对齐，泼满布，要有边有角，薄厚均匀，泼片机上的豆腐脑要平整。

② 泼片要快，防止遗撒、过厚或过薄，以免造成碎片多的现象。

③ 泼片人员一定要把豆包布放平，不要有皱纹，否则豆腐片易破碎。发现布有皱纹时要用手弄平。

④ 操作人员一定要控制好脑的流量，流量过大，泼出的片过厚，影响产品质量；流量过小，泼出的豆腐片过薄，片揭不下来。

⑤ 还要随时注意"鸭嘴"上的挡板，脑是否全流满，如豆包布边上流不着，泼出的豆腐片容易出现"毛边"，规格不好。

同时，操作者还要常与点浆、剥片（操作车）人员及时取得联系，发现问题及时解决。如脑的稠稀、片布滑脑等问题时一定要把豆包布放正，使簸箕两边豆包布宽度一样。否则片布偏了，豆脑流到外边，会造成损失浪费。

（2）泼脑的操作方法　泼脑操作前，首先要检查工具设备卫生是否搞好，各开关是否灵敏。启动线正常运转后，将卷好的豆包布分别上到联动线前后两个支架上，并使上下两块布对齐，把泼脑的簸箕拉出来平铺好，放下小簸箕，打开阀门，用右手压布使豆脑经过鸭嘴均匀地流到布上，当布随联动上网转动带向前走1尺（0.3333m）左右时，再把簸箕前边支架上的布（上布）用左手经下部转动拉开，盖在向前走的泼出的豆脑表面上，之后还可用扁铁棍（或竹板）顺包布压一压，随时调节豆脑的厚度，尽量使其均匀。

3. 看小车（领片人员）

这是生产豆腐片过程中的一个不可缺少的环节，直接关系到上下工序的衔接，直接影响产品质量和数量。技术要求和注意事项如下。

① 看小车人员要坚守工作岗位，守职尽责，换车倒板要迅速，豆腐片在小车上的高度适宜，保持平整，不倒垛，要经常与泼片者联系。

② 看车中，一定要把套模放正，布头、布尾一定要放平。为了防止倒垛，可随时在豆腐片的两边插上木挡板，发现豆腐片薄厚不均时，应及时告诉泼片操作者，注意调节，当出现突沉一下时，要及时查找原因。另外发现豆包布上有碎片时，要随时拣下来。

4. 压榨

压榨是豆腐片生产中最重要的一环，直接关系产品质量和出品率，是技术性很强的一道工序。技术要求与注意事项如下。

压榨要稳。一定要蹲车（把压盖平放在豆片车上），使其自然沉浆，保持 10min 左右，采用小动力机械慢压。实际生产时可根据豆腐片薄厚、豆脑老嫩程度、豆包布使用时间、机械压力多少适当把握好。使压出的豆腐片发黄，柔软有拉力。如果压得过干，片不好揭，而且豆片像牛皮似的，口感发柴；压力不够，豆腐片水分过大，没劲，出碎片多，也会影响产品质量。

5. 剥片

这道工序是由人工上布，用机械毛刷把经过压榨的豆腐片从豆片布上刷下来经传送带传出的过程。剥片机是由上下卷布辊、上下毛刷、上下压布、铁棍、传动辊、传送带、槽轮等组成。技术要求与注意事项如下。

① 操作人员要动作迅速，剥出来的片整齐、不碎，豆片布卷得齐，布上不带豆腐片。上布时，布头上的豆腐片一定要揭下来，中间放布时要慢，右手要压布，中间如果出现没剥下的豆腐片时，要立即停止放布，用右手把布压住，同时用左手拍打布，把粘在布上的豆腐片揭下来，再继续操作。

② 豆腐片剥下后，豆包布要卷得齐，不要卷成炮弹式和螺旋式，发现豆包布斜时，要边卷布边用手调正。转动带跑偏时要及时移正。

③ 如发现豆腐片揭不下来时，毛刷及压布辊要及时检修，如豆腐片已经卷到布上时也可双手拉布，拉回重新揭或将豆腐片用手揭下。

6. 整形

这是成品的最后一道工序。操作者一定要坚守岗位，遵守操作规程，把豆腐片折叠好，槽边、槽角切除，并及时通知压榨工注意。

7. 煮布

每班完成后要把卷布辊上的布抖开，布上的碎片要剥净，然后放在锅里加入纯碱，开锅后煮 20min 以上。在下一班生产前，把碱水放掉，将布捞出、压布、抖布、卷布。片布捞出后要用清水洗净，榨干，把布抖开，再经过揭片机卷到卷布辊上，以备生产使用。

五、白货制作（苏州干）

(1) 人工点脑　点浆温度要求为 80～90℃。用点浆勺将豆浆平稳地翻转起来，缓慢加入氯化镁溶液，持续 2～3min，待浆面陆续出现絮状蛋白凝结物，并逐步大面积聚集后，凝固剂停止加入，减慢翻转速度，将点浆勺提出浆面。

(2) 蹲脑工序　点浆后的豆腐脑在容器内静置约 15～20min。开缸前不得以任何形式搅拌。

(3) 开缸工序

① 根据不同的品种，需要适当开缸，撇出一定量的黄浆水，方可进行上板。

② 开缸时必须使用竹扦子，插入缸内中心部位轻轻转动，待豆腐脑的结构散开，析出黄浆水即可。

(4) 养脑工序　开缸后不要立即用葫芦瓢撇出黄浆水，禁止在缸面上放置筛子，待表面部分已凝固的浮脑自行下沉并确认缸面上没有浮脑时再进行黄浆水的清除。

(5) 上板工序

① 将竹廉子、干包布冲洗干净，码放整齐备用。

② 将底板码齐、码平，竹廉子、模型放正。

③ 干包布应斜对角铺在模子上，干布要平整，不得出现皱褶，以防坯子断裂。

④ 上脑时，脑要依层次渐进，倒脑要稳、准，不得砸脑或溢流，根据不同产品薄厚要求，掌握一致。

⑤ 上下廉要对正，各板封包面积一致，整摆板活不偏不歪且保持水平垂直进行压榨。

（6）压制工序

① 采用压榨机进行压榨。

② 压制标准：压制时，预压要轻压缓压，边压边停边检查，杜绝滋脑现象，使片垛脱水约 40％成垛形；正式压首先脱去片箱套，调整坨形片擦，使四边上下垂直，最后入榨给压，要求豆片软硬度适宜。

③ 压制的时间一般控制在 10～15min。

（7）预成型　脱水结束后，将包布打开，取出"坯子"，放在切制机上进行切制。

图 5-9　豆制品切丝机

（8）切制　将压制好的坯子产品通常切成 30mm（长）×30mm（宽）×5mm（厚）的片状，打包浯汤。豆制品切丝机见图 5-9。

（9）卤制工序

① 浯汤。将备好的料包放置夹层锅内烧开，持续 3～5min，待料水煮出香味后，将产品放入锅内。

② 浯汤锅内水温标准为 85～100℃。

③ 每锅产品浯汤的标准时间为 15～30min。

（10）凉货工序　将卤制好的苏州干放在风机底下进行冷却降温，产品降至常温即可。

（11）分装冷藏　将产品按照不同包装进行分装，后转至冷藏库（2～8℃）贮存。

六、油货制作（素鸡腿）

① 人工点脑。点浆温度要求为 85℃。用点浆勺将豆浆平稳地翻转起来，缓慢加入氯化镁溶液，持续 2～3min，待浆面陆续出现絮状蛋白凝结物后，停止加入凝固剂，减慢翻转速度，将点浆勺提出浆面。

② 蹲脑、开缸、养脑、上板、压制、揭片几道工序与苏州干的制作方法相同。产品压制揭片后，将豆片切成 60mm（长）×15mm（宽）×10mm（厚）的段状。

③ 油炸。先将油温烧至 150℃，把切好段的鸡腿坯子倒入油锅内进行炸制，上下翻动，防止粘连。油炸均匀约 3～5min 即可捞出，以不瘪为标准。

④ 卤制。先用各种调味品、五香料调制卤汤，然后将炸好的半成品倒入卤汤内，进行卤制，等开锅后进行翻倒，要求汤把成品漫过来，用温水卤制 30～40min 即可。

五香料包的主要成分：酱油、白糖、味精、桂皮、食盐、大料等按一定比例配制而成。

⑤ 凉货、分装冷藏等工序与苏州干制作工序相同。

七、植物蛋白肉的加工

植物蛋白肉是以脱脂豆粉为原料，经加热膨化等过程而制成，含大豆蛋白高达 50％以上。它的色泽、食感、结构、韧性均与动物肉相似，而蛋白质含量却比猪、牛瘦肉高 2～3 倍，赖氨酸含量更优于其他植物蛋白，是一种防治高血压、动脉硬化、心血管病的健康食品之一，对人体十分有益。

植物蛋白肉的用法：先用温水浸泡十几分钟，也可直接用肉汤煨制，其吸水能力为其原重的 1～1.5 倍，泡好后与动物肉一并捻碎做馅，掺入量一般为肉的 20％～30％，并可根据需要加入各种调料、快餐或炒菜。

第三节　豆乳的制作

一、豆乳的营养及种类

豆乳是在豆浆基础上发展起来的，它是 20 世纪 70 年代以来迅速发展起来的一种植物蛋白饮料。豆乳也称豆奶，是以大豆为主要原料，添加或强化其他成分，其组分像牛乳，而营养水平比牛乳更高的一种大豆饮料。

豆乳生产是在我国小作坊式的豆浆生产基础上改进的。豆浆的豆腥味浓，味道不佳，而且还含有不少有害因子，如胰蛋白酶抑制素等，影响消化吸收。而豆乳的生产过程中，克服了这些不利因素，脱腥去苦涩味后，与豆浆风味不同。同时，在豆乳配料工序中，对大豆营养成分进行了改善，如添加果汁、氨基酸、维生素、糖和稳定剂等，使其营养成分更加合理。

豆乳含有氨基酸组成较为全面的优良蛋白质，与牛乳相比，其氨基酸组成非常接近理想蛋白质的氨基酸组成，见表 5-4；同时豆乳中不含胆固醇，亚油酸含量高，对老年人心血管病有一定疗效。

表 5-4　豆乳、牛乳和 FAO/WHO 提出的理想的蛋白质必需氨基酸含量　　　　　　%

必需氨基酸	豆乳蛋白质	牛乳蛋白质	理想蛋白质	必需氨基酸	豆乳蛋白质	牛乳蛋白质	理想蛋白质
异亮氨酸	5.3	6.3	4.0	苯丙氨酸＋酪氨酸	8.0	10.3	6.0
亮氨酸	8.8	10.0	7.0	苏氨酸	4.5	4.9	4.0
赖氨酸	6.5	8.1	5.5	色氨酸	1.3	1.4	1.0
蛋氨酸＋胱氨酸	2.5	3.5	3.5	缬氨酸	5.0	6.9	5.0

注：资料来源于北京市豆制食品公司。

豆乳的热量、蛋白质比人乳、牛乳的高，脂肪和总糖比人乳、牛乳的低，见表 5-5。

表 5-5　豆乳饮料、豆乳、人乳、牛乳的主要营养成分

名　称	热量 /kJ・(100mL)$^{-1}$	水分 /g・(100mL)$^{-1}$	蛋白质 /g・(100mL)$^{-1}$	脂肪 /g・(100mL)$^{-1}$	总糖 /g・(100mL)$^{-1}$
豆乳饮料	—	≤90.4	≥1.7	≥0.9	≥7.0
豆乳	175.8	90.8	3.6	2.0	2.9
人乳	255.2	88.2	1.4	3.1	7.1
牛乳	246.9	88.6	2.9	3.3	4.5

注：资料来源于北京市豆制食品公司。

此外，豆乳中含有丰富的维生素 E 和磷，见表 5-6，有延缓衰老和增强记忆的功效。豆乳中还含有钙、锌、铁等多种矿物质和微量元素，见表 5-7。豆乳又是碱性食品，可与肉类、米饭等酸性食物进行中和。豆乳和豆腐一样经加工后，可大大提高其消化率，见表 5-8。

表 5-6　豆乳中维生素含量

维生素	含量/mg・L^{-1}	推荐摄入量/mg・d^{-1}	维生素	含量/mg・L^{-1}	推荐摄入量/mg・d^{-1}
维生素 A	0.015	0.8	维生素 B$_{12}$	—	0.005
维生素 B$_1$	0.6	1.2	维生素 C	5.0	70.0
维生素 B$_2$	0.5	1.8	维生素 D	—	0.002
维生素 B$_4$	5.0	15.0	维生素 E	25.3	—

注：资料来源于北京市豆制食品公司。

表 5-7　豆乳、牛乳中矿物质含量

名称	矿物质/g·(100mL)⁻¹	钙/mg·(100mL)⁻¹	磷/mg·(100mL)⁻¹	铁/mg·(100mL)⁻¹
豆乳	0.5	15	49	1.2
牛乳	0.7	100	90	0.1

注：资料来源于北京市豆制食品公司。

表 5-8　各种大豆制品蛋白质的消化率　　　　　　　　　　　　　　%

品　种	炒豆	煮豆	黄豆粉	纳豆	豆腐	豆乳
消化率	60	68	83	85	95	95

注：资料来源于北京市豆制食品公司。

因此，经常饮用豆乳，不仅可满足人体的营养需要，还能增强人体对疾病的抵抗力。豆乳价廉物美，又适于工业化大批量生产，豆乳生产在我国大有作为。

豆乳可大致分为以下几类。

1. 纯豆乳

又称淡豆乳或豆乳。它是单纯以大豆为原料，经加工制成的乳状饮品，也可添加营养强化剂。豆乳中大豆固形物含量在8%以上，蛋白质含量在3.2%以上。

2. 调制豆乳

是以纯豆乳为主要原料，加入白砂糖、精制植物油、乳化稳定剂等调制而成的乳状饮品，也可添加营养强化剂。豆乳中大豆固形物含量在5%以上，蛋白质含量在2%以上。

3. 豆乳饮料

① 非果汁型豆乳饮料　是在纯豆乳中添加糖、风味料（除果汁外），经调制而成的乳状饮料，其大豆固形物含量在2.0%以上，蛋白质含量在1.0%以上，也可添加营养强化剂。

② 果汁型豆乳饮料　是在纯豆乳中添加糖、果汁、风味料等，经调制而成的乳状饮料，其大豆固形物含量在2.0%以上，蛋白质含量在0.8%以上，原果汁含量在2.5%以上，也可添加营养强化剂。

二、豆乳加工工艺

无论哪种豆乳，其加工过程都包括豆乳的提取、调配和包装杀菌等后处理工序，即首先将大豆中的可溶性成分提取出来，然后按照产品的要求加入糖、调味料、营养强化剂等其他配料，最后进行包装杀菌。

工艺流程：大豆清理与浸泡→去皮→灭酶→磨浆→离心分离、真空脱臭→调配→均质→超高温短时杀菌→冷却→贮存→成品。

（一）大豆清理与浸泡

与豆腐生产相同。

（二）大豆脱皮

大豆脱皮是豆乳生产中的关键工序，通过脱皮，可以减少细菌量，改善豆乳风味，降低贮存蛋白的热变性，缩短脂肪氧化酶钝化所需要的加热时间，防止褐变。脱皮有两种方法，即湿脱皮和干脱皮。湿脱皮在浸泡之后进行，干脱皮在浸泡之前。豆乳生产以干脱皮为好。

干脱皮时，如果大豆水分含量超过13%，则应将其干燥到10%左右冷却后再脱皮。脱皮率应控制在95%以上。

（三）酶的钝化与磨浆

1. 酶的钝化

大豆经脱皮破碎后，脂肪氧化酶在一定温度、含水量和氧气存在下就可以发挥催化作用，因此，在大豆磨浆时就应防止脂肪氧化酶的生理活性作用，使其变性失活。

常用的灭酶方法有干热处理、蒸汽法、热水浸泡法与热磨法、热烫法、酸或碱处理法等。

（1）干热处理 干热处理一般是在大豆脱皮后入水前进行，利用高温热空气对大豆进行加热。干热处理要求瞬时高温，热空气的温度不能低于120℃，否则效果极差；但温度过高，易使大豆焦化。

通常干热处理温度为120～200℃，处理时间为10～30s。干热处理过的大豆直接磨碎制豆奶，往往稳定性不好，但若在高温下用碱性钾盐（如重碳酸钾、碳酸钾等）进行浸泡处理后，再磨碎制浆，则可大大提高豆奶的稳定性，防止沉淀分离。

（2）蒸汽法 这种方法多用于大豆脱皮后入水前，利用高温蒸汽对脱皮豆进行加热处理，如用120～200℃的高温蒸汽加热7～8s即可。这种处理方法大多是通过旋转式网桶或网带式运输机来完成的，生产能力大，机械化程度高。但采用这种方法加工过的大豆，其蛋白质抽提率低。

（3）热水浸泡法与热磨法 这两种方法适用于不脱皮的加工工艺。热水浸泡法即是把清洗过的大豆用高于80℃的热水浸泡30～60min然后磨碎制浆；热磨法是将浸泡好的大豆沥去浸泡水，另加沸水磨浆，并在高于80℃的条件下保温10～15min，然后过滤、制浆。

（4）热烫法 这种方法是将脱皮的大豆迅速投入到80℃以上的热水中，并保持10～30min，然后磨碎制浆。从消除异味的角度看，保温时间越长，效果越好。但保温时间过长，豆瓣过软，不利于豆的磨碎和蛋白质的溶出。

一般80℃以上只要保温18～20min，90℃以上只需保温13～15min，而沸水只需保温10～12min。

（5）酸或碱处理法 这种方法的依据是pH值对脂肪氧化酶活力的影响。pH值对酶失活程度影响非常大，通过酸或碱的加入，调整溶液的pH值，使其偏离脂肪氧化酶的最适pH值，从而达到抑制脂肪氧化酶活力，减少异味物质的目的。

常用的酸主要是柠檬酸，一般调节pH值至3.0～4.5，此法一般在热水浸泡法中使用。

常用的碱有Na_2CO_3、$NaHCO_3$、$NaOH$、KOH等，一般调节pH值至7.0～9.0，碱可以在浸泡时加入，也可以在热磨、热烫时加入。

2. 磨浆

大豆经脱皮浸泡后必须进行磨浆。为提高蛋白质的收得率，一般采用加入足量的水直接磨成浆体，再将浆体经分离除去豆渣萃取出浆液。磨浆工序总的要求是磨得要细，一般浆体的细度应有90%以上的固形物通过150目滤网，豆浆的浓度一般要求在8%～10%。可采用粗、细两次磨碎的方法以达到要求。

（四）分离与真空脱臭

1. 分离

豆浆经分离将浆液和豆渣分开。分离工序严重影响豆奶蛋白质和固形物的回收。一般控制豆渣含水量在85%以下。豆渣含水量过大，则豆奶中蛋白质等固形物回收率降低。

采用离心分离，常用的离心分离设备为三足式离心分离机，见图5-10。分离豆浆采用热浆分离，可降低浆体黏度，有助于分离。

2. 真空脱臭

图5-10 豆乳分离设备

其目的可除去豆乳不良风味；可加速豆乳降温（85℃以下），避免因豆乳受热时间过长产生热臭及褐变；可将注射蒸汽加热时混入豆乳中的部分冷凝水除掉；经真空脱臭的豆乳能够与各种香味调和，易于加香。

将加热的豆乳于高温下喷入真空罐中，部分水分瞬间蒸发，同时带出挥发性的不良风味成分，由真空泵抽出。

具体的抽真空操作是分步进行的，首先是利用高压蒸汽（压力 600kPa）将豆乳加热到 140～150℃，保温 1～4s，然后将热浆体导入真空冷却室，对过热的豆乳抽真空，豆乳温度骤降，体积膨胀，部分水分急剧蒸发，发生爆破现象，豆乳中的异味物质随水蒸气迅速排出。

一般经过真空脱臭后的豆乳温度可降至 75～80℃。操作时将真空度控制在 26.6～39.9kPa 为佳，不宜过高，以防气泡冲出。

目前，国内外已有专用的豆乳真空脱臭设备生产。真空脱臭最好在磨浆后和配料前进行。

（五）调配

豆乳的调配主要包括以下几个方面。

1. 蛋白质、脂肪和固形物含量的控制

产品类型不同，豆乳的配料也不相同，但必须达到 QB/T 2132—1995 的要求（见表 5-9），主要考虑总固形物、蛋白质和脂肪含量必须达到各类产品的最低要求。蛋白质和脂肪含量的控制主要是根据原料大豆的蛋白质和脂肪含量及蛋白质的提取率来控制加水量。

表 5-9　豆乳饮料的主要理化指标 QB/T2132—1995

项　目	指　标				
	纯豆乳	调制豆乳	豆乳饮料		
			非果汁型		果汁型
			一级品	二级品	
总固形物含量/g·(100mL)$^{-1}$ ≥	8.0	10.0	9.0	7.5	8.5
蛋白质含量/% ≥	3.2	2.0	1.5	1.0	0.8
脂肪含量/% ≥	1.6	1.0	0.7	0.5	0.4
总酸含量/g·kg^{-1} ≤	—	—	—	—	1.0

在 QB/T 2132—1995 中，蛋白质含量与脂肪含量的比为 2:1。因此，如果原料大豆脂肪含量低，就会出现蛋白质含量达到指标而脂肪含量不达标的现象，这时就要向产品中加入油脂或减少磨浆时的加水量，使脂肪含量达到要求，蛋白质含量超过标准。

对于纯豆乳，蛋白质和脂肪的含量要求分别为 2.0% 和 1.0% 以上，同时要求固形物含量在 8.0% 以上。因此，只要固形物含量达到要求，对于绝大多数原料大豆而言，蛋白质和脂肪的含量都会达到要求。因此纯豆乳只要控制固形物含量就可以了。

对于调制豆乳，可以加入糖等物质。因此，其蛋白质和脂肪含量的控制应该考虑减小水豆比还是添加油脂。可以进行简单的计算，例如，原来每 100kg 产品中原料大豆的使用量是 8kg，这时产品的蛋白质含量为 2.0%，而脂肪含量只有 0.8%。为了使脂肪含量达到标准，则必须使每 100kg 产品中原料大豆的使用量达到 10kg，也就是增加了 2kg 的原料大豆的用量；或者直接向产品中添加不少于 0.2% 的大豆油，即 0.2kg 的大豆油。油脂的价格大约为大豆价格的 4 倍左右，因此直接添加植物油成本是低的。同时不会因加水量的减少而影响工艺和产量。

对于豆乳饮料，蛋白质和脂肪含量的要求比较小，因此容易控制，考虑到蛋白质含量少和乳化能力问题，一般不直接加入油脂，而是调整豆乳的浓度。

2. 营养强化

豆浆中尽管含有丰富的蛋白质和大量不饱和脂肪酸等重要营养成分，但作为植物蛋白由于含硫氨基酸的含量较低，从而存在不足之处需加以补充，尤其在生产婴儿豆奶或营养豆奶时更要注意。在生产时，可适当补充一些蛋氨酸。

大豆维生素含量较少，且种类也不全，维生素 B_1 和维生素 B_2 不足，维生素 A 和维生素 C 含量很低，维生素 B_{12} 和维生素 D 几乎没有。为弥补其不足，极有必要进行维生素的强化。豆乳中维生素的增补量见表 5-10。

表 5-10　豆乳中维生素的增补量

维生素	增补量	维生素	增补量
维生素 A	880IU	维生素 B_{12}	$1.5\mu g$
维生素 B_1	0.26mg	维生素 C	7mg
维生素 B_2	0.31mg	维生素 D	176IU
维生素 B_6	0.26mg	维生素 E	101IU

豆奶中最常增补的无机盐是钙盐，以碳酸钙（$CaCO_3$）最好，因为碳酸钙溶解度低，不易造成蛋白质沉淀，且可提高豆乳消化率。为防止碳酸钙在豆乳中沉淀出来，可采用一台小型均质机进行一次乳化处理。当碳酸钙的用量为 1.2g/L 豆乳时，可以使其含钙量与牛乳相近。

3. 添加甜味料

豆奶生产中甜味料是必不可少的。宜选用甜味温和的双糖，主要为砂糖，同时可以使用淀粉糖以及化学甜味剂如蛋白糖、甜蜜素等。如选用单糖在杀菌时易发生美拉德褐变反应，使豆奶色泽发暗。

糖的添加量一般在 6% 左右，但由于品种及各地区人群的嗜好不同，糖的添加量也有很大区别。

4. 添加乳化剂

主要目的是防止脂肪析出和上浮，提高豆乳的稳定性。常用的乳化剂有单甘酯、蔗糖酯、卵磷脂等，或使用复合乳化剂，使其 HLB 值在 7～9.5，使用量为大豆的 0.5%～2%。

豆奶中使用的乳化剂以蔗糖酯和单甘酯、卵磷脂为主。卵磷脂的添加量一般为大豆质量的 0.3%～2.4%，蔗糖酯添加量一般为 0.003%～0.5%。实验证明，两种乳化剂配合使用效果优于单一乳化剂。添加乳化剂之前，先将乳化剂各组分按比例配好，放入可加热容器中，使之熔融，然后充分搅拌、混匀，制得混合乳化剂。使用时，一般按大豆质量的 0.5%～2% 添加，用 80℃ 以上热水完全将其溶化，加入豆奶中，过胶体磨后再均质，可得到最佳乳化效果。

5. 添加稳定剂

豆奶的乳化稳定性不但与乳化剂有关，还与豆奶本身的黏度等因素有关。因此，良好的乳化剂常配合使用一些增稠稳定剂和分散剂。

常用增稠稳定剂有：羧甲基纤维素钠、海藻酸钠、明胶、黄原胶等。用量为 0.05%～0.1%。常使用的分散剂有：磷酸三钠、六偏磷酸钠、三聚磷酸钠和焦磷酸钠，其添加量为 0.05%～0.30%。

6. 添加赋香剂

奶味豆奶是市场上最普遍的豆奶品种，也最容易被人们接受。豆奶生产一般使用香兰素和乙基麦芽酚等乳香味香精进行调香，可得奶味鲜明的豆奶。当然，最好使用奶粉或鲜奶。奶粉使用量一般为 5%（占总固形物）左右，鲜奶为 30%（占成品）左右。

果汁、椰子豆奶、可可豆奶等均是调配时添加果汁（果味香精、有机酸）、椰子汁（由鲜椰子肉直接加工）或椰浆、可可粉等调制而得的各种风味不同的豆奶。近年来，许多生产豆乳的企业还相继开发了花生豆乳、杏仁豆乳、蔬菜豆乳等。

（六）均质

目的是为了改善豆乳的适口性和胶体的稳定性，它是豆乳生产中一道不可缺少的工序。均质的原理是在高压下将豆奶经均质阀的狭缝压出，将脂肪球等粒子打碎，使豆奶乳浊液稳定，具有奶状的稠度，易于消化。均质的效果与豆乳的初始温度、均质压力及均质次数有关。初始温度越高、均质压力及均质次数越多就越好。目前豆奶生产常采用两次均质。

从豆奶生产工艺流程安排上来讲，均质可放在杀菌脱臭之前，也可放在杀菌脱臭之后，各有利弊。放在杀菌脱臭之前，效果较差，但设备费用较低；若放在杀菌脱臭之后，则情况刚好相反。在实际生产中一般是豆乳脱臭后即进入均质机进行均质处理。由于受生产力配备性的影响，在真空脱臭罐与均质机之间配置一个过滤性质的暂贮罐（要采取保温加热措施）以适应配套生产。一般采用 15～23MPa 的压力进行均质，均质时温度一般控制在 65～80℃较适宜。

（七）杀菌

豆奶由于富含蛋白质、脂肪、糖，是细菌的良好培养基，经调制后的豆奶应尽快进行杀菌。豆奶加工中常用的杀菌方法有三种，即常压杀菌、高温高压杀菌和超高温瞬时（UHT）杀菌。

生产即日销售和冷藏销售的豆奶可采用常压杀菌。豆奶经常压杀菌只能杀灭致病菌和腐败菌的营养体。常压杀菌的豆奶在常温下存放，产品一般不超过 24h 即出现败坏。但常压杀菌包装好的豆奶迅速冷却，且贮存于 2～4℃ 的环境下，可存放 1～3 星期。

豆奶要在室温下长期贮存，须杀灭全部的耐热芽孢，采用高温高压杀菌或超高温瞬时杀菌。高温高压杀菌是将豆奶装于玻璃瓶中或复合蒸煮袋中，装入杀菌釜内分批杀菌。高温高压杀菌普遍采用的是杀菌温度 121℃、恒温 10～20min 的工艺规程。

图 5-11　豆乳 UHT 杀菌设备

超高温瞬时杀菌是将未包装的豆奶在 130℃ 以上的高温下，经数十秒的时间，然后迅速冷却、灌装。该杀菌方法显著提高了豆奶的色、香、味等感官质量，又能较好地保持豆奶中一些不稳定的营养成分。因此，超高温瞬时杀菌近年来被越来越多的豆奶生产厂家所采用。其设备见图 5-11。

（八）包装

豆奶很容易变质，除以散装形式很快供应集团或销售点外，均需以一定的包装形式供应消费者。包装形式决定成品保藏期，也影响质量和成本。

为了节省包装费用，散装是最简单的方法，4℃ 的豆奶装于 200L 保温桶中，输送到集体单位或零售点，再分配给消费者，在 30℃ 气温下，经 30h 仅升至 9℃，1d 内的销售质量还是有保证的。豆奶经杀菌后，应尽快冷却下来，装入保温容器中输送出去。如果想把豆奶分装于玻璃瓶、塑料袋和复合蒸煮袋中，可在常压下杀菌，依产品要求而定。

无菌包装近年来发展很快，尤以瑞典利乐公司的生产线被广为采用。目前，日本有70％以上的豆奶采用无菌包装。无菌包装可显著提高产品质量，在常温下货架期可达数月之久。包装材料轻巧，一次性消费无需回收，对运输、销售和消费均有很多方便之处。其缺点是设备投资大，1台无菌包装设备需30万美元（生产能力180包/min），而且由于利乐公司规定必须使用该公司的包装材料，因此，材料需要长期进口，包装费用高。豆乳无菌灌装设备见图5-12。

图 5-12　豆乳无菌灌装设备

三、豆乳不良风味的抑制

豆乳是我国广大消费者喜爱的营养品，但由于豆乳不良风味（豆腥味和苦涩味）的存在，大大影响了它的发展。

（一）豆腥味的产生原因和去除方法

豆乳中豆腥味的产生是由于脂肪氧化酶的作用。脂肪氧化酶存在于接近大豆表皮的子叶中，当细胞壁破碎后，即使存在很少的水分，脂肪氧化酶也可利用溶于水中的氧使不饱和脂肪酸（如亚油酸和亚麻酸）发生酶促氧化，形成过氧化物。当有受体存在时过氧化物可继续降解形成正己醇、乙醛和酮类等具有豆腥味的物质。这些物质又与大豆中的蛋白质有亲和性，即使利用提取和清洗等方式也很难去除。

为了防止豆腥味的产生，就必须钝化脂肪氧化酶。加热是钝化脂肪氧化酶的基本方法，但由于加热会同时引起蛋白质的变性，在实际操作中应平衡好二者的关系。

在大豆中所含的与加工有关的几种酶中脂肪氧化酶是最不耐热的，因而仅为了钝化脂肪氧化酶可采用较轻程度的热处理。当然，如果同时为了达到消除其他有害因子（如胰蛋白酶抑制素）的目的，可采用较强程度的热处理。在实际生产中常以脲酶的钝化与否来确定热钝化的程度。

（二）豆乳苦涩味的产生机制和去除方法

苦涩味的产生主要与磷脂及大豆蛋白降解产物（小肽和苦涩氨基酸）有关。去除豆乳苦涩味的方法如下。

1. 用极性溶液萃取

用乙醇萃取洗脱，能很好地去除豆腥味，但对大豆蛋白有变性作用；用极性溶液——醇液浸泡，不但可以除去大豆的苦涩味和豆腥味，还可以增加香味。

2. 酶法

这是很有发展前途的一种方法，目前研究也较多。如用蛋白质分解作用，可去除豆腥味，同时产生一定的香味。日本用醇脱氢酶、醛脱氢酶作用于乙醇、乙醛等豆腥味物质，使其变为相应的羧酸，可以得到几乎无味的大豆蛋白。用蛋白合成酶，可把小分子氨基酸、小肽结合成大分子肽、蛋白质，从而可去除苦涩味；还可用羧肽酶，从肽的末端依次切去某个氨基酸，苦味也可消去。

3. 用葡糖酸-δ-内酯抑制不良风味的形成

大豆异黄酮是引起豆乳不良风味的物质之一，浸泡过程中大豆异黄酮在 β 葡萄糖苷酶作用下含量增加，并且它们的生成量取决于浸泡水的温度和 pH 值。在 50℃下，pH 值为 6.0 的浸泡水中生成量最大。当在浸泡水中加入 β 葡萄糖苷酶的竞争性抑制剂——葡糖酸-δ-内酯时，可强烈抑制这些不良风味物质的生成。但应注意，葡糖酸-δ-内酯在水溶液中会转化成葡糖酸和葡糖酸-γ-内酯，而对 β-葡萄糖苷酶的抑制作用减弱，尤其是在较高的 pH 值和温度下其转化速度更快。此外，大量使用葡糖酸-δ-内酯时，尤其是当加入量超过 1.0%（质量分数）时，势必造成加热过程中大豆蛋白的凝聚。

因此，通过以下两步可以生产出在口味上能为更多人接受的豆乳：首先是用葡糖酸-δ-内酯抑制 β-葡萄糖苷酶的作用，从而降低了导致不良风味的 7,4'-二羟基异黄酮和 5,7,4'-三羟基异黄酮的生成；其次是热研磨，以便彻底钝化 β-葡萄糖苷酶，同时钝化导致腥味的脂肪氧化酶。

四、豆乳的稳定性

（一）影响豆乳稳定性的因素

影响豆乳（包括其他植物性蛋白饮料）稳定性的因素很多，主要有浓度、黏度、粒度、pH 值、电解质、微生物、工艺条件、包装方式、环境温度等。

1. 浓度对豆乳稳定性的影响

豆乳是一种胶体悬浮体系，其稳定性是范德华引力与双电层斥力之和所决定的。在某一液体浓度下，当分散介质粒子的斥力位能大于引力位能的绝对值时，胶体溶液是稳定的。当双电层斥力小于范德华引力时，蛋白质粒子彼此接近，便发生凝聚，出现絮状物或沉淀。豆乳内单位体积内的蛋白质分子数，即溶液浓度，是决定范德华引力和双电层斥力的关键因素。不同的豆乳，有其不同的最佳稳定浓度值。该值可通过计算得出，并经过实际测定与实验进行验证和调整。

2. 粒度对豆乳稳定性的影响

豆乳不是纯溶液，它没有布朗运动以及与布朗运动有关的性质，如扩散性和动力学稳定性等。豆乳之所以能暂时稳定，除了与双电层存在有关外，还与介质粒度大小有关，粒子直径越大，沉降速度也越大；反之，沉降速度就越小。当粒子直径小于 $0.2\mu m$ 时，豆乳具备成为稳定溶液的性质。我国目前所制得的豆乳中蛋白质粒子直径一般在 $50\sim150\mu m$，很少能达到 $10\mu m$，故其稳定性较差。

3. pH 值对豆乳稳定性的影响

溶液的 pH 值对蛋白质的水化作用有显著的影响。在等电点附近，水化作用最弱，蛋白质的溶解度最小。而溶液 pH 值偏离蛋白质等电点越远，则水化作用越强，溶液越稳定。

不同蛋白质的等电点不同，多数蛋白质的等电点在 4～6，有的在 6.5 左右，甚至有接近 7 的。为了促使豆乳中的蛋白质充分解离，提高其水化能力，保证豆乳的稳定，在不影响口感和风味的前提下，乳状液的 pH 值应远离该蛋白质的等电点。

4. 电解质对豆乳稳定性的影响

作为豆乳主要蛋白质的球蛋白、谷蛋白和醇溶蛋白，虽不溶于水，但均能溶于稀碱或稀酸，属于盐溶性蛋白质。用氯化钠、氯化钾等一价盐能促进植物蛋白质的溶解。而植物蛋白质在氯化钙、硫酸镁等二价金属的盐类溶液中的溶解度较小。这是因为钙、镁离子使离子态的蛋白质粒子之间产生十字键合，即桥联作用而形成较大的胶团，增加了凝聚沉淀的趋势，降低了蛋白质的溶解度。

因此，豆乳的生产过程，须注意钙、镁等二价金属离子和其他多价电解质引起的蛋白质凝聚沉淀，不能盲目地对豆乳进行矿物质强化。

5. 微生物对豆乳稳定性的影响

豆乳的营养极为丰富，是微生物优良的培养基。微生物在豆乳中的生长繁殖会使豆乳中的糖、蛋白质被分解，pH 值发生改变，这不仅使豆乳的营养价值降低，风味劣变，而且由于对蛋白质等胶体物质的分解及 pH 值的改变，导致豆乳的稳定性降低，变得混浊，产生沉淀、分层等现象。不过豆乳的这一特性使发酵型豆乳饮料的生产成为可能。

（二）提高豆乳稳定性的措施

对豆乳的基本要求：使蛋白质能与水分、油脂、磷脂、添加剂等有比较牢固的结合性能，形成均一的乳状液体。要达到这一要求，可采取如下基本措施。

1. 控制豆乳中固形物的粒度

在加工中除要求磨浆均细外，还必须通过高压均质处理或利用超声波空腔谐振作用，使豆乳中的固形物颗粒微细化，使变性的蛋白质与油脂等均匀分散在水中。均质后的粒度要求在 $1\sim5\mu m$。

2. 适当使用稳定剂

豆奶是以水为分散介质，以大豆蛋白及大豆油脂为主要分散相的宏观体系，呈乳状液，具热力学不稳定性，需要添加乳化稳定剂以提高豆奶乳化稳定性，如使用大豆分离蛋白、乳化剂、蔗糖酯（SE，HLB＝15）、单硬脂肪酸甘油酯（GMS，HLB＝4.3）、黄原胶（XG）等。

3. 加强水质处理

水中往往含有大量悬浮物、矿物质、微生物等物质，它们的存在均对豆乳的稳定性有重要影响。因此，在豆乳生产时，除了要合理选择水源外，还应对水进行必要的过滤、软化、灭菌等处理。

此外，还应合理选用添加剂，加强原辅料质量检验；合理选用包装材料（容器），并加强包装前处理；加强生产过程管理，尽可能避免交叉污染的发生等。

五、提高豆乳白度的措施

导致豆乳白度较差的原因主要有两个方面。一是大豆中的色素物质，如多酚色素（$7,4'$-二羟基异黄酮）、花青素等没有脱除；二是豆乳中的氨基化合物与羰基化合物在加热过程中发生羰氨反应产生色素物质。因此，要提高豆乳的白度，可采取以下措施。

① 在大豆浸泡时，用酸（如柠檬酸、盐酸等）将浸泡水的 pH 值调至 4.5 以下。由于大豆色素物质在 pH4.5 以下的酸性溶液中易于浸出，即可脱除大豆色素物质，提高豆乳的白度。有研究表明，大豆水的 pH 值在 3.5～4.5 时，浸泡 8h，所生产的豆乳色泽最好。但应注意，如果浸泡水的 pH 值太低，则大豆软化不完全，影响出浆率。

② 豆乳 pH 值高于 6.5 时，色泽较好。有实践证明，将豆乳 pH 值控制在 6.7 左右，既能保证豆乳色泽较好，蛋白质又不易发生变性沉淀，同时有利于消毒灭菌。

③ 采用超高温瞬时灭菌工艺，有利于保持产品良好的色泽和品质。如在 135℃ 保持 6～9s，并迅速降温到 40～60℃，能使产品获得较好的色泽和风味。

④ 在豆乳生产时，应避免使用含钠离子、铁离子高的水。对于加糖豆乳，加热时更易发生褐变，尤其是在钠离子、铁离子存在时，还会强化羰氨反应的进行。因此，应避免使用含钠离子、铁离子高的水。所用金属容器以不锈钢质为好。此外，还应尽可能选用含还原性单糖较少的白砂糖。

⑤ 有试验表明，在选用浸泡水 pH3.5～4.5 浸泡大豆脱除大豆色素的同时，将加糖时间调整在对豆乳均质并快速冷却到 15℃ 时加入事先经过溶解消毒过滤的冷糖液，可避免糖液在煮浆时与豆乳中的蛋白质发生褐变反应。同时控制灭菌时间由原来的 25min 为 18min（250mL 玻璃瓶装），并利用压缩空气对灭菌柜进行反压降温，可以获得色泽良好的成品。如在 121℃ 下杀菌 18min，并以蔗糖或蔗糖加环己基氨基磺酸钠（按蔗糖甜度的 5％ 加入）为甜味剂的豆乳其色泽乳白，风味、稳定性很好。

⑥ 在豆乳中添加适量油脂，可改善产品的色泽和风味。一般可加入玉米油、奶油。为使油脂充分乳化，常加入 0.1％ 的单甘酯、大豆卵磷脂等乳化剂。

⑦ 加入 0.1% 的维生素 C 作为抗氧化剂。也可以在一定程度上阻止豆乳在加入和贮存过程中的褐变。

本章小结

本章简介了大豆的主要成分、营养特性及大豆制品的种类。重点是豆腐和豆乳的生产加工工艺和技术要点。豆腐生产要经过浸泡、过滤、豆渣分离、煮浆，加入不同类型的凝固剂后，豆腐脱水成型后按标准规格切制成块，装盒灭菌，冷却后就成了豆腐。豆腐又分南豆腐、北豆腐、内酯豆腐，它们在各生产环节和凝固剂的使用上是有区别的。豆乳生产要经过清选与浸泡、去皮、灭酶、磨浆、离心分离、真空脱臭、调配均质、超高温短时杀菌后冷却即制成豆乳。

复习思考题

1. 简述大豆制品的营养价值，简述凝固剂的种类及其特性。
2. 简述传统豆制品的分类，简述豆腐的种类及特点，生产中常用的消泡剂是什么？
3. 北豆腐生产流程是什么？各环节的操作要点是什么？
4. 南豆腐、北豆腐工艺有何区别？
5. 简述素鸡腿的生产工艺。
6. 简述豆乳的生产工艺，并绘制其加工工艺流程图？
7. 如何去除豆乳中的豆腥味？简述如何提高豆乳白度。

实验实训项目

实验实训一　豆　浆　制　作

【实训目的】

通过实验，使学生掌握豆制品制浆技能。

【材料及用具】

大豆、水缸、石磨或砂轮磨、锅、植物油、碳酸钠、铜沙滤网。

【方法步骤】

(1) 清选　将大豆进行筛选或水选，清除灰尘杂质。

(2) 浸泡　将大豆浸泡在比其体积大约 4 倍的水中。浸泡时间的长短决定于气温的高低，一般冬天 12h 以上，夏天 5～6h，春秋 8～10h。浸泡到把大豆掰开，豆瓣内表面略有凹陷，用手掐豆瓣易断，断面浸透无硬心即可。

(3) 磨浆　将浸泡好的大豆进行磨制，边磨边滴水，加水量为大豆干重的 4 倍左右。在磨制过程中，滴水、下料要协调一致，使磨下的豆糊粗细适当，稀稠合适，前后均匀。

(4) 过滤　将磨好的豆糊倒入摇包，加水搓洗过滤 3～4 次，尽可能把豆渣中的浆汁滤净，使豆渣用手捏感到不黏而散即可。过滤时加水量为干豆重 4 倍左右，水温控制在 50℃。为了排除豆浆中的空气，促使过滤不粘包，过滤时可加消泡剂。如用油脚，每千克大豆用 0.3～0.5kg，用温水化开分次倒入摇包内。

过滤后可根据不同豆制品的要求，确定豆浆的浓度。一般做饮料豆浆浓度较稀，每千克大豆可出浆 10～15kg。做豆制品浆液要求较高，每千克大豆可得豆浆 7～8kg。

(5) 煮浆　将滤出的豆浆倒入锅内进行煮浆。煮浆要快，时间要短，不得超过 15min。

煮浆要开锅，并沸腾 3~5min。要扬汤止沸，或减小火力，防止溢锅或糊锅。

煮熟的豆浆，用 80~100 目的铜沙滤网过滤，以消除浆内的微量杂质、锅巴以及膨胀的渣子。

煮熟过的浆，即可作为成品豆浆饮料，又可加工制作其他豆制品。

【实训作业】

写出豆浆制作过程及操作技术要点。

实验实训二　内酯豆腐制作

【实训目的】

了解内酯豆腐的生产过程，增强对内酯豆腐生产工艺的感性认识。

【材料及用具】

原料和辅料：大豆、葡糖酸-δ-内酯。

器具：自动分离式磨浆机、煮浆锅、蒸汽发生器、泡料桶、电动搅拌器、电热恒温水浴器。

【方法步骤】

1. 工艺流程

原料大豆→拣选→称量→浸泡→漂洗→煮浆→冷却→混合→分装→凝固成型冷却→成品

2. 操作要点

（1）拣挑、称量　拣出霉烂豆、虫蛀豆、草屑、砂石等杂质，称取 2.0kg 净豆。

（2）浸泡、漂洗　将称好的大豆倒入泡料桶内，加入 4~5kg 自来水。室温下浸泡 8~18h（根据室温调整浸泡时间），浸泡好的大豆用水漂洗干净，沥去浸泡水。

（3）磨浆　开启磨浆机，用清水冲洗后，加入浸泡好的大豆，同时不断注入清水；所有大豆磨完后，向豆渣中加入适量水并搅匀，进行二次磨浆；两次所得豆浆合并在一起备用。磨浆时总的加水量约为干豆的 6 倍。

（4）煮浆　将所得豆浆注入煮浆锅，通入 120℃以上的蒸汽，把豆浆加热到 90~100℃，并保持 5~6min。

（5）冷却、混合、分装　待煮熟的豆浆冷却到 30℃以下时，将预先用凉水溶化的葡糖酸-δ-内酯（36g）在不断搅拌下加入豆浆中，并搅拌均匀，然后分装（每盒≤400g）。

（6）凝固成型　将分装好的豆浆连同容器一起放入热水浴中，迅速冷却到 35℃以下。

【实训作业】

1. 要求详细做好实验记录。

2. 计算产品出品率，对产品进行感官评定，并分析本次实训中影响产品质量的原因。

实验实训三　豆　腐　制　作

【实训目的】

通过豆腐的加工，了解一些豆制品的基本加工方法和大豆蛋白的加工特性。

【材料及用具】

大豆、凝固剂（盐卤或石膏，用量为豆乳量的 0.5%~0.6%）、石磨或砂轮磨、木制压榨箱、白布、重石。

【方法步骤】

（1）选料　应选大豆豆脐色浅，粒大皮薄、饱满无皱、有光泽的大豆。刚收获的大豆和陈旧的大豆出浆少都不好。选料同时去除大豆中的碎石和杂质，用清水冲洗。

（2）泡豆　将洗净的黄豆在清水中浸泡。目的在于使大豆膨胀便于磨制豆浆，并且使大豆组织中的蛋白质较容易地抽提出来。浸泡用水一般为大豆的 3～5 倍，淹没过全部大豆稍有余，浸泡时间冬天为 12h，夏天 6h，春秋 8h。浸泡到将黄豆瓣掰开，豆瓣四边呈白色，中间有米粒大的凹陷，颜色比干黄豆深即可。

（3）磨浆　将泡好的黄豆捞起，加入新鲜清水，加水量为 1∶4，用石磨尽量磨细，基本水下料协调一致，使磨糊光滑，粗细适当，前后均匀，以磨出来的浆能自由流动为宜。磨出的豆糊质量一般为干豆的 7 倍左右。

（4）过滤　用漂白布或纱布做只小布袋，将磨好的浆倒入布袋内，用绳缚住袋口，用手搓揉布袋，直至无白浆搓出为止。随后用水冲洗豆渣两次至豆清不黏而松散为止。总用水量掌握在大豆的 8 倍内为宜。

（5）煮浆　煮浆要快，时间短，不超过 15min，沸腾 3～5min，为消除泡沫可加入少许消泡剂或食用油。煮浆后可添加冷水降温，或在冷水浴中使豆浆降温至 82～85℃（点浆温度）。

（6）点浆　使用盐卤加水 4 倍（容量比）制成盐卤水，按豆乳 2% 使用。用石膏时，制成熟石膏粉碎后使用，用 50℃ 左右温水调稀，加水量为石膏量 3～4 倍，每千克黄豆加石膏 50g 左右。将凝固剂慢慢加入温度为 70℃ 的豆浆中，一边用勺子自上而下地搅拌豆浆，使之像开锅似的翻滚，边点边看，要随时察看浆花的变化，在即将成脑时，要减速减量。当浆里已结有很密的芝麻大小的浆花，也叫豆腐核，这时停搅，点浆完成。

（7）成型　在洗净的豆腐格中铺上洗净的包布，将豆腐脑倒入其中包严，加框盖。加压要先轻后重，使水分从包布中渗出。压到水分不流成线即可。太干有损口味。

（8）成品　将成型的豆腐拆开后划成方块，洒上凉水，立即降温及迅速散发表面的多余水分，以达到豆腐制品的保鲜和形态稳定的作用，冷至室温为宜。

要求豆腐色泽为洁白色，质地细嫩，入口滑溜柔软。1kg 大豆可得 3～4kg 制品。

$$产出率 = \frac{豆腐质量}{大豆用量} \times 100\%$$

（9）注意事项

① 要掌握好浸泡时间。若过长，损失淀粉和蛋白质；过短，则得浆率低。

② 检验点浆是否合适，可用水试的方法。

待豆浆呈黏稠状时，就用小勺舀少许清水轻轻倒在浆面上，如水沉入浆面表面下，点浆不到；如水聚在浆面上，则表示点浆老了，以水沉入浆面呈一小凹槽，表面和浆相平为好。

【实训作业】

1. 要求详细做好实验记录。

2. 计算产品出品率，对产品进行感官评定，并分析本次实训中影响产品质量的原因。

第六章 植物油脂加工

学习目标

通过本章学习，使学生了解植物油脂提取的基本原理，熟练掌握植物油脂提取方法和技术要点；了解油脂精炼的目的，重点掌握油脂的精炼原理和技术；熟悉油脂提取和精炼过程中的设备；熟悉各类食用油脂加工制作方法，熟练掌握操作技能。

第一节 植物油脂的提取与加工精炼

一、植物油脂提取技术

1. 机械压榨法制油技术

压榨法制油是一种古老的机械提油法。它虽然经历了漫长的 5000 多年的发展过程，但仍沿用至今，在制油工艺中发挥重要作用。或许因其历史原因和人类的食用习惯，或者由于油料品种的多样化与压榨工艺简单、适应性强，也可能因为出油率高的浸出法制油工艺本身的某些劣根性，使压榨法制油随着时代的进步、技术的发展，仍显示出其强大的生命力。至今，随着压榨制油工艺理论研究的日趋完善，工艺与设备的进一步改进，以及现代技术的广泛应用，产生了许多新工艺、新设备。就螺旋榨油机而言，在高容量、高效率、一机多能以及连续化、自动化控制方面已达到了前所未有的水平。20 世纪 90 年代末在美国新建了一座 600t/d 的压榨油厂；德国研制成功的酶法预处理冷榨卡诺拉籽油上市。这些所谓"绿色食品油脂"，皆因其出油率高、色香味俱佳、产品货架期长、价格能被消费者接受而深受现代市场的欢迎。

（1）压榨取油的基本原理 压榨取油的过程，一般属于物理变化。如挤压变形、摩擦发热、油脂分离、水分蒸发等。同时，由于温度、水分、微生物的影响，也会产生某些生物化学方面的变化。如蛋白质变性、棉酚与赖氨酸的结合、芥子苷的酶解、磷脂的过氧化等。因此实际上是一系列过程的综合。在此，仅将油脂被压榨分离的过程，以及影响制油效果的主要因素从理论到实践作一描述。

① 入榨料坯的结构性质 压榨取油的好坏，在某种意义上说，取决于榨料本身的性质。具体表现在要求具有能承受压力的必要可塑性。水分、温度的调节以及含油率、蛋白质变性程度，即能综合反映出榨料结构性质对出油率的影响。实际生产中往往只注意水分和温度的相关性。其有如下关系：

$$B_1 = 7.25 - 0.05T; \quad B_2 = (14 - 0.1T)K$$

式中，B_1 为临界水分，%；T 为入榨料坯的温度，℃；B_2 为入榨料坯的最佳水分，%；K 为入榨料坯含油率（M）校正系数，一般油料 $K = (100 - M)/55$。

② 合理的压榨条件 包括压力大小、榨料的受压状态、加压速度及其变化规律三个方面。

足够的饼面压力：据测定，实际生产中的饼面压力要求略超过榨料的"临界压力"。其范围在9～100MPa不等，需视实际需要而定。

榨料的受压状态：分动态压榨（如螺旋榨油机）与静态压榨（如水压机）两类。其中"动态瞬时压榨法"榨料发生强烈摩擦运动，产生热量，易打开油路，压榨时间短，出油率高；但对油饼质量热影响较大。而静态压榨则相反。

加压速度及其过程压力变化规律：压榨过程要求先轻后重、轻压勤压、流油不断，以保证实现最高出油率。从理论上讲，压榨过程分为预压、重压和沥干三个阶段。其压力沿轴向的变化规律（如螺旋榨油机）一般按：$P_z = P_0 \times e^{-\alpha}$的函数关系为佳。

③ 足够的压榨时间　不同的压榨方式，时间长短要求不同。一般来说，时间长，流油较尽，出油率高。动态压榨仅1～5min；而静态压榨时间较长，可达15～90min。

④ 压榨过程必须保持适当的高温　温度高，油脂流动性好，易于出油。一般动态压榨易产生高温（可达220℃以上），必要时需要降温；而静态压榨则必须保温。一般来说，压榨温度保持在100～135℃为佳，温度过高会影响油饼质量。

(2) 液压机榨制油技术

① 液压榨油机的工作原理　凡液压机榨制油系统都包括：榨油机本体（榨膛和液压工作缸）和液压系统（油泵、油箱、分油阀和仪表、管路两部分形成的一个回路系统），而且都是利用小的动力产生巨大的液压进行榨油。其压力的形成是利用"在密闭的系统内，凡是加在液体上的压力，总可以按照不变的压强传递到系统内任何位置上"的原理。在不变的压强条件下，只需改变受压活塞的面积差，就能形成巨大的压力差，可以通过计算而得。例如榨油机的总压力G等于液体压强P与榨油机上的活塞面积F_1的乘积（$G = P \times F_1$）。

② 主要机型及压榨工艺　液压机的选型通常根据结构类型、公称能力、操作压力或总压力以及必须的饼面压力等进行合理选择。目前主要有ZQ35型（立式）、ZQ42型（卧式）、YZM200型（门框式）。ZQ42型榨油机榨取花生油工艺流程如下：花生仁→筛选→瞬时加热、冷却→脱红衣→烘炒→磨浆→均质→压榨→花生油。

(3) 螺旋榨油机制油技术

① 螺旋榨油机的工作原理　螺旋榨油机压榨取油的一般过程，概括地说，是由于旋转着的螺旋轴在榨膛内的推进作用，使榨料连续地向前推进；同时，由于榨螺螺旋导程的缩短或根圆直径的逐渐增大，使榨膛空间体积不断缩小而产生压榨作用。在这一过程中，一方面推进榨料，另一方面将榨料压缩后的油脂从榨笼缝隙中挤压流出。同时，将残渣压成饼块从榨轴末端排出。一般分为进料预压、主压榨、成饼沥干三个阶段。

② 螺旋榨油机的主要类型　螺旋榨油机通常按照压榨阶段数分成一级、二级与多极压榨等；根据用途又可分为一次压榨、预榨、冷榨和特种榨油机等；按生产能力也可分为大型、中型与小型等。无论什么机型，其工作原理都相同，结构上都包括进料装置、榨膛、调饼机构传动系统和机架等组成部分。其主要类型有：DD85G型、S120F型、ZX18型、ZX28型、EP系列型等。其特点这里不再赘述。

2. 溶剂浸出法制油技术

(1) 浸出法制油基本原理　浸出法制油就是利用能溶解油脂的有机溶剂，通过湿润、渗透、分子扩散的作用，将料坯中的油脂提取出来，然后再把浸出的混合油分离而取得毛油的过程。为了满足工业化生产的要求，提高出油效率，了解和掌握影响浸出效率的各项因素十分重要。这些因素包括溶剂的选择、料坯的结构和性质、浸出方式以及工艺条件和参数等。

① 溶剂的选择

a. 基本要求　选择理想的溶剂对于提高浸出效果，改善油、粕质量，降低成本与消耗，确保安全生产都有较实用的价值。然而，理想的溶剂不易找到，但应力求符合以下基本要求。

能在室温或低温下以任何比例溶解油脂；溶剂的选择性要好；化学性质稳定；易从粕和油中被收回；溶剂与油料中的各组分、设备材料均不发生反应；溶剂的纯度较高、沸点范围要窄；在水中的溶解度小，回收时分离就容易；溶剂本身无毒性，呈中性、无异味，确保卫生要求与防止污染；不易燃易爆；来源丰富、价格低廉，适应于大规模生产的需要量。

b. 主要溶剂的性质与应用特点　适合于油脂浸出用的溶剂可归纳为五大类。

脂肪族碳氢化合物：目前应用最广泛的是在常温下呈液态的工业己烷（含 45%～90% 的正己烷）与轻汽油等，试验证明应用最好的是甲基戊烷。此外，丙烷和丁烷（液化气）也是一种适合常温低压浸出用的选择性很好的溶剂。

卤代碳氢化合物：如二氯甲烷、二氯乙烷、三氯乙烯、四氯化碳等。其中的二氯甲烷，由于沸点低（39.8℃）、对浸出粕无毒性，而且能溶解黄曲霉毒素、棉酚、蜡质等，具有提油去毒的功能，但成本偏高。

芳香族碳氢化合物：以苯为主，是烃类中最强的一种溶剂，也能浸出棉酚，但油色深而且有毒性，一般不使用。

醇类：乙醇、异丙醇这一类极性较轻的溶剂，在接近沸点温度条件下都能溶解油脂，而且也可以利用降低温度的方法，使混合油分离出溶剂和油脂。这种可以采用密度分离溶剂而不需要蒸馏，将会节省能耗 25%～30%。但在醇类的浸出物中，含有较多的磷脂、皂化物以及醇溶蛋白、黄酮类物质和糖类等胶状物，使分离造成困难。在生产中，往往利用醇类与水的共沸液（甲醇除外）作为溶剂，用于浸出油脂可降低沸点、溶解出磷脂、色素和糖类、黄曲霉毒素等，使分离出的油脂质量提高。

其他溶剂：如丙酮、丁酮、石油醚、二硫化碳、糖醛与糠酮等。

尽管有上述多种溶剂可供选择，但实际生产中，应用最普遍的只有工业己烷和轻汽油（在我国称 6 号溶剂油）等数种。

② 料坯的结构和性质　同压榨法制油对料坯性质的要求。但也由于溶剂浸出时溶解油脂、渗透性与提取油脂的速率均优于压榨法，要求有所不同，如不需要有能承受高压的低水分和高温等。但基本条件和要求相同。

a. 油籽细胞破坏愈彻底愈好　良好的料坯使油籽细胞破坏，有利于溶剂的渗透及油脂的扩散，对提高出油率至关重要。尤其油料的直接浸出采用膨化成型浸出的目的就在于此。

b. 料坯薄而结实、粉末度小而空隙多　据试验表明：浸出时间（速率）与料坯厚度的 2.5 次方成正比关系，有一定的实用价值。例如大豆轧坯浸出时，坯厚从 0.5mm 改成 0.3mm 时，其产量即可从 30t/d 提高到 50t/d。粉末度小、多孔而结实的膨化料比轧坯料更佳。

c. 适宜的料坯水分　一般溶剂只能溶解油脂而不溶于水，所以水分高了，溶剂就不容易渗透到细胞内部溶解油脂。因此，适当的低水分也很重要。即使采用含水的极性溶剂浸出时，也必须考虑水分的不利影响。

d. 温度要适当地高　浸出温度高，油脂黏度低、流动性好，浸出效率高。但要注意浸出温度不得超过溶剂的沸点温度，却又要接近此沸点温度。

③ 浸出方式与浸出阶段数

a. 浸出方式　即油脂浸出过程中溶剂与料坯的接触方式。一般分为浸泡式、渗滤式与混合式三种。其不同点仅在于溶剂与料坯接触程度上的差别。最佳方式应该是浸泡和渗滤相结合的所谓"混合式"，其浸出效率高。浸出方式还有间歇式与连续式之分。但是浸出工艺的理论基础均按照分阶段、逆流萃取原理，即在溶剂浸出过程中，油分不断地被不同浓度的溶剂从料坯中提取出来，使残油率逐渐降低，直到规定的指标。而溶剂含油的浓度沿着逆向逐渐增高，在料坯进入段浓度最高，排出后回收溶剂，取得毛油。

b. 浸出阶段数（级数）　浸出过程从理论上来讲，应该是个连续的过程，而实际生产中，料坯与溶剂的接触往往分成若干次数，即所谓的"浸出阶段"。每一阶段是指溶剂与料坯经过一次接触，溶解油脂后达到平衡的过程。欲达到低残油率指标，必须有足够的阶段数。

④ 浸出的工艺条件

a. 浸出温度　其要求与上述料坯温度相一致。如轻汽油在 50～60℃ 范围。

b. 浸出时间　从理论上来讲，浸出时间愈长，浸出级数愈多，浸出效果愈好，粕中残油率就愈低。然而，在实际生产中发现，油脂浸出过程一般分为两个阶段。在第一阶段，溶剂首先溶解大量的油籽细胞中的油脂，提取量相当于总含油量的 85%～95%，在正常操作条件下，只需 15～20min；在第二阶段，溶剂已渗入未破坏的油籽细胞中，溶解并提取出剩余的油脂，但需要的时间很长。必须考虑生产中的"经济时间"，以达到合理的残油率指标为限。同时，它与浸出方式、溶剂比、渗滤速率、设备结构、温度等因素相关联。

c. 料坯层高度　如果料坯结构强度较高、粉末度小的话，在浸出效率不影响的前提下，料层愈高设备利用率就愈高。根据实践，预榨饼高度不宜超过 2.5m；膨化成型的料坯，料层可达 2.5～3.5m。料层高度与浸出方式、设备结构形式密切相关。此外，对于粉末度较大的料坯，则希望采取低料层浸出。

d. 溶剂的喷淋量　在浸出过程中，加快渗滤速率即提高单位时间的溶剂的喷淋量，对提高每一级浸出，以致整个浸出过程的出油效率至关重要。实践证明，提高单位时间喷淋量达到料坯流量的 40%～100% 时，正常操作情况下，可将有效浸出时间缩短到 20～28min，接近理论研究水平，从而使设备处理能力大大提高。

e. 溶剂温度、用量与溶剂比　浸出温度不仅取决于料坯温度，而且还取决于溶剂温度的调节。尤其是一次浸出工艺，料坯温度不高，更需要将溶剂预热到接近沸点才能进行有效的浸出。当预榨饼浸出时，由于饼温较高（60～75℃），新鲜溶剂的温度就可低一些。

溶剂量通常用"溶剂比"来衡量。其定义为单位时间内所有的溶剂量与浸出料坯质量之比。溶剂比的大小将直接影响浸出后的混合油浓度、浸出速率以及残油率等技术指标。此乃重要操作指标，需要根据料坯含油率、浸出方式、操作条件等因素来确定合理的溶剂比，一般浸泡浸出溶剂比高一些，在 (0.8～1.6)∶1 范围；多阶段、混合式浸出时为 (0.5～0.8)∶1；而高油分油料一次（或两次）浸出时高达 (1.5～2.5)∶1。

f. 沥干时间与湿粕含溶量　经浸出后的湿粕总会残留部分溶剂，残留愈多，回收溶剂所需要的能量也就愈大，残油也会增加。生产中希望湿粕含溶量愈低愈好。降低湿粕含溶量的技术措施，目前仅限于延长沥干时间或在浸出器沥干段适度的真空吸滤，而用机械挤压效果并不显著。因此，一般残溶量仍高达 18%～35%。其中膨化成型料坯的残溶量较低些，一般为 18%～25%；而未成型、粉末度大的米糠、玉米胚芽、油菜籽等，高达 35% 以上。在浸出器内的沥干时间一般为 8～25min 不等。

综上所述，上述影响浸出效果的诸因素，在实际生产中往往需要同时考虑。但要注意针对不同油料、不同技术要求，分清主次、综合运用，达到提高浸出效率的主要目的。

(2) 浸出法制油的典型工艺和设备　一个完整的浸出工艺，除溶剂浸出这一主体工序外，还应包括混合油分离提取毛油、湿粕脱溶、烘干取得成品粕以及溶剂回收系统等四部分。尽管工艺过程有多种组合，但基本工序相似。因此，有必要在熟悉基本工艺的基础上，注意不同工艺方案的比较，尽可能采用先进、可靠、经济、安全节能的工艺与设备，确立提高工艺效果、降低消耗指标的途径。

① 典型浸出工艺总体流程

a. 常压常规工艺流程如图 6-1 所示。

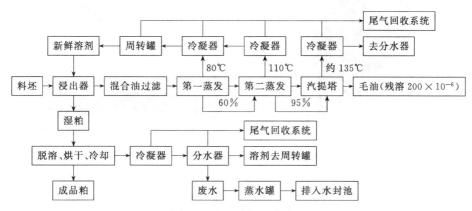

图 6-1 常压常规工艺流程

特点说明：整个系统在常压或微负压条件下操作；连续化生产，工艺参数采用仪表显示控制；未考虑二次蒸汽余热利用，能量消耗较大；湿粕脱溶与混合油回收系统均在常压下进行，温度较高，粕和油的质量相对较差。

b. 负压蒸发、余热利用工艺流程如图 6-2 所示。

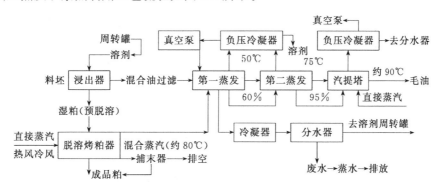

图 6-2 负压蒸发、余热利用工艺流程

特点说明：可降低混合油沸点，减少油脂的热影响、提高毛油品质；利用脱溶烤粕器的二次蒸汽加热混合油和第一长管蒸发器，可节约大量的新鲜蒸汽与冷却水循环量；采用预脱溶，有利于脱溶烤粕器节省直接蒸汽消耗量，同时能提高饼粕质量；负压操作，使混合油蒸发和湿粕蒸脱系统的操作阻力大大减少；各项操作工艺参数能够自动控制，负压系统的操作要求也较高。

② 浸出工序 典型的浸出工序的操作流程如图 6-3所示。

a. 平转式浸出器 基本构造与特点如图 6-4 所示，该浸出器是由外壳、算条型固定栅底、16 个旋转浸出格、混合油油斗、进料绞龙和卸粕刮板、传动装置等部分组成。其中固定栅底是由许多以同心圆排布、倒梯形截面的金属算条所构成。

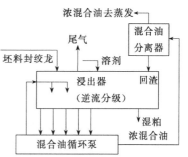

图 6-3 浸出工序典型工艺流程

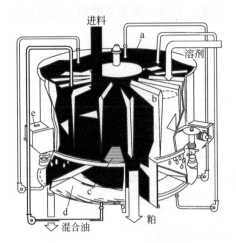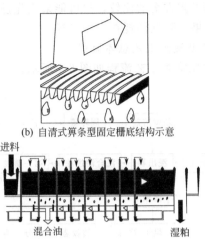

(a) 基本结构与工作原理
a—外壳；b—浸出格；c—固定栅底；
d—混合油油斗；e—传动装置

(b) 自清式算条型固定栅底结构示意

(c) 料坯流向与混合油喷淋、集油斗展开

图 6-4 固定栅底平转式浸出器

操作特点与要求：平转浸出器浸出取油过程属于高料层逆流浸出，浸出时，料坯先经料封绞龙，按流量要求均匀喂入进料格内；在浸出格存满料后，沿着回转方向一周，就可依次完成进料、循环喷淋和沥干（4～6 次）、新鲜溶剂洗涤、沥干（10～15min 或 2～3 格）以及出粕，形成一个周期，实现连续化生产。按照不同的料坯和残油率指标等因素，每一周期大约 50～120min。生产操作过程必须注意以下几点：进料段的存料箱与料封绞龙必须保持料位和充满，不得逸出溶剂气体；保持浸出格装料量一致，溶剂温度 50～57℃，注意在开车前调整回转周期；采用大喷淋"浸泡、沥干"方式为佳，注意保持在喷淋格液面要高出料层面 30～50mm，若为新鲜溶剂则喷淋格内的溶剂不得进入沥干段；控制溶剂比的范围；注意保持浸出器的微负压操作条件（196.13～1471.0Pa）；定期化验粕残油；勤检查与排除常见故障，如渗透性差的溢流、漏渣以及混合油泵和管道堵塞等。

b. 迪斯美（De Smet）履带式浸出器　迪斯美履带式浸出器的主要结构与工作原理示意如图 6-5 所示。

该机型主要由料封绞龙、存料箱及料位控制装置；环行一周的输送带，整个输送带从进料到出粕逐渐向上倾斜（8°～15°）；封闭型壳体，进料端设料位控制刮板，出粕端设置拨料齿；主动链轮、从动链轮及传动系统；混合油循环泵（9 台）、喷淋管（9 个）以及集油槽、出粕绞龙等部分组成。链带浸出有效长度 16～22m；链带线速度 6～15m/h；宽度 1.2～2m。

浸出工作时，料坯从料封绞龙和闭风阀均匀进入浸出器存料箱内，形成一定高度的料封，并由可调刮板使之达到所必需的料层高度

图 6-5 迪斯美（De Smet）履带式
浸出器的主要结构与工作原理示意

1—料坯；2—新鲜溶剂；3—浓混合油；4—湿粕

（1～2m）。同时，由网带带动料坯，经过壳体内的各个浸出级，完成逆流、循环喷淋的浸出全过程。

应用特点：结构简单，单层浸出长度较长、料位可调，适应性强；纯渗滤型浸出、级数

较多，混合油浓度高、清澈而含渣少；沥干性好、湿粕残溶低；浸出级数较多、浸出时间较长，每一级浸出间无隔板，易产生混流现象；动力消耗很低，V 形条排列履带比穿孔网带型使用寿命长、不易堵塞。

c. 水平栅底滑动床式（Krupp-SB 型链带式）浸出器　主要结构与工作原理示意如图 6-6 所示。

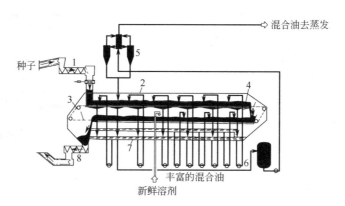

图 6-6　水平栅底滑动床式（Krupp-SB 型链带式）浸出器结构与工作原理示意
1—料封绞龙；2—壳体；3—传动链；4—固定栅底；5—旋液分离器；
6—循环泵和喷头；7—集油斗；8—出粕绞龙

该机型的主要工作部件包括料封绞龙、存料箱、料位控制器、主壳体、料坯输送带翅链条（2～4 根）及传动系统、开槽底板（上下各一块）；集油槽；混合油泵（9 台）、喷头（18 个）、出粕绞龙以及设置在卸料端的两块挡板和梳料棒等。

工作时，料坯通过料封绞龙定量喂入存料箱，控制一定的料位形成料封。然后，由带翅链条将形成一定高度（0.5～1.3m）的料床，通过物料内摩擦作用在开槽底板上向前滑动，完成逆流、渗滤式浸出全过程。料坯从上层进入下层，实现一次翻转，且有梳料棒翻松料坯，有利于提高出油率。上部有 7 个出油斗，分别流到底层集油槽内，通过混合油泵进行喷淋自循环；在底部集油槽上面设有一倾斜的集油槽，用于收集下层的混合油，并且可以流入底层集油槽内。浓混合油最后泵入旋液分离器，经过滤分渣后，进入混合油蒸发系统。

应用特点：在生产过程中随时可以调节料层高度，采用液压传动无级变速，在运转中能调节链带速度，即可按照料坯与出油率指标随时调整设备处理量；用特种钢材制成的固定式开槽底板，混合油通过时也具有自清理作用；采用双层翻转浸出，结果紧凑、浸出级数较多（9 个）、效率高、生产弹性大；以渗滤浸出方式为主，混合油浓度高，但浸出时间较长，有可能产生混流现象。

③ 湿粕中的溶剂回收（脱溶烤粕系统）　从浸出器出来的湿粕通常含有 23%～40%的溶剂，必须经过脱溶工序回收溶剂（同时去除水分），最后得到溶剂残留量符合指标（500× 10^{-6}～1000× 10^{-6}）并具有安全贮藏水分含量（9%～13.5%）的合格成品粕。

a. 脱溶烤粕的基本过程　脱溶与烤粕一般分两个阶段进行。

脱溶阶段主要利用直接蒸汽（压力 0.13～0.2MPa）穿过湿粕料层接触传热，使溶剂升温沸腾挥发，并由不凝结蒸汽带出器外，达到脱溶的目的。

烤粕（烘干）阶段通过脱溶，一般粕中水分有不同程度的增加，必须经过第二阶段烤粕脱水使粕中的水分达到安全水分含量以下。脱水一般采用间接蒸汽加热、通热风沸腾床干燥、通冷风沸腾床冷却脱水等。

b. 主要脱溶设备及其操作要求　脱溶设备一般均设计成脱溶与烤粕相结合的组合装置。

常用的有多段卧式烘干机、ZHL 型立式高料层蒸烘机、DT 型多层脱溶烤粕器（图 6-7），以及 DTDC 型脱溶、烤粕、冷却器（图 6-8）等。

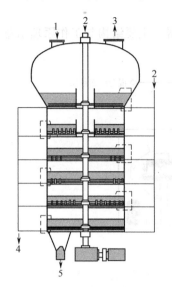

图 6-7 DT 型多层脱溶烤粕器结构原理
1—湿粕；2—新鲜蒸汽；3—混合蒸汽；
4—凝结水；5—成品粕

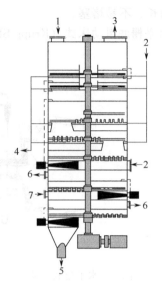

图 6-8 DTDC 型脱溶、烤粕、冷却器结构原理
1—湿粕；2—新鲜蒸汽；3—混合蒸汽；4—凝结水；
5—成品粕；6—排风；7—热风（底层冷风可用强制通风）

操作过程与工艺要求，现以脱溶烤粕器共同的工艺条件及操作要求为例作一简述。

基本工艺条件：气相总压力为常压或微负压，气相温度 75～85℃（属主要控制参数），直接蒸汽压力（0.13～0.15MPa）和用量（由脱溶量计算而定，用多孔板流量计控制），总脱溶时间 25～45min，主轴转速 15～24r/min，夹套和夹底间接蒸汽压力 0.4～0.6MPa，DTDC 型出粕温度要求低于 70℃（高料层蒸脱机 105℃，出粕后须立即冷却）。

注意并随时调整每一层的料位，尤其关注主脱溶段料层的料位变化情况，往往会直接影响脱溶效果。

定时检查和分析成品粕质量，包括水分指标、残溶指标以及外观品质。

及时排除因电、蒸汽压力的变化及水分过高等原因引起的堵塞、结块、质量下降等故障，确保正常安全生产。

④ 混合油中溶剂的回收（混合油蒸发系统） 从浸出器抽出的混合油浓度一般为 10%～40%。要回收毛油，必须蒸脱掉混合油中的溶剂。常用的方法是加热蒸发与直接蒸汽汽提脱溶（脱臭）相结合。浸出毛油的残溶指标为 $40×10^{-6}$～$1000×10^{-6}$（其中 $40×10^{-6}$ 即为国家二级油指标，一般可在精炼车间完成脱残溶）。

二、植物油脂精炼技术

（一）概述

在天然油脂中总会含有某些杂质，在数量和成分上也各不相同，这完全取决于油料品种、质量、制油工艺以及加工方式等。各种制油工艺所得到的毛油，如要达到食用或工业目的，就必须按照某一标准，采用必要的技术手段，将这些杂质去除掉，这就是油脂精炼。油脂精炼技术，随着制油工艺的进步与提出的相应要求而不断发展。食用油脂，除极少数油脂不需要或只要经过简单的物理方法精制即可食用外，绝大多数毛油都必须进行精炼，才能符合食用标准。长期以来，食用油脂的精炼技术，一直停留在原始的沉淀法和熔炼法水平上。直到 19 世纪才提出化学法碱炼，但也局限于间歇罐式。自 1923 年 Hapgood 与 Mayme 等提出用离心分离法，随后相应的连续式、管式、碟片式离心分离机的问世，并于 1933 年应用在棉籽油碱炼上取得成功。从此半连续、连续式油脂精炼工艺才得到迅速发展。

（1）油脂精炼的目的和内容

① 精炼的目的　油脂中除甘油三酯以外的其他成分都称为杂质。精炼的目的就是去掉杂质、保持油脂生物性质、保留或提取有用物质。

② 油脂精炼的内容　按照油脂中杂质性质的共性与不同，其去除的方法，可以根据毛油的组成与产品规格的要求归纳为以下几方面：去除不溶性杂质、脱胶、碱炼、水洗、干燥、脱色、脱臭或物理精炼、脱蜡或脱脂等。

（2）油脂精炼的方法　油脂精炼的方法大体分为机械法、化学法和物理化学法三类。机械法是利用密度差沉降或过滤去除机械杂质以及利用高速离心机进行油皂、油脚分离，其基本工序有沉淀、过滤、离心分离。化学法是通过添加某些化学物质有效地脱除油中的杂质，其基本工序有碱炼、酸炼、氢化、酯化、氧化。物理化学法是利用物理和化学相结合的方法去除油中的某些杂质，其基本工序有水化、吸附脱色、蒸汽蒸馏、液液萃取、冷冻结晶、冻化、混合油精炼等。为了达到最佳的产品质量指标，往往几种方法进行有机组合，完成每一种油脂所必需的除杂要求。

（二）油脂精炼技术

油脂精炼工艺步骤一般包括：不溶性杂质的分离、脱胶、脱酸、脱色、脱臭、脱蜡以及脱脂等。至于氢化、酯交换、酯化等单元操作，则属于油脂改性，兼作精炼之用。

1. 不溶性杂质的分离

毛油中的不溶性杂质以机械杂质居多，一般都可以通过沉降、过滤或离心分离等物理方法将其去除。

① 沉降分离　沉降法主要用来分离机榨毛油中的饼渣、油脚、皂脚、粕末等杂质。其原理是根据斯托克斯定律，粒子的沉降速度取决于颗粒大小、密度、黏度以及温度等因素，是一种自然过程。有时为了加速沉降，在油中有必要添加 $CaCl_2$ 或 Na_2SO_4 等破乳剂使乳浊液破坏。该法因其时间长，效率低，沉淀物中含油量高（60%～80%）而一般仅适用于间歇式罐炼场合。

油厂中常用的车沉油箱，是一种沉降与过滤相结合的油渣粗分离设备。它通过箱体内装有的刮板，在筛底上环行运转。从榨油机排出的油渣进入沉油箱后，油立即通过筛孔流入箱内，油渣则边过滤边由刮板连续地送到干渣绞龙去回榨。

② 过滤分离　过滤分离从本质上讲，是按照颗粒度大小，利用设定的开孔滤网，将杂质进行分离的方法。它是油厂应用最普遍的方法。一般需要在动力强制作用下，才能使油脂通过过滤介质，从而达到与不溶性杂质分离的目的。

过滤分离法的设备处理量大，分离效果好。常用的过滤设备有箱式、板框式压滤机，压力式叶片过滤机，真空连续式过滤机等。

③ 离心分离　这是一种利用物料组分在旋转时产生不同离心力而进行的分离方法。与过滤法相比，离心分离法具有分离效率高、滤渣含油率低（可达 10% 以下）、生产连续化、处理量大等特点。离心分离机的类型主要有篮筐式、管式、螺旋沉降卸料式和碟片式等。

2. 脱胶技术

毛油中的胶质主要是磷脂，所以脱胶亦称脱磷。其他胶质还有蛋白质及其分解产物、黏液质以及胶质与多种微量金属（Ca、Fe、Cu）形成的配位化合物和盐类。胶质的存在不仅影响油的品质和贮藏稳定性，而且影响到后续碱炼脱酸工序，易产生油、水乳化，增加炼耗和用碱量，影响吸附脱色尤其是物理精炼的效果。因此，脱胶既可以当作独立的单元操作，又可以作为油脂精炼工艺预处理工序。脱胶的基本要求是"脱磷务尽"。尤其对于物理精炼，欲顺利脱酸，油中含磷量必须低于 8×10^{-6}。

脱胶的方法很多，应用最普遍的有水化脱胶与酸炼脱胶。对于磷脂含量高或需要将磷脂作为副产品提取的毛油，一般在脱酸前用水化脱胶法；而欲达到较高的脱酸要求则采用酸炼脱胶法，或其他更有效的能脱除非水化性磷脂的脱胶工艺（如特殊法脱胶、干法脱胶、超级脱胶、硅法脱胶以及酶法脱胶等）。采用这些方法所得的油脚色泽深，一般不能用来制取食用磷脂。

(1) 水化脱胶的基本原理 利用磷脂等胶溶性杂质的亲水性，将一定数量的水或电解质稀溶液，加入毛油中混合。使胶质能吸水膨胀、凝聚形成相对密度较油大的水合物，从而利用重力沉降或离心分离法，达到分离、净化的目的。这就是所谓"水化脱胶"。在水化脱胶过程中，能被分离的以磷脂为主，而与磷脂结合在一起的蛋白质、黏液质和微量金属等物质，也将一起被除去。

① 水化脱胶机理 植物毛油中含有不同类型的磷脂。通常分为水化磷脂（HP）与非水化磷脂（NHP）两种。它们的不同点主要在于和磷脂酸羟基相连的官能团不同。HP 具有极性极强的基团，如胆碱、乙醇胺、肌醇、丝氨酸等。它们的共同特点就是与水接触后能形成水合物，并从水中析出。其原理主要是它们的分子在一定条件下，能以游离羟基和内盐的形式存在。当毛油中水分很低时，磷脂以内盐形式存在，此时极性很弱，能溶解于油中；当毛油中的水分达到一定量时，水则与磷脂分子中的成盐原子团结合，形成游离羟基形式。此时，水分子就会进入两个分子中间引起磷脂的膨胀，亲水基团即会投入水相，产生定向排列形成胶束。该胶束亲水基团表面带有负电荷，系统中的水或电解质电离后的正离子排列于胶束表面，形成紧密的"双电层"，产生所谓"动电位"，随着水化作用不断进行，而使"动电位"降低，胶束间的排斥力减弱，胶束体积不断扩大，最后凝聚。电解质的加入有利于胶束的凝聚，浓度愈高，凝聚作用愈明显。水化时，在水、加热、搅拌等联合作用下，磷脂胶束逐步合并、长大，最后形成大胶团。因其密度大于油质而易被沉降后离心分离出来。

② 影响水化脱胶的主要工艺参数

a. 温度 毛油中胶体分散相开始凝聚时的温度称为临界温度。一般只有低于或等于临界温度，胶体才能凝聚。温度高，油脂的黏度低，水化后油脂与油脚的分离容易；水分高，磷脂的吸水能力强、水化速度快、磷脂膨胀充分、油脚中含油少，但含水分过多，不利于贮存而且能耗较大。水化温度也不能过高，否则不仅油脂会氧化影响品质，而且也不利于磷脂沉降，影响操作。水化终温一般不超过 $80℃$，加水温度与油温也应基本相同，或略高一些（10℃左右），以免产生局部乳化现象。

b. 加水量 在一定范围内，加水量多，磷脂吸水多，胶粒膨胀充分，易于凝聚，此时的临界温度也高；反之，加水量少则难以保证脱胶效果。但加水量也不宜过多，否则过量的游离水会使磷脂成为乳化剂而使油脂乳化，造成分离困难。适宜的加水量，必须根据毛油中磷脂含量以及水化操作温度而定。

c. 混合强度与作用时间 由于水化作用发生在油相与水相的界面上，因此，在水化的开始阶段需要较高的混合强度（快速搅拌或设立混合装置），确保水分均匀分散、水化完全；但由于磷脂是 W/O 型乳化剂，因此混合强度不宜过高，以免形成稳定的乳化状态。特别是当胶粒开始凝聚后要立即降低混合温度（配以慢速搅拌，30r/min 左右）。水化作用时间按照不同条件变化较大，间歇搅拌水化，一般需要 40~70min，沉降分离时间则很长（4~8h）。连续式高温离心混合完成水化，开始凝聚仅需 20~40min，随即进入离心机连续脱胶。

d. 电解质 加入电解质有利于提高水化效果与油脂的稳定性。但对磷脂的综合利用有一定的影响。常用的电解质有食盐、磷酸盐（加入量为油重的 $0.2\%~0.3\%$）和明矾

（0.05％～0.1％）等。

（2）水化脱胶工艺　按照生产过程的连续性，水化工艺可分为间歇式、半连续式和连续式。小规模生产的传统间歇罐式水化工艺，均在同一罐内，周期性地完成水化和油脚分离全过程。按操作条件，又可分为高温水化法、中温水化法、低温水化法和直接喷气法四种。而其操作步骤基本相同，仅有工艺条件上（温度与加水量）的差别。以高温水化法为例，其典型工艺过程如下：

过滤毛油→预热→加水（或 7％盐水）→静置沉淀(80℃保温 8h)→油脚分离→净油脱水→成品油

油脚→加热盐析(3％～5％盐水、80～90℃、2h)→静置分层

半连续水化的特点是前道水化用罐炼，而后道沉降采用连续式离心分离。

连续式水化工艺是指水化和分离两道工序均采用连续化生产设备。其基本工艺如下：

毛油→泵→加热器→混合器→碟片离心机→净油→加热（约 105℃）→真空干燥器(5.33～8.00kPa)→脱胶油

连续式水化工艺优点是处理量大、精炼率高、油脚含量少。但仅能去除易水化的油磷脂，因此脱胶油中含磷量仍很高。

（3）酸炼脱胶工艺

① 基本原理　酸炼脱胶法，一般采用硫酸或磷酸进行脱胶。使用的硫酸有浓硫酸与稀硫酸两种。浓硫酸有很强的吸水性，能以 2∶1 的比例吸出胶质中的氢和氧。同时它又是强氧化剂，能使部分色素氧化破坏。稀硫酸是一种强电解质，在水溶液中的离子能中和胶体质点的电荷，使之积聚而沉降。它也还有催化水解作用，促进磷脂等胶质水解。硫酸法已很少用于植物油脱胶，尤其浓硫酸会产生"炭化"和"磺化"现象。目前仍有部分仅用作生产生物柴油的菜籽油、脂肪酸裂解前的预处理或鱼油和鲸油的脱胶。

磷酸脱胶法，实践证明是有效的。它的作用一般可归纳为以下几方面：有效去除某些非水化性胶质和微量金属元素，将 β-磷脂和磷脂的金属复合物转变成水化性磷脂；使叶绿素转化成色浅的脱镁叶绿素，对降低红色也有效；使 Fe、Cu 等离子生成配合物，纯化这些微量金属可降低油脂氧化的催化作用，增加油脂的氧化稳定性，改善了油脂的风味。

② 磷酸脱胶工艺　一般连续化生产工艺的基本过程如下：

毛油→泵→加热器→混合器→反应罐→混合器→滞留混合罐→离心机→加热器→真空干燥→脱胶油

与普通水化法相比，磷酸脱胶油耗少、色泽浅，能与金属离子形成配合物，解离非水化性磷脂而使油中含磷量明显降低。磷酸处理可以作为独立的脱胶工序，也可以与碱炼相结合。对于磷脂含量高的毛油（如大豆油），也可先水化脱除大部分磷脂后，再用磷酸处理，然后进行碱炼。

（4）特殊水化脱胶法　按照物理精炼的要求，毛油中胶质与微量金属的含量应极低。为适应这一要求，常常将酸处理脱胶与脱色结合起来，不再经过碱炼工序。根据不同毛油中胶质含量及组成，可以选择不同的工艺组合。常用的有吸附法、干法、湿法等。湿法脱胶又可以分成醋酐脱胶、特殊脱胶与超级脱胶三种。以下仅介绍几种行之有效的脱胶法。

① 干法脱胶　是一种与脱色相结合的脱胶法。对于棕榈油、棕榈仁、椰子油、花生油以及橄榄油这一类磷脂含量低的毛油，可以采用稀酸处理，适当加入少量盐溶液，而后直接进行白土脱色。

连续生产工艺流程如下：

毛油→加热器(100℃)→脱气器（真空）→泵→混合反应器（碳酸钠、磷酸 0.1％～0.15％）→

混合器→脱色塔→泵→过滤→冷却→脱色油

实践证明，该法用于酸价（AV）较高（8～10）而含磷量低的毛油，则油耗很低。干法脱胶后油中含磷量可降低到 10×10^{-6} 以下。

② 特殊湿法脱胶工艺 即在 70～80℃ 条件下，添加毛油质量 0.5% 的柠檬酸（含量50%）和醋酸钠（或稀碱液）混合液（比例 1:1）做凝结剂，混合后再加水凝聚、加热、离心分离。该法即所谓"酸调节、碱中和凝聚"的特殊脱胶法。其原理为非水化磷脂在酸性和碱性条件下都可以解离，而后形成不溶于油的液态水合晶体。该工艺脱磷效果较好，一般应用于大豆油和葵花籽油，也可以与碱炼相结合。

③ 超级/联合脱胶工艺 超级法也称"低温脱胶法"。即利用浓硫酸使非水化磷脂加速转化成水化磷脂，然后加水使之形成晶粒易于分离。该工艺目的在于结合"特殊脱胶"的酸解 NHP 原理，与"超级脱胶"的冷却结晶原理，进行分阶段组合脱胶，可以更有效地将微量细粒磷脂，甚至部分蜡脂脱除。

④ 硅法脱胶工艺 硅法脱胶是一种新型的脱胶技术。该技术的关键是研制了一种高纯度的"硅胶体"作为胶质吸附材料。这种人造的非结晶型"硅胶体"，对极性杂质（如磷脂、肥皂以及叶绿素、胡萝卜素等色素）有很高的吸附能力。它可以与白土一起使用，保护白土不受胶质和皂脚的影响，从而增强白土的脱色能力，大大减少白土用量；同时也可单独使用，作为"吸附法"脱胶剂，是改进的物理精炼工艺的重要步骤，虽然难以除去红色，但物理精炼时能脱除。

⑤ 膜过滤脱胶法 磷脂及其他胶质分散在毛油中形成胶体溶液，在一定条件下会复合成胶束。磷脂胶束中还包括金属离子、糖类和蛋白质等形成胶囊化。为此，可以利用胶体本身不能通过半透膜的特性，脱除某些油脂中的胶质。

⑥ 酶法脱胶工艺 其工艺原理是利用磷脂酶 A_2，在一定反应条件下，进行催化水解，把油脂中的非水化磷脂转化成水化磷脂，然后用水化脱胶法将这些杂质除去。磷脂酶 A_2 对水解甘油三酯中的 2-位酰基具有专一性，而对脂肪酸和磷脂的类型却没有严格的专一性。水解掉 2-位酰基后的磷脂极性增大，遇水时能形成液态水合晶体，从油中析出而被脱出。酶催化水解的最佳工艺条件：调节系统的 pH 值为 5～6，反应温度 55～60℃，反应时间 3～4h；磷脂酶 A_2 的浓度在 0.03%～0.2%，使用时须配成 10000U/mL 的溶液。其基本工艺流程如图 6-9 所示。

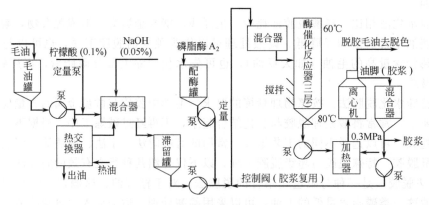

图 6-9 酶法脱胶工艺流程

一般生产过程：首先将毛油加热到 60℃，加入油重 0.1% 左右的柠檬酸（加氢氧化钠）缓冲液，调节体系的 pH 值到最佳值（5～6），进行混合滞留；然后按定量加入磷脂酶 A_2

（200mg/kg 左右），混合后进入酶催化反应器，进行滞留反应 2～3h；待完成水解反应、形成水化磷脂后，再加热到 80℃ 左右进行离心分离油脚，并取得高质量的脱胶油。部分油脚经过处理（酶复活者）返回重复使用。

3. 脱酸技术

脱除毛油中的 FFA 的过程称为"脱酸"。它是精炼工艺影响油脂损耗与产品质量的关键程序。脱酸的方法很多，工业上应用最广泛的不外乎碱炼法与物理精炼法。传统的碱炼法脱酸快速、高效，适应于各种低酸价、难处理的劣质油脂，工艺技术成熟。但由于碱炼过程油脂耗损较大，尤其不宜用于高酸价毛油。物理精炼由于其炼耗低、污染少而开始得到广泛应用，其中许多月桂酸类油脂（椰子油、棕榈油、棕榈仁油等）生产国，几乎全部采用物理精炼。其他的碱炼方法如欧洲国家开发的泽尼斯法和碳酸盐法、膜分离法以及棉籽油混合油精炼等方法也有应用。此外，液液萃取法（利用糠醛、丙烷等溶剂进行选择性萃取）兼作脱酸、脱色也是可供研究的一种选择。

(1) 碱炼法　碱炼法即利用碱液中和毛油中的 FFA，使生成肥皂后将其析出分离的一种精炼方法。生成的肥皂具有较强的吸附能力，能将相当数量的其他杂质如固体颗粒、蛋白质、胶质、色素等，带入皂脚中而被分离。碱炼工艺涉及的内容包括：碱的选择、用量、确定最佳工艺条件，油和皂脚分离技术，确保提高精炼率和降低炼耗。

① 碱炼的基本原理　毛油加碱后会产生以下几种化学反应。

a. 与 FFA 产生中和反应　$RCOOH + NaOH \longrightarrow RCOONa + H_2O$，这是碱炼所希望的反应。

b. 与油脂产生皂化反应生成甘油与肥皂　这是在碱炼过程中力求避免不必要的油脂损失。

c. 与磷脂产生皂化反应　由于磷脂在酸性和碱性介质中都有离子化的能力，因此它比油脂更易皂化。碱炼时也能脱磷，主要是碱皂化了磷脂、皂脚吸附的结果。

d. 不完全中和反应　生成饱和脂肪酸的酸性皂（$RCOONa \cdot RCOOH$）。

e. 皂脚的形成与分离　由上可见，碱炼过程实际上是一个十分复杂的过程。其中主要反应是 FFA 与碱的中和反应，它在本质上是一种胶体界面化学反应。一开始在碱滴表面反应形成单分子肥皂膜，通过扩散继续反应，并能吸附毛油中的色素、胶质及其他杂质形成一定厚度的胶态离子膜。在肥皂分子的碳氢键之间还分布着油分子。胶态离子膜不断吸收反应生成的水，逐步膨胀扩大。最后在搅拌作用下，膜内多余的碱滴分离而出，继续反应生成新的皂膜，直到反应完全为止。在此过程中，皂膜在搅拌、电解质等作用下，相互碰撞、吸收、聚集，由小变大形成皂脚。由于其密度大，因而能利用密度差分离法（沉降或离心分离法）从油中析出。

② 影响碱炼的主要因素

a. 浓度　毛油酸价是确定碱液浓度的主要依据。一般酸价高、色泽深的采用浓碱；酸价低、色泽浅的毛油采用稀碱液。在选择碱液浓度时，应注意反应条件与皂脚能否分离。一般来说，浓碱皂脚的稠度大、带油多，不易分离；若浓度过稀，则又会造成油、水乳化，反而油脚包容油脂而增加耗损。此外，如果反应温度较高、接触时间长则采用淡碱较合适；反之采用浓碱处理。因此，为了防止中性油皂化，应选择适当的碱液浓度和反应温度。

b. 加碱量　一般以能否反应完全为准。如加碱量不足，反应不完全，皂脚凝结不好，分离困难，其他杂质也就脱不净；反之，加碱量过多，中性油的皂化损失大。

油脂碱炼所需要的加碱量，包括理论碱量和超碱量两部分。理论碱量的计算公式如下：

$$理论碱量 = 油重 \times 酸价 \times 40/56 \times 1/1000$$
$$= 7.13 \times 10^{-4} \times 油重 \times 酸价$$

或 理论碱量＝油重×FFA％×40/FFA 平均相对分子质量

其中 FFA％与酸价（AV）的换算关系：以油酸计，FFA％＝0.503AV；以月桂酸计，FFA％＝0.356AV；以棕榈酸计，FFA％＝0.456AV；以芥酸计，FFA％＝0.602AV。

超碱量的确定，主要与毛油品种、色泽、杂质含量以及油品质量、工艺设备条件有关。它是直接影响油耗的技术性很强的工作，一般凭经验或通过小样试验而定。它有两种表示方法：间歇生产按毛油的质量分数表示，一般取 0.05％～0.25％（不超过 0.5％）；连续碱炼比间歇碱炼所需要的超碱量低。

实际总碱量＝（理论碱量＋超碱量）/碱液的质量分数

有关毛油碱炼必要的超碱量，列于表 6-1 与表 6-2 供参考。

表 6-1 间歇式碱炼的超碱量参考值

项 目	动物及海产油	低胶质植物油	高质量棉籽油	低质量油 FFA		海产油 FFA	高质量大豆油	花生油 FFA		玉米油	椰子油
				4％	15％	5％		3％	10％		
密度/°Bé	12～16	12～16	14～18	18	26	20	12～14	14	20	16～20	16
超碱量/％	0.10～0.20	0.10～0.20	0.25～0.60	0.75	1.30	0.20	0.10～0.20	0.25～0.47	0.55	0.25～0.36	0.10

表 6-2 连续式长混合碱炼的超碱量参考值

项 目	低胶质高质量油脂	毛大豆油	脱胶大豆油	花生油	玉米油		卡诺拉油	海产油
					干法	湿法		
超碱量/％	0.02～0.1	0.02～0.1	0.01～0.1	0.01～0.2	0.02～0.15	0.05～0.3	0.03～0.1	0.01～0.1

c. 碱炼温度 这关系到中性油皂化与油皂分离。一般间歇生产温度高、接触时间长，油皂分离较清楚；连续碱炼则温度低、接触时间较短，中性油皂化的可能性小，但油皂分离要求高。温度还与碱液有关：浓度高，温度低一些；浓度低，温度则可以高一些。连续生产温度高些，间歇生产则可以低些。

d. 搅拌混合程度 目的在于使碱液均匀分散于油中，加快中和反应速度，防止碱液局部过量而引起中性油皂化。间歇式碱炼要求变速搅拌，先快后慢，有利于开始时的加快反应和升温凝聚时不破坏皂粒。水洗阶段转速不宜太高，以免引起乳化。连续式皂化一般要求在连续混合设备内进行短时间强烈均匀混合，而后设计沉降凝聚或慢速搅拌滞留阶段，以满足离心分离效果的要求。

e. 毛油品质 若毛油中含较多的胶质，碱炼时易乳化而影响反应速度，增加炼耗。对于这类油脂最好先进行脱胶后再碱炼。此外，配用水的硬度也会影响精炼效率，硬度高会使部分钠皂变成不溶于水的钙镁皂而留于油中，使油中含皂量增加。

衡量碱炼效果好坏通常用酸价炼耗比（AV/L％）和精炼效率表示。酸价炼耗比是指每降低 1 个酸价（AV）时，100 份毛油所损耗油脂的份数。

碱炼效率＝碱炼成品油量/毛油量×毛油中性油含量×100％

③ 碱炼工艺和设备

a. 间歇式碱炼法 即所谓"灌炼"，其操作全过程包括进油、加碱、搅拌升温、加水、静置沉淀（8～16h）、水洗真空干燥以及皂脚撇油等步骤。它的特点是投资低、操作稳定可靠、适应性强。但由于其操作周期长、凭经验操作、炼耗大、质量不稳定、相对能耗大、废水多而一般仅应用于小规模生产。

碱炼操作按照加碱浓度与油温的不同，可分为低温浓碱（初温 20～30℃，碱液 20～25°Bé，

终温约 65℃）与高温稀碱法（初温约 75℃，碱液 1～16°Bé，终温 90～95℃）。前者亦称
"干法"，应用最普遍；后者主要适用于酸价低、色泽浅而杂质少的毛油。干法碱炼有时也可
以进行湿法处理。即在加碱中和升温到 60～65℃ 以后，便可加油重 5%～7% 的热水或稀盐
水（比油温高 5～10℃），以加速皂粒沉淀。停止搅拌后，静置 8h 左右即可放出油脚。然后
用热水洗涤 2～3 次脱除残皂。最后真空脱水、过滤取得精油。皂脚分离出来后还需要回收
其中 20% 左右的中性油。具体步骤：第一步将油脚集中打入带夹套加热的盐析锅内，然后
通直接蒸汽翻动、搅拌加热，同时加 4%～5% 的细盐，升温到 60℃后，静置 2h 撇油；第二
步再加热到 75℃，静置撇油，最后放出油脚。间歇式炼油锅结构非常简单，一般由锅体、
搅拌装置、加热管以及无级变速（13～80r/min）传动系统等部分组成。按生产规模要求由
若干台组合配置而成。

　　b. 连续式碱炼法　与间歇式碱炼法相比，连续式碱炼法的优点如下：油、碱之间接触
时间很短，中性油皂化很少；离心分离效果好、皂脚含油低；处理量大、生产过程自动控
制、自动排渣，确保了生产连续与产品质量的稳定性。但也存在对原料毛油变化的适应性
差、设备投资较高、废水排放、污染等问题，一般适应于大批量、规模化生产。

　　连续式碱炼法典型工艺流程（一次脱皂、一次水洗）如图 6-10 所示。

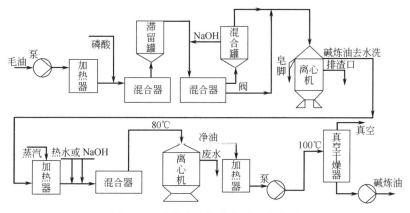

图 6-10　连续式碱炼法典型工艺流程

　　一般工艺过程有直接加碱法（长混过程亦称标准过程）与瞬时混合法（亦称"短混"）
两种工艺。前者常用于高质量、低酸价毛油。该过程的碱与油在 20～40℃ 条件下有 3～
10min 的混合时间。接着迅速升温至 65～90℃，以达到离心分离前皂粒的絮凝、乳状液的
破坏，有利于提高离心机的分离效果。而"短混"工艺则更适合于高酸价毛油，在该系统
中，采用较浓的碱液和较高的超碱量（0.02%～0.25%），油与碱在 80～90℃ 条件下在高速
混合器内进行混合，仅需极短的 1～15s。这样可有效防止中性油被皂化，避免"长混"工
艺所产生不必要的油损失。对于质量很差的毛油，有必要用这种短混法进行第二次"复炼"，
这样能生产出质量较好，而油损失比一次长混法精炼低的精制油。上述两种方法中，加碱以
前的毛油，都需要添加磷酸（油重的 0.1%～0.2%）或柠檬酸（油重的 0.03%～0.15%），
以处理如大豆油或卡诺拉油中的非水化磷脂。水洗工序加热水量一般为油重的 10%～20%，
可能进行一次或者两次。须根据产品质量指标而定。

　　c. 碱炼设备配套　连续式碱炼工艺的关键分离设备，主要有管式与碟片式两种离心机。
管式离心机仅应用于小规模、特殊产品（乳油分离）等，碟片式离心机从发明至今是用于油
脂碱炼最有效的分离设备。碱炼过程设备还包括油与碱液、磷酸、热水的比配泵；油、碱混
合器；滞留混合罐以及多效混合器、真空干燥器等，均有系列化产品配套。而且这一工艺设

备的规模化发展正在向世界范围拓展。

（2）物理精炼（蒸馏脱酸法）

① 工作原理　将毛油经过预处理、脱胶、脱色后，在加热和高真空的条件下，借助直接蒸汽蒸馏，将油中的游离脂肪酸以及低分子气味物质随着蒸汽一起排出，即所谓"汽提脱酸"。它与"脱臭工艺"原理相同，不同点仅在于馏出物以FFA为主，其分子量大于"臭味物质"。因而操作工艺条件（温度、真空度、直接蒸汽用量等）有所改变。一般要求如下。

a. 对原料油的预处理要求　经过严格的脱胶与脱色指标：残磷量 10×10^{-6} 以下，金属离子 1×10^{-6} 以下，残留肥皂、白土为痕量，AV 14 以下。

b. 脱酸油温　220～270℃，一般须根据油脂品种、配合的真空度、产品指标而定。

c. 真空度　真空度高，有利于降低"汽提"阻力、降低油温、减少喷汽量和改善油品。一般范围是气相残压 133.32～666.6Pa，通常采用 133.32～399.96Pa。

d. 脱酸时间　与油中脂肪酸含量及脱酸指标有关，一般与脱臭要求相同，为 45～100min（间歇操作时间长些，约 150min）。

e. 直接蒸汽压力与用量　这是汽提脱酸工艺的关键参数。一方面要求有足够的蒸汽量，能够与被脱酸油充分接触达到"脱酸务尽"；另一方面也要求用汽量不能过多，否则会影响真空度，产生油脂乳化和部分水解返酸、返色而质量下降。因此直接蒸汽用量需要正确计算和确定。

② 物理精炼的基本工艺与设备　物理精炼的工艺有间歇式、半连续式与连续式三种。精炼工艺过程应包括毛油预处理、脱胶、水洗、脱色以及蒸馏脱酸等步骤。脱酸工序与后述脱臭相同。一般塔式连续脱酸过程如图 6-11 所示。

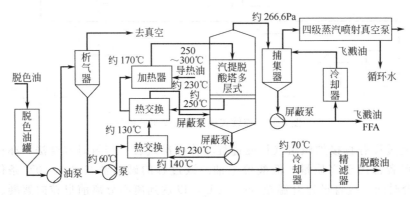

图 6-11　塔式连续脱酸过程

4. 油脂脱色技术

纯净的甘油三酯液态时呈无色，固态时为白色。常见各种颜色的油脂是因为含各种色素造成的。色素的存在不仅影响油脂的外观，而且对风味甚至人体健康都有很大影响。因此有必要去除。油脂脱色的方法很多，有吸附、萃取、氧化加热、氧化还原等方法。工业中用得最多的是吸附脱色法。

① 吸附脱色的基本原理　吸附脱色是利用某些具有强选择性吸附作用的物质，如活性白土、活性炭等加入油脂中，在一定温度下，吸附油脂内色素及其他不纯物质的方法。吸附作用主要由固体吸附剂的表面力引起，在油与吸附剂两相经过充分接触后，终将达到吸附平衡关系。此时被吸附组分在固相中的浓度及其在与吸附剂相接触的液相（油）中的浓度具有一定的函数关系。

$$X/M = KC^n$$

式中，X 为被吸附溶质的量；M 为吸附剂量；C 为残余溶质的量；n、K 为常数。

式中 K、n 值分别表示吸附剂的脱色能力和吸附特点的数值，均可由实验测得。对于某种油类在一定条件下用某种吸附剂脱色，则所得的 K、n 值均为常数。从吸附方程式看出，被吸附组分在油中的浓度愈大，则吸附剂的吸附量亦愈大；浓度逐渐减少，则吸附作用逐渐减退。

② 吸附剂　常用的吸附剂有天然白土、活性白土、活性炭、凹凸棒土、沸石、硅藻土、活性氧化铝、硅胶以及新型二氧化硅系列脱色剂等。油脂工业常用脱色剂有如下几种。

活性白土是漂土经酸处理后一种具有较高活性的吸附剂。它对叶绿素、胶性杂质的吸附能力强，对碱性和极性原子团的吸附能力更强，广泛应用于难脱色油脂（如棕榈油、蓖麻籽油、亚麻籽油、大豆油等）。但易于分解残皂增加 FFA，一般 1% 的活性白土用量，油中的 FFA 含量会增加 0.1%（即酸价提高 0.2）。另外活性白土不仅能有效吸附色素（物理吸附），还由于白土表面存在的电荷具有催化活性作用（化学吸附），它会使油脂的不饱和双键断裂，形成二级氧化产物，而产生所谓"白土味"。因此，经过脱色后的油脂必须经脱臭工序，才能去除 FFA 和"臭味物质"。

活性炭是由树皮、皮壳炭化后，再经活化处理而成。活性炭用途广泛，能吸附气体、蒸汽、气味和色素等。对除去油脂中的红色、去镁叶绿素等色素特别有效。但因价格昂贵，通常不单独用于油脂脱色，而是与活性白土等掺和使用。其混合比一般为（1∶10）～（1∶20）。

③ 吸附脱色工艺与设备　吸附脱色工艺有间歇式脱色工艺、连续式管道脱色工艺、塔式连续脱色工艺。现以连续式管道脱色工艺为例加以叙述。

德国 EX Technik 公司在 20 世纪 80 年代推出了一种较新式的管道混合脱色系统。其特点是将脱气、与白土混合后的被脱色油，直接用泵打入管道脱色系统内，即可连续完成预热、加热、脱色和冷却等全部脱色过程。油与白土在混合过程中均匀充分。一般可以根据处理量和脱色各过程的滞留时间，设计确定反应器合适的管径、长度与组合程数。另外，整个系统除进油析气外，不需要真空系统、不用搅拌。因此生产工艺较稳定、能源消耗低。而且能保证过滤压力的稳定和避免油在高温下与氧气的接触，保持油品的质量。但也存在着要求碱炼原料油的质量必须稳定、白土定量的可调性差以及操作要求严格等值得注意的问题。具体工艺流程如图 6-12 所示。

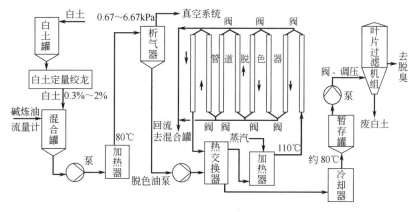

图 6-12　连续式管道脱色工艺

基本工艺参数：混合油在管道内流速 0.1～0.2m/s，脱色温度 100～110℃，脱色时间 15～20min（不超过 35min），白土添加量 0.3%～1.5%，脱气油温 80℃以上，真空度 94.7～100.7kPa。

5. 油脂脱臭技术

纯净的甘油三酯是无气味的，由于油料本身所含的特殊成分和甘油三酯在贮藏、油脂制取过程中发生水解、氧化所生成的产物，或在油脂精炼过程中，碱炼没有洗涤干净所具有的肥皂味、脱色油带有的白土味，浸出毛油残留的溶剂等，致使油脂具有特殊的气味，通常称为"臭味"。脱除油脂中臭味物质的精炼工序即脱臭。

① 油脂脱臭的基本原理 脱臭方法很多，但目前应用最广泛的是汽提脱臭法。其原理即利用蒸汽通过含有臭味的油脂中，汽-液表面相接触，水蒸气被挥发出的臭味组分所饱和，并按其分压的比例逸出，从而去掉油脂中含有的臭味。因为油脂中的臭味物质和甘油三酯挥发性之间的差别较大，因此通过汽提，可以使易挥发的臭味物质从不易挥发的油中除去。采取的主要技术措施与脱臭过程包括原料油脱气预热、通入必要的直接蒸汽、升高脱臭油温以及降低残压确保高真空、保持有效脱臭时间、真空冷却热交换以及馏出物（飞溅油）捕集和回收等方面。

② 脱臭的工艺条件

a. 汽提蒸汽 在间歇式或浅盘塔式脱臭器中，用汽量较多（油重的2%～5%）。直接蒸汽的作用主要是促使与油脂的充分混合翻动，扩大挥发表面积；降低气相分压，有利于在较低的温度下脱除臭味物质。同时，有足够的时间完成热脱色过程。而在薄膜式脱臭器中，耗汽量很少（油重的0.5%～1.0%）、时间短，需要增加额外的热脱色所必需的时间。

b. 升高脱臭油温度 不仅能增加油脂与臭味物质之间的蒸气压差，有利于脱臭。而且也会破坏类胡萝卜素、色素以及其他不需要的物质，使其挥发或脱色，即所谓"热脱色"。同时，过高的温度是产生油脂氧化、水解、聚合变质的重要原因，也是不允许的。要求达到"足够脱臭压差"的必要高温。在真空（1kPa以下）条件下，一般为200～275℃。

c. 必要的高真空 真空度起着提高压差、降低脱臭油温和耗汽量、防止氧化变质，以及缩短汽提脱臭时间等重要作用。真空度要求是根据脱臭油成分、产品质量指标以及设备性能等多种因素决定的。一般为0.133～1kPa。

d. 原料油的"脱气"加热 为避免溶解于油脂中的空气导致氧化，在常压下加热油脂一般不超过100～120℃。因此将进入脱臭前的原料油，首先脱除溶解的空气显得十分必要。因为许多油脂，特别是不饱和度高的，当温度接近150℃时，很容易产生聚合物。

e. 脱臭后立即真空冷却的必要性 对于一些风味敏感的油脂如大豆油，为了防止因热反应而很快产生新的气味物质，希望在完成脱臭时，立即进入冷却阶段，快速降温至150～190℃，即所谓真空冷却、"低温"脱臭。如果单靠外部热交换器冷却，不仅在塔内完成的时机不易掌握，而且热反应所产生的新气味物质与新的脂肪酸，也不可能再通过真空脱除。这就容易产生所谓"返味"，甚至"返色"和"返酸"现象。

③ 脱臭工艺及设备的选择

a. 罐式间歇脱臭工艺 间歇式脱臭适合于小批量、多品种油脂生产。一般年规模在50t/d以下。其主要设备脱臭罐是用不锈钢制成的密闭容器。一般由罐体、间接加热（冷却）盘管或夹套、中央喷汽循环管、捕集板和连续管路组成。罐式间歇脱臭工艺流程如图6-13所示。

一般操作过程如下：将脱色油用泵打入蒸汽预热器，加热到100℃左右，进入脱臭罐内达预定的容量后，进行析气、除氧，同时通入直接蒸汽进行水蒸气蒸馏。开动脱臭油泵，将罐内的油抽出打到导热油加热器，加热到240℃后回到脱臭罐内，与罐内的"冷油"相混，不断循环升温，直至整体油温达到规定脱臭温度，维持2～3h到脱臭结束为止。然后关闭直接蒸汽，用脱臭油泵将罐内的脱臭油抽出到油脂冷却器冷却循环，打回罐内周而复始，大约

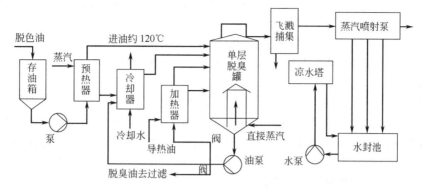

图 6-13　罐式间歇脱臭工艺流程

需要 1h 左右。直到温度降低到 70℃ 以下为止。最后破真空，将冷却后的脱臭油泵出过滤、精滤得到成品油。操作真空度为 100.7kPa（755mmHg，残压 0.67kPa），喷汽量 3%～6%。一般操作周期为 8h 左右。

b. 半连续式脱臭工艺　半连续式脱臭器一般由若干间歇操作系统组合而成。由于容量较大，实现自动控制，完成所谓"间歇连续化"生产。它主要应用于对混合很敏感、更换频繁的油脂（如动物脂肪、用于氢化的油脂等）。脱臭器有多种结构型式，如单层分隔室、单壳体多层浅盘式（De Smet 公司，比利时；Lurgi 公司 MSC 系统，德国）以及双壳体多层分隔室浅盘组合式（Fratelli Gianazza 公司，意大利）等。其工艺过程大致相同（见图 6-14，以单壳体层叠式为例）。

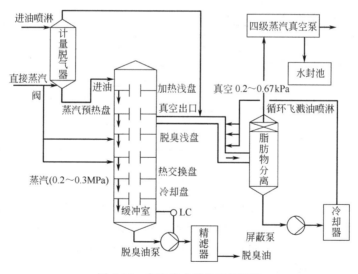

图 6-14　半连续式脱臭工艺流程

预先计量的一批油脂进入系统后，利用重力按规定的时间程序，在真空下依次通过各个浅盘（或分隔室），分批完成脱气、加热、脱臭和冷却 4 个阶段。一般工艺条件：油层高度 0.3～0.8m；每层停留时间 15～30min；脱臭时间 20～60min；利用热虹吸原理，热媒介质形成封闭回路，将上层预热盘与下层高温脱臭油进行热交换（预冷却），可节能 40%～50%；到底层最后将油冷却到 70℃ 以下，泵出精滤即得到成品油。

c. 塔板（浅盘）式连续脱臭工艺　连续式脱臭就是不需人工或仪表控制能连续进行脱气、预热升温、真空脱臭、冷却等程序性操作。油脂在脱臭器内的停留时间，依靠溢流管液位自动调节（一般范围 0.3～0.8m）；直接蒸汽采用鼓泡或喷射方式，定量控制置于盘底均匀分布。因而它的特点是过程时间短、单机处理量大、节能（80％的热回收）而质量稳定。但要求原料油质量稳定、批量大，因此比较适合于大中型油厂。浅盘式连续脱臭设备有层叠式（直立式单壳体或双壳体）与卧式两类。结构形式虽然多种多样，但就工艺而言，不外乎以下两种情况。

主体脱臭塔（至少5层）集脱气、预热（含热脱色）、脱臭、热交换、冷却和脂肪酸捕集于一身（如同上述半连续塔，德国 Krupp 公司与 Lurgi 公司的立式多浅盘脱臭系统，加拿大坎普鲁公司的卧式脱臭器等）。特点是设备结构紧凑、热损失小、产品质量易保证。尤其双壳体脱臭塔，一旦少量空气漏入也不致影响产品质量。但与单壳体相比，也存在结构较复杂、造价高、操作与维修不方便等问题。

外加热（热脱色）、外冷却、多层浅盘脱臭组合系统（如美国 Crown 公司三层单壳体，如图 6-15 所示；比利时 FT 公司的卧式多容器组合系统；以色列 HLS 公司的带热脱色、三层浅盘脱臭系统等）的特点是单独脱臭塔（3～4 层单壳体为主）、预热（含热脱色）、热交换、成品油冷却以及进油加热，甚至脂肪酸捕集等过程，均与脱臭塔分开，或者大部分分开；主设备结构简单、制造方便、操作维修容易；系统设备组合灵活，但热能损失较多（25％以上）。

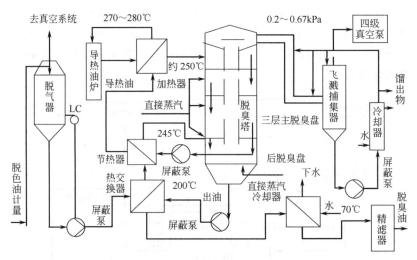

图 6-15 Crown 公司三层单壳体连续脱臭典型工艺流程

对于浅盘脱臭系统的确定，应必须考虑原料油脂在真空下加热或冷却的敏感程度。例如棕榈油和月桂酸类油脂，全部采用外部热交换、冷却系统，热回收率仍可高达 80％以上，没有任何操作或产品质量问题。而大豆油等通常则要求在真空下部分冷却，只是为了避免产生风味问题，热量仅稍有损失。

6. 脱蜡、冬化脱脂与油脂分提技术

油脂提纯与精制一般还包括脱蜡、冬化和分提三种方式。自 1901 年 Holde 和 Stange 将橄榄油-乙醚溶液冷却到 −48℃分离出少量固态脂以来，"冷却、结晶、分提"技术发展迅速。它为油脂的精炼与改性、扩大应用范围开辟了一条新途径。所谓"油脂分提"，就是将液态的或熔化的甘油三酯，进行冷却、析出结晶、固液两相分离以及分别提纯，最终取得目的组分——液体油（色拉油）和固态脂或半固态脂（多种食用油脂产品基质原料）。其中脱蜡与冬化脱脂则属于"分提"的一种特殊情况。脱蜡是指从液体油中除去高熔点的蜡质；冬化则是指从液体油中去除高熔点甘油三酯，目的主要是生产色拉油。由于需要去除的固态脂含量很少，通常将其看作油脂精炼的一部分。而多数"分提结晶"产品则广泛应用到起酥油、人造奶油以及代可可脂等多方面。

(1) 基本原理 分提从本质上讲，分为产生结晶与固液分离两部分。

① 结晶过程 一般油脂均为多种甘油三酯的混合物。分提就是基于甘油三酯间的熔点差异，将熔点相对较高的目的组分结晶析出而分离出来。油脂的结晶过程一般分为三个阶段：液体或熔融后的油脂逐渐降温，形成过饱和，使高熔点成分开始离析出来；搅拌促使小晶核形成；继续降温到目的温度，静置使晶体增大，待分离。

② 油脂的同质多晶现象 饱和程度较高的甘油三酯，冷却时由液态转变为固态，结晶时，都会产生晶格排列和释放出结晶热。而且晶格各有不同，熔点与稳定性也各不相同。按其熔点由低到高的晶体依次为 α 型、β' 型、β 型与中间型四种。其中 β 型分子排列最紧密、最稳定、熔点最高，晶粒粗大容易过滤。这些晶型在一定条件下会产生可逆性的转化。分提过程所采用的工艺条件（主要指冷却过程即冷却曲线）和设备操作，目的都在于促进形成最易过滤的结晶。

③ 结晶体形成的主要条件

a. 结晶温度 一般要求温度低于固态脂的凝固点。对于常规分提法（也称干法）的结晶温度比溶剂分提要高得多。例如，棕榈油常规法结晶温度为 18℃时，对应相同固态脂得率（约 45%）的溶剂分提法结晶温度则为 -5℃。

b. 冷却时间 直接影响到晶体的形成和增大。一般要求缓慢冷却至一定的结晶温度，才能获得相应的晶型。这需要通过试验，求得冷却曲线和固态脂含量曲线的函数关系来确定。一般范围 1~17℃/h，根据油脂品种与加工工艺不同而异。

c. 结晶时间 包括结晶与静置养晶的时间。由于低温时油脂黏度大，形成晶格的速度较慢。因此需要有足够的结晶时间。但其影响因素较多，如体系黏度、多晶性、甘油三酯组成、冷却与达到平衡的速度等，必须根据试验而定。一般 24~36h。同时，在这一过程中缓慢搅拌（10r/min 左右）或间歇搅拌有助于大晶粒的成长。

④ 结晶改善剂的应用 有许多结晶体可供选择，如卵磷脂、聚甘酯、单甘酯-甘油二酯、三梨醇、多元醇酯以及硬脂酸铝等。它们的主要作用是改善晶体结构、延缓结晶、阻止晶体转化或增大等。

⑤ 分离方式 这是最终取得分提产品的关键步骤。对分离过程的技术要求是取得最大的晶体得率，而尽可能不产生高剪切力或压力而破坏晶粒结构。同时要求分离的固态脂中的液体油含量要低。分离方式主要有过滤、离心分离、倾析等。长期以来的实践证明，压力式叶片过滤机仍是分提加工的有效设备。

(2) 分提方式与基本工艺 工业上最典型的"冷却、结晶、分离"技术，一般划分为三类：干法、溶剂法和表面活性剂法。基于其他原理的分提方法很多，这里不再赘述。

① 干法分提 是指在不增加任何其他措施，将油脂直接进行冷却、结晶以及晶、液分离的一种最简单、经济的分提方法。虽然该法存在的主要问题是分离难度大，滤饼液体油含量较高，但随着工艺的发展，新技术的深入应用，愈来愈多的油品采用干法分提实现高选择性分提新技术，已经能够达到以前只有溶剂分提法才能生产的各种产品。

② 溶剂分提 是指在油脂中掺进一定比例的溶剂形成混合油后，再进行冷却、结晶、分离的一种工艺。选用的溶剂主要有丙酮、己烷、95%异丙醇等。由于混合油黏度低、结晶时间短、容易过滤，因此溶剂分提的主要优点是：分离效果好、得率高、产品的纯度高。但溶剂需要从滤饼与液体混合油中进行回收，能耗较大、投资与生产成本也高，溶剂存在安全问题。一般仅应用于代可可脂的生产。

③ 表面活性剂分提　是指采用水溶性表面活性剂溶液，添加到已经冷却结晶的油脂中，使结晶的固态脂润湿，在液体油中呈分散相后，进行离心分离的工艺。润湿剂通常为十二烷基硫酸盐，并掺入电解质硫酸镁，以利于晶体悬浮在水相中离心分离。由于要求回收表面活性剂，生产成本较高而且存在污染问题，该分提法应用范围有限。

（3）典型半连续干法分提工艺及设备　由四台间歇式结晶塔与膜式冬化压滤机组合而成，如图 6-16 所示。

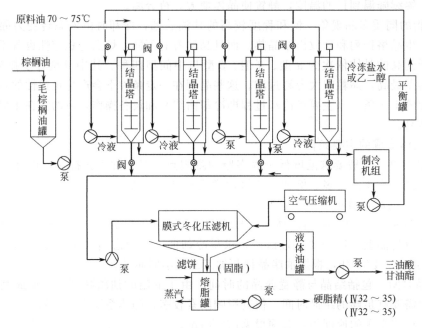

图 6-16　典型半连续干法分提工艺流程

由图 6-16 可知，毛油或脱色油（70～75℃）直接打入塔内进行冷却、结晶。按照冷却速率的要求分为三阶段降温。首先在塔上部用 13℃/h 的速率使油温降到 32℃；然后采用 5℃/h 的速率降到 12℃；最后降低到 6℃左右即可从下部放料，泵出过滤。大约需要 12～24h。根据产品质量指标、设备及操作条件，结晶塔有两种形式：其一，为带夹套的立式圆筒体，内装 5 对搅拌桨叶，转速 3～13r/min，可调，一般为 3～5r/min；其二，采用一种组合单元结晶塔，是由 3 个直径很小（约 400mm）而中间相同的圆筒式结晶器叠合而成，中间装有特殊的搅拌刮刀，以防结晶体沉积。冷却液按上述不同温度要求，每层通入不同的冷却液，按程序控制，自动调节液温和每一层的停留时间。排出液采用特殊隔膜泵（以防结晶体破坏）打入冬化过滤机（或连续真空吸滤机）。每台（组）结晶塔按程序完成冷却结晶的全过程形成间歇式操作。之所以称为"半连续"是因由 4 台交替生产而实现的连续化过程。

（三）油脂氢化技术

油脂氢化就是在有催化剂的条件下，将氢添加到不饱和甘油酯双键上，使饱和度提高的过程。它是一种放热反应。据测定，氢化后油脂碘价每降低一个单位，温度会升高 1.6～1.7℃。氢化反应后的油脂碘价下降、熔点升高，固态脂含量随着氢化程度的加深而增加。同时，也会产生不饱和键的异构化（位置与几何异构化）。由于油脂组成的多种多样，不饱和程度、反应条件各不相同。因此，油脂氢化工艺是一种非常复杂的化学反应工程。然而，起源于 1897～1905 年的氢化研究工作，在各国科学家的不断努力下，就理论基础、应用实践、如何控制氢化反应、生产各种市场需求的产品，取得了丰硕成果。1903年英国 Joseph Crossfield 获得油脂液相氢化专利，1906 年即开始应用于小规模处理鲸油。欧美国家对氢化植物油（如棉籽油）作为烹调、煎炸、焙烤等塑性脂肪食品原料需要量的增加，促使氢化油脂制品不断上市。1911 年美国 PG 公司的 Crisco 牌起酥油上市，随后各种人造奶油投入市场。非食用油脂氢化产品如肥皂、脂肪胺、脂肪醇等工业消费品，也相继投入市场。20 世纪 30 年代中期，由 Ralph Potts 设计的带搅拌的高压氢化釜的出现，为氢化工艺走上工业化开辟了广阔途径。此后，各种半连续、连续式氢化工艺与设备相继投入工业化运行。

根据氢化程度的不同，通常把氢化分成极度氢化与选择性氢化两种。所谓极度氢化，即将油脂（或非甘油酯、脂肪酸及其衍生物）分子中的不饱和脂肪酸氢化。它主要用于工业用油。因此，极度氢化时，温度、压力可以较高，催化剂用量较多，对反式脂肪酸的生成也没有要求。选择性氢化则在氢化反应中，采用适当的工艺条件，使油脂中各种脂肪酸的氢化反应速度具有某种选择性，取得不同程度的产品。其主要目的是要达到碘价、熔点、固体指数以及气味等指标，符合生产各种食用脂肪产品的要求。同时，选择性氢化还可以作为油脂精炼的一种手段。控制氢化反应过程，使不饱和程度高的脂肪酸降解为较稳定的单烯酸或双烯酸。例如，氢化大豆油、鱼油不仅可以提高其营养价值与稳定性，而且结合精炼过程能改善色泽、脱除异味。

1. 氢化工艺原理

（1）氢化反应机理　氢化时的反应物有气相、液相与固相。只有当这三相反应物充分接触才能完成反应。首先，必须让溶解于油中的氢气扩散到催化剂表面，不饱和烃才能与氢气在有机金属表面完成氢化反应。这一多相反应包括下列步骤，反应物向催化剂表面扩散、氢气的化学吸附、表面反应、解吸、产物从催化剂表面扩散到油中。

（2）加工条件对氢化反应的影响　氢化反应的主要参数包括温度、压力、催化剂浓度以及搅拌混合程度。它们对氢化反应速率及选择性都有较大的影响，而且互为联系。现分别介绍如下。

① 温度的影响

a. 对氢化反应速率的影响　也是符合提高温度能加速氢化的一般规律。升高温度时氢气的增溶才是主要因素。但只能在一定范围之内（160～205℃），同时在搅拌的条件下，否则过高的温度又会导致脱氢。因此温度的影响是有限度的。

b. 对选择性的影响　随着反应温度的升高，反式脂肪酸的生成率几乎呈直线比例上升。这是因为温度升高，活化能增加提高反应速率。单独升高温度在加快反应速率的同时，却导致氢源不足，催化剂表面无足够的氢气使双键饱和，从而形成双键的转移而产生异构体。

② 压力的影响

a. 对氢化反应速率的影响　大多数油脂氢化压力范围在 0.07～0.39MPa。其范围不宽，但压力的变化却对产品的影响很大。例如，选择性氢化大豆油时，在同样温度 204℃、催化剂镍含量 0.005％条件下，压力从 103kPa 上升到 310kPa 时，达到同样碘价 80，氢化时间从 65min 减至 25min。

b. 对选择性的影响　压力对异构化影响较小。尤其在高压低温下，并不改变异构化反应速率。

③ 催化剂浓度和种类的影响

a. 催化剂浓度对氢化反应速率的影响　一般在用量较少的情况下，反应速率随着用量的增加而提高。活性镍催化剂的消耗，在开始阶段首先用于使其"中毒"的杂质（如磷、皂、硫、胶质等），而后进入催化加速反应。但过多的添加量对反应速率的效果是有限的。一旦达到一定速度后便不会再增加。

b. 催化剂种类对氢化反应速率的影响　一般认为，催化剂的毛细孔结构会影响氢化反应速率和选择性。孔径大（≥2.5nm）有利于氢化产物的反应与迅速转移，不至于沉积。催化剂的种类与工艺条件决定了产品的品质。如铜铬催化剂氢化大豆油的选择性高达28~31，具有促使产生共轭体异构化的性能，镍、铂、钯等催化剂则无此性能。而镍催化剂比值小，为2~2.3，且不会随工艺条件的改变而改变。催化活性依次为：钯＞铑＞镍-铁＞铜-铬。

④ 搅拌的影响　搅拌的主要目的在于保持催化剂的悬浮，促进氢气在油中的溶解。增加搅拌力度，有利于提高反应速率，提供足够的氢到催化剂表面，阻止异构化的产生。尤其在高温条件氢化反应快、氢气需要量大的情况下，搅拌速度的变化就显得具有很大的影响力。但也有个限度，须通过试验而定。

⑤ 反应物品质的影响

a. 原料油的品质　油脂中的磷脂、FFA、肥皂、黏液与色素等都能使催化剂中毒。菜籽油中的含硫化合物影响更大。因此，在氢化前必须除去以上杂质。一般氢化前的精炼工序脱胶、脱酸和脱色是十分必要的。

b. 氢气的品质　氢气纯度一般要求98%以上。尤其一氧化碳和硫化物必须从氢气中脱除。因为它们在氢化中也会使催化剂中毒。

2. 典型氢化工艺与设备

（1）氢化工艺的基本过程　油脂氢化工艺无论间歇式、间歇-连续式或连续式，一般都包括以下基本过程：

与油混合的催化剂　氢气

原料油→预处理→除氧脱水→氢化→过滤→后脱色→脱臭→成品氢化油

① 对原料油的预处理要求　杂质的允许残留量：FFA≤0.05%，水分≤0.05%，含皂≤25×10^{-6}，硫≤5×10^{-6}，POV≤2mmol/kg，磷≤2mg/kg，色泽R1.6、Y16（51/4槽），茴香胺值≤10，铜≤0.01×10^{-6}，铁≤0.03×10^{-6}。

② 除氧脱水　间歇式一般在氢化反应器内进行。连续或半连续式工艺，原料油在进反应器前须设立一台真空脱气器。条件：真空度94.7kPa（710mmHg）以上，温度110~150℃。

③ 氢化

a. 间歇式或间歇-连续式氢化生产周期　进料（吸入预混合的催化剂）5~7min，升温脱气20~30min，通氢气进行氢化反应40~46min，放料5~7min，共计70~90min。热交换预热、脱气后进料工艺的生产周期为50~60min。

b. 工艺过程的一般条件　油温到140~150℃开始通入氢气开始氢化反应，反应温度150~200℃，氢气压力0.1~0.5MPa，催化剂用量0.01%~0.5%，搅拌转速600r/min以上。由于氢化是放热反应，须对反应过程进行温度控制和调节终温（间接冷却或加热）。

c. 氢化终点的测定方法　氢化时间的长短，往往借助于氢化终端是否符合产品质量指标（碘价与熔点）的测定而定。目前最精确的测定终点反应程度的方法仍然是用计量计（如孔板流量计）测定氢气的消耗量。然而氢化反应中氢气的消耗，在过程中的变化很大。因此，以下对氢化结果产品的间接简易判断法行之有效。

以氢化时间判断：预先测定碘价与氢化时间的关系，绘制成标准曲线指导生产；或凭经验确定时间。

以氢气压力的下降值判断：在标准状态下，每千克油脂碘价降低1，耗氢量为0.88L或

0.93L。根据压差求得在一定温度下批量油脂的耗氢量。可以应用计算机进行控制。

以氢化放热量进行判断：通过在线量热计进行观察，并按照每降低 1 个碘价升温 1.6～
1.7℃ 的理论值，进行记录，计算得出氢化过程的放热量，便可判断氢化终点。

利用已知油脂折射率与碘价之间的关系：通过测定折射率的变化，可直接确定氢化程
度。该法简便、快速，但测量仪器也必须快速、可靠。利用内在纤维光学技术的折射率参比
仪以及在线折射率仪器将成为记录和控制氢化程度的有效手段。这种仪器还能测出产品的顺
式与反式异构体的比例。

④ 过滤工序 目的在于脱除氢化油中的催化剂。进过滤机前，油温须降低到 70℃ 左右。
此外，经过后精炼的成品油还需要精滤，再度把关。

⑤ 后脱色与后脱臭 后脱色目的是借白土吸附进一步去除残留催化剂。工艺条件：温度
100～110℃，时间 10～15min，白土量 0.4%～0.8%，压力 6700Pa，镍残留量低于 5×10^{-6}。
后脱臭具体操作与"精炼技术"部分相同。

（2）典型间歇-连续式（半连续式）氢化工艺 间歇式氢化工艺中的主体设备有封闭机
械搅拌式和循环泵喷射搅拌式两种。半连续工艺即采用两台间歇设备并联操作，进行外循环
热交换。典型循环泵喷射搅拌半连续式氢化工艺流程如图 6-17 所示。

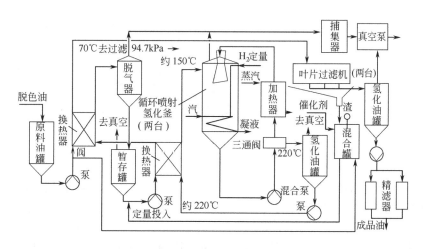

图 6-17 典型循环泵喷射搅拌半连续式氢化工艺流程

操作要点：首先将原料油泵入热交换器升温到 100℃ 以上，进行真空脱气（脱水），然
后进入第二热交换器与釜内出来的热氢化油（约 220℃）进行交换，升温达到 140℃ 以上。
随即进入氢化反应釜内，进行通氢气搅拌反应。利用抽出泵将油不断地从釜底抽出，打入顶
部进行喷射式搅拌，直到氢化完毕放料。采用控制反应时间或达到预定的终端温度来确定每
一个氢化周期。放料时打开三通阀，关闭进料阀，经氢化油罐泵入两台热交换器，使温度降
低到 70℃ 左右，直接去过滤机进行过滤。得到成品氢化油与催化剂滤渣。滤渣的 3/4 仍可
以与添加的新催化剂一起重复使用。在混合罐内与油混合后，用比配泵打入氢化釜。在一台
氢化釜开始放料的同时，另一台氢化釜则已经开始进料。就这样实现了氢化油的连续进行热
交换而不中断，从而达到节能的目的，即所谓"半连续"。

（3）典型连续式氢化工艺 采用连续式氢化工艺，不仅可以大幅度提高设备处理能
力，而且能够克服间歇式生产固有的人为操作不稳定、设备故障多的影响。然而，目前
的连续式氢化工艺只是得到有限的应用。其原因是氢化产品以小批量、多品种居多。因
此，生产设备的使用更换频繁，不宜清理；一些必需的在线仪表有待进一步开发。为此，

连续式氢化工艺的应用，主要还是在比较容易控制的极度氢化方面，如硬化油的生产。最常见的工业化连续式氢化工艺有管道氢化反应器和连续塔式反应器等。至于新型小球状催化剂固定床连续式氢化工艺，虽然简化了操作，提高了催化剂利用率与使用寿命，但对原料油中杂质含量的更严格要求、贵重金属消耗的经济性以及可能的食品安全等问题，使得该项技术依然停留在研究阶段。

以下就连续塔式高压氢化工艺流程作一简单介绍（如图6-18所示）。

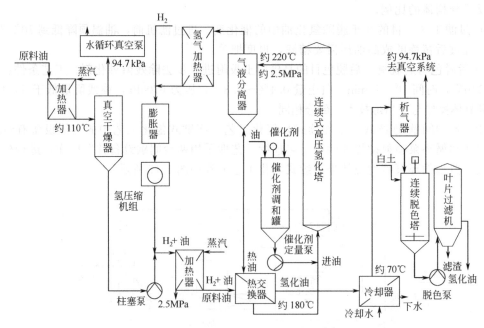

图6-18　连续塔式高压氢化工艺流程

操作要点：原料油经加热器预热到110℃左右，喷入真空干燥器进行脱水、析气。抽出的油用高压柱塞泵压送，使油压上升到2.5MPa，与按比例的压缩氢气一起进入加热器和热交换器，最后使油温调整到预定进料温度（180～190℃）进入氢化塔内进行连续快速氢化。与此同时，定量的催化剂与油、氢气一起进入氢化塔内。按设定的停留时间（1～2h，由下到上靠液位控制）在塔内得到充分反应，同时升温到终温。然后，氢化产物与氢气混合物随即连续流出塔外。经气液分离、与原料油热交换、冷却后的氢化油在经脱气、后脱色与过滤等工序成为氢化脂产品。而分离出来的氢气，经加热、膨胀后与新加入的氢气一起通过压缩机，定量连续地与油和催化剂一起去氢化塔参与反应。

（四）油脂酯交换技术

（1）**概述**　油脂的酯交换是指油脂中的甘油三酯与脂肪酸、醇、自身或者其他的酯类作用，而引起酯基交换或分子重排的过程。即不需经过化学改变脂肪酸组成，就能改变油脂特性的一种工艺方法。它可以应用到许多油脂和其他组分的互换反应中，包括醇解——与单烃基醇产生甲酯或与多烃基醇形成单烯基甘油；酸解——脂肪酸互换产生目的脂肪酸产品；酯基转移——通过重排取得希望得到的某种类似天然油脂，或有用的单甘酯、甘油二酯或其他酯类。酯交换与氢化、分提一起，已成为目前油脂改性的三大工艺手段。

（2）酯交换工艺原理简介

① 酯交换的方式　酯交换一般有分子内酯交换与分子间酯交换两种形式。它们的互换有任意重排（随机酯交换）与可控重排（定向酯交换）两类。现图解如下。

a. 分子内酯交换

$$\begin{bmatrix} -R^1 \\ -R^2 \\ -R^3 \end{bmatrix} \rightleftharpoons \begin{bmatrix} -R^3 \\ -R^1 \\ -R^2 \end{bmatrix} \rightleftharpoons \begin{bmatrix} -R^1 \\ -R^3 \\ -R^2 \end{bmatrix}$$

b. 分子间酯交换

$$\begin{bmatrix} -R^1 \\ -R^1 \\ -R^1 \end{bmatrix} + \begin{bmatrix} -R^2 \\ -R^2 \\ -R^2 \end{bmatrix} \xrightarrow[\text{定向酯交换}]{\text{随机酯交换}} \begin{bmatrix} -R^1 \\ -R^1 \\ -R^2 \end{bmatrix} + \begin{bmatrix} -R^1 \\ -R^2 \\ -R^1 \end{bmatrix} + \begin{bmatrix} -R^1 \\ -R^2 \\ -R^2 \end{bmatrix} + \begin{bmatrix} -R^2 \\ -R^1 \\ -R^2 \end{bmatrix}$$

式中，R^1、R^2、R^3 分别代表不同的脂肪酸，如硬脂酸、油酸和棕榈酸。酯交换后达到平衡时，油脂内甘油三酯的组成数 $N=n^2(n+1)/2$（n 为原料中的脂肪酸的种类数）。采用不同原料，控制不同的条件，可以按照随机分布原理形成无限的组分。因此，根据不同的需要，对原料油脂进行改性或生产新产品。酯交换方式主要分为如下两种。

化学酯交换：即构造脂质（TAG）分子内部（分子内酯交换）或分子之间（分子间酯交换）的脂肪酸部分相互移动直至达到热动力平衡的一种技术。其机制有两种学说：羰基加合机制与烯醇中间体机制。

脂肪酶催化酯交换：即利用脂肪酶的某种特异性进行酯交换。由于条件温和可生产化学酯交换无法得到的一些油脂。其酯交换过程与化学酯交换相似。但酶催化剂成本高。

② 酯交换反应后油脂性质的变化　虽然酯交换后油脂分子的脂肪酸组成未变，但因排列的变化而生成新的分子。从而其性质也发生了改变。

a. 熔点　随着酯交换组成变化的情况，饱和脂肪酸含量增加其熔点相应升高（10～20℃），反之则下降（如氢化油与液态油的酯交换，一般下降10～20℃）。

b. 固体指数（SFI）　从表 6-3 可知，变化特别显著的是可可脂，反应后完全改变了反应前的物理性质。

表 6-3　几种油脂在酯交换前后的 SFI 变化

酯交换反应油脂	反 应 前			反 应 后		
	10℃	20℃	35℃	10℃	20℃	35℃
可可脂	84.4	80	0	52	46	35.5
棕榈油	54	32	7.5	52.5	39	21.5
棕榈仁油	—	38.2	8.0	—	27.2	1.0
硬化棕榈仁油	74.5	67.0	15.4	65	49.7	1.4
猪油	26.0	19.8	2.5	24.8	11.8	4.8
牛油	58.0	51.6	26.7	57.1	50.0	26.7
60%棕榈油+40%椰子油	30.0	9.0	4.7	33.2	13.1	0.6
50%棕榈油+50%椰子油	33.2	7.5	2.8	34.4	12.0	0
40%棕榈油+60%椰子油	7.0	6.1	2.4	35.5	10.7	0
20%棕榈硬脂酸+80%轻度氢化植物油	24.4	20.8	12.3	21.2	12.2	1.5

c. 稠度　即表示油脂硬度。在一定温度下，"针入度计"的针，靠自重从塑性脂肪表面穿入的深度来表示。酯交换后，油脂的结晶特性发生变化，稠度也随之变化。例如猪油酯交换后的稠度显著下降，针入度上升，更适合于用作人造奶油或糖果脂肪。这是由于猪脂的晶型由 β 型变成 β' 型时有细小晶体析出。

d. 稳定性 一般情况下，植物油经过随机酯交换后，会除去原来存在的生育酚等"杂质"，从而降低了抗氧化性能，稳定性变差。同时也注意到，在生产经过酯交换的某些调和油时，稳定性却有所提高。例如，精炼花生油与部分氢化油通过酯交换，其过氧化值由14.8mmol/kg 减少到 11.3mmol/kg。

（3）酯交换生产工艺和设备

① 间歇罐式酯交换 整个反应是在类似于带搅拌的真空脱色罐内进行，并在罐底设有通氮气的管道。一般操作过程如下。

a. 随机酯交换（用甲醇钠作催化剂） 将精制原料油首先加热到 100℃ 左右，在真空下吹入氮气，使油充分干燥，水分到 0.01% 以下。然后冷却到 50℃ 左右，即可快速添加0.1%~0.3%的甲醇钠（20%的甲醇溶液）。开始为白色混浊，一旦变成褐色，即表示反应开始。过程中的反应速度，根据要求做一些变化：80~100℃/15min；60~80℃/30min；20~30℃/24h，观察产品色泽如由黄棕色转深，即表示反应结束。送往精制槽加水或酸使催化剂失活，洗脱肥皂。再经过滤、脱臭得到成品油。

b. 定向酯交换（用 NaOH、金属钠或钠钾合金作催化剂） 用氢氧化钠作催化剂时加入量为 0.1% 左右（50%的水溶液）。常同时加入 0.1%~0.25%的甘油作助催化剂。反应温度160℃，15min 即可达到大致平衡。待油开始呈褐色起，反应继续进行 10~60min 结束（用金属钠或钠钾合金时，只需 3~6min 即可结束）。

② 连续式随机酯交换工艺 以精制猪油的酯交换改性为例，其基本工艺流程如下：

猪油→加热→二级真空干燥→冷却器→混合器→酯交换反应器→混合器→离心机→油脚及成品

若采用 NaOH 作催化剂，上述过程改变为先加催化剂，然后在 60℃ 以上真空脱水，再升温到 140~160℃ 进行反应至终点，其余相同。

③ 连续式定向酯交换工艺 用金属钠-钾合金作催化剂时的典型工艺流程如下：

猪油→真空干燥→冷却→混合器→急冷→成晶→急冷→结晶槽→混合器→加热器→脱气→离心→皂脚

经定向酯交换改质后的猪脂，可直接用作质地良好的起酥油。

（4）酯交换技术在油脂工业中的应用 酯交换技术目前虽然还存在着催化剂的选择、成本以及催化反应定向控制问题，有待进一步扩大工业化应用。但酯交换反应从原理到实际都已说明：它对于油脂改性（改变熔点、SFI 与结晶状态）而不降低饱和度，也不产生异构化，能保持天然脂肪的营养价值有独特的功效。因此具有潜在的发展前景。目前在油脂工业中的应用主要有：猪油改性降低 20℃ 以下固态脂含量，从而提高其延展性与焙烤性；采用米糠油与中链脂肪酸的酶法酯交换制取 MCT；乌桕籽油酶法酯交换生产类可可脂；乳脂酶法酯交换改性，使游离胆固醇改变成酯化型胆固醇；酶法酯交换生产乳幼儿脂质；将EPA、DHA 与花生油或氢化大豆油进行酶法酯交换，生产富含 EPA、DHA 的油脂；零反式酸或低反式酸油脂的生产等。

（五）微胶囊化生产技术

（1）概述 微胶囊化技术是当今世界上被广泛应用的三大控制释放系统（微胶囊、脂质体与多孔聚合物系统）之一。20 世纪 70 年代以来，日本已能批量生产多种微胶囊粉末油脂系列产品。油脂微胶囊化后，由于其稳定性好、散落性优良、便于计量使用和运输，而广泛被应用于面包、冰淇淋、快餐食品、固体饮料、巧克力、糖果添加剂等多方面。随之，微胶囊化的专用油脂产品相继问世，如易挥发油溶性香味物质、高不饱和脂肪酸、鱼油、易氧化退色的油溶性色素（β-胡萝卜素）等。在国际上已将微胶囊技术列入 21 世纪重点研究开发的高新技术之一。20 世纪 80 年代末，我国也开始在这一领域研究与实践，并已建成年产 8000t 粉末油脂生产线投入运行（1998）。

① 控制释放技术基本理论与微胶囊化

a. 控制释放技术基本概念　　所谓"控制释放"是指在一个特定的系统，该系统内的活性制剂，可按预先设定的速度释放到周围环境中。在某段时间内，在特定的区域，活性制剂的浓度可以保持在设定范围内。该技术所起到的功效包括：保护活性成分；改变有效成分物态；隔离不相容成分；掩蔽活性成分的不良性质，如气味、pH 值或催化活性；控制释放活性成分速度；改善产品的感官特性等。

控制释放技术的最重要的前提条件是：被控制释放的活性组分必须被包覆在囊壁中；构成囊壁的包覆材料的设计选择，必须与活性物质的传输要求相适应。

控制释放系统中活性组分的释放机理，可分为物理型与化学型两种。物理过程控制主要通过扩散渗透作用，穿过囊壁（膜）聚合物。活性组分在系统中的存在形式有两种。

储库式，即被包裹在速度控制膜内，膜可以是微孔、大孔或无孔的。活性组分的扩散速度由膜的厚度、面积与渗透性决定。

基质式，即活性组分均匀分散于聚合物基质中。它的释放与基质的结构形状关系很大。不仅是扩散，而且还包括渗透控制与化学过程控制。其中渗透控制则是通过水对聚合物材料的渗透作用，与基质材料的溶胀作用实现的。化学过程控制是活性组分通过与聚合物之间化学键的断裂，使其从中被释放出来。这些断裂多为水解过程或生物降解过程。释放速度取决于反应动力学过程、扩散以及界面效应。

b. 微胶囊化技术　　所谓"微胶囊化"就是将固、液、气态物质，包埋到微小、半透性或封闭的胶囊中，使内含物在特定的条件下，可以控制的速度进行释放的技术，这一微小封闭的胶囊即微胶囊。其粒径大小一般在 $1 \sim 1000 \mu m$ 范围（常为 $5 \sim 200 \mu m$）。将液体微滴（如油脂）封入食用级气密包装胶囊的，又被定名为软微胶囊。其形状以球形为主，可以呈多种形状（如米粒状、块状、针状等）。微胶囊一般由心材与壁材两部分组成。心材即"活性组分"，而壁材即成膜材料，则根据释放控制技术要求，有多种材料可供选择。主要有碳水化合物（如植物胶类、淀粉类、糊精类、糖类与纤维类）与蛋白质（如明胶、酪蛋白及其盐类、乳清蛋白等）两大类，此外还有缩聚物类、油类（氢化油）、无机盐类等。壁材的选用，需根据产品的黏度、渗透性、吸湿性、溶解度、成膜性、凝胶性、絮凝性、金属配位性以及澄清度等因素来决定，并要求无毒、无臭，对心材无不良影响。

采用微胶囊技术的目的就是：将有效成分"包装"于微胶囊中，处理成固体，改善了可操作性；与外界不宜环境隔绝，达到最大限度地保持原有的色香味，防止氧化以及受光、紫外线、温度、湿度等影响，防止营养成分破坏而降低产品品质；控制释放时机；隔离活性成分，能使易于相互反应的组分同时存在于同一物系之中；控制心材的生物利用度，降低某些化学添加剂的毒性。

② 微胶囊化方法的选择　　微胶囊的方法很多种，如喷雾干燥法、喷雾冷却法、喷雾冷冻法、挤压法、锐孔法、空气悬浮成膜法、NCR 法（凝聚法）、分子包埋法等。

a. 喷雾干燥法　　基本过程是首先制备心材与壁材的混合乳化液，然后将此乳化液在一定的条件下，进行喷雾干燥而成。壁材在遇热时会形成一种网状结构，起着筛分作用。水或其他溶剂等小分子物质受热蒸发，透过"网孔"而顺利移出。分子较大的心材则滞留在网内，形成微胶囊颗粒。心材通常是辛香料等风味物质或油脂类。壁材常选用明胶、阿拉伯胶、变性淀粉、蛋白质、纤维酯等食品级胶体。其中阿拉伯胶与麦芽糊精的组合，被认为是用于包埋香味物质性能最好而成本较低的壁材。各种淀粉类衍生物、阿拉伯胶等，由于本身具有优良的乳化性、成膜性与抗氧化性，且拥有较高的玻璃化相变温度的特点，愈来愈广泛地应用于油脂类产品的微胶囊化。

b. 喷雾冷却法　又称冷却固化法，其操作过程与喷雾干燥法相似。不同点只是将经加热熔融的壁材，在冷房中喷雾干燥、迅速冷却、凝固成型。典型的壁材有氢化植物油、脂肪酸酯、脂肪醇、单甘酯、甘油二酯等。该法适用的心材包括酸类、维生素类、风味物质等食品添加剂，敏感性物质，不溶性物质等。可用于焙烤食品、固体汤料与高级脂肪产品。

c. 空气悬浮成膜法　又称流化床法或喷雾包衣法，基本原理是将心材颗粒置于流化床中，冲入空气使心材随气流做循环运动，溶解或熔融的壁材通过喷头雾化，喷洒在悬浮上升的心材颗粒上，并沉积于心材表面。形成厚度适中的包裹层，达到微胶囊化的目的。

d. 凝聚法　又称相分离法，微胶囊化过程分三个阶段：凝聚相的形成、壁膜的沉积与壁膜的固化。凝聚相即首先向心材和壁材形成的混合物中添加另一种物质，使壁材的溶解度降低，在混合液中凝聚而产生一种新的相。壁膜的沉积过程，即壁材凝聚出来后，附着在心材表面形成包裹层。壁膜形成后，通过加热、交联、去除溶剂等步骤，最后使壁膜进一步固化形成微胶囊产品。

e. 挤压法　基本流程是首先将心材分散到熔融的碳水化合物中，然后将混合液装入密封容器。在压穿台上利用压力作用，压迫混合液，通过一组模孔而形成丝状液，挤入吸水剂中。丝状混合液与吸水剂接触后，液状的壁材会脱水、硬化，并将心材包裹在里面形成丝状固体，然后打碎并从液体中分离出来，干燥而成丝条状微胶囊。由于加工过程的低温条件，挤压法技术特别适用于包埋各种风味物质、香料、维生素 C 以及色素等热敏性物质。

f. 分子包埋法　又称包结配位法，即利用具有特殊分子结构的壁材进行包埋而成。常用的壁材是 β-环糊精，它是由 7 个吡喃型葡萄糖分子，以 α-1,4-糖苷键连接成环状化合物。其外形呈圆台状，亲水性基团分布在表面而形成亲水区，内部的中空部位分布着疏水基团，形成疏水中心。它可以与许多物质形成包结配合物，将外来分子置于中心部位而完成包埋过程。该法工艺简单，一般只需将环糊精配制成饱和溶液，加入等物质的量的心材，混合后充分搅拌 30min，即得到所需的配合物。对于一些溶解度大的心材分子，其配合物在水中的溶解度也比较大。因此可以加入有机溶剂析出沉淀。对于不溶于水的固体心材，需先用少量溶剂溶解后，再混入环糊精饱和溶液中。

(2) 微胶囊化生产技术及应用　如上所述，尽管有多种微胶囊化方法，但其主要生产工艺都不外乎壁材的选择与心材的包埋（微胶囊成型）两大部分，而且，在油脂工业领域应用最为广泛的喷雾干燥法，也正在不断深入研究与发展。以下就涉及微胶囊化生产工艺的主要方面作一简述。

① 壁材的选择　根据不同的心材以及确保控制释放条件的要求，选择合适的壁材尤为重要。以下就常用壁材及其应用特点进行介绍。

a. 碳水化合物　包括植物胶、淀粉及衍生物、糊精、糖类以及纤维素五类。其中植物胶、环糊精等已广泛应用于微胶囊化专用油脂产品方面。而糊精、糖类以及纤维素等，虽然因本身不能成膜，也不具有乳化性而不能单独有效包埋油脂，但可以与其他壁材共同使用，以达到提高微胶囊膜的致密性效果。

b. 蛋白质类　在食用油脂微胶囊化过程中，多数场合都需要蛋白质作为壁材的配方，而且要求考虑蛋白质的等电点。因为在制备 O/W 型乳状液时，需要避免蛋白质沉淀，必须调节溶液的 pH 值到 7。例如用乳糖与酪蛋白酸钠作为壁材，用喷雾干燥法生产大豆色拉油微胶囊时，在酪蛋白酸钠、大豆油与乳糖溶液混合之前，就需要用 NaOH 溶液调节乳糖溶液的 pH 值到 7，否则将会影响蛋白质壁材的成膜和产品黏结度。

蛋白质作壁材的机理，是由于蛋白质分子带有许多双亲基团，当与油滴接触时，疏水基团能强烈地吸附在油滴表面。而亲水基团则伸入水相。通过加热随着蛋白质分子的轻度变性作用，使蛋白质分子在逐渐展开的过程中，以多种形式吸附在油滴表面上，同时形成富有弹性的界面膜。在降低表面张力的同时，也有利于乳状液的形成与稳定。

几种常用的蛋白质壁材有：明胶，酪蛋白及其盐类，乳清蛋白类，脱脂奶粉，大豆分离蛋白等。

② 微胶囊化油脂（粉末油脂）典型生产工艺　粉末油脂产品包括粉末保健油（鱼油、小麦胚芽油、色拉调和油）；粉末起酥油；粉末人造奶油；粉末风味油（花生油、芝麻油）等。其生产工艺均可采用乳化喷雾干燥法。即首先采用复合凝聚法，将油脂形成微胶囊。然后将湿微胶囊进行喷雾干燥，取得粉末油脂。一般工艺流程如图 6-19 所示。

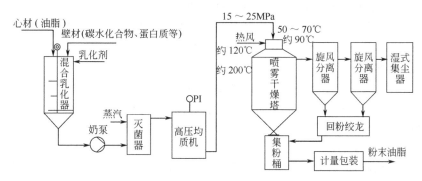

图 6-19　微胶囊化油脂典型生产工艺流程

过程操作要点如下。

按比例配制壁材溶液，在一定温度下（50～70℃），加入定量的油脂进行充分搅拌，必要时加入一定量的乳化剂，直到形成 O/W 型乳状液。

经过高温瞬时灭菌与高压均质机，进一步乳化后，由高压均质泵（20～40MPa）将乳状液泵入离心喷雾干燥塔内。采用热风顺流式进行干燥，成品粉末油脂从塔底卸出。

产品指标的含义：包埋率＝（含油量－表面油）/含油量，即 100g 油脂被包埋在囊壁内的比率。

第二节　油脂食品加工

食用油脂产品分为普通食用油（烹调油、色拉油、调和油）、食品专用油脂（煎炸油、起酥油、人造奶油、蛋黄酱、代可可脂）与其他脂类产品（磷脂、糖脂、生物柴油）等。

我国的主要食用油产品有二级油、一级油、高级烹调油、色拉油以及调和油等。它们都是按照各自的质量标准，经过一定的精炼工艺制得。

二级油和一级油实际上是一种初级加工的食用油。大多数油脂仅以酸价高低作为主要指标，色泽与风味则无严格要求，而只是随着加工结果所作的相应规定。基本生产工艺过程如下：

毛油→过滤除杂→碱炼→真空脱水（或脱溶）→一级油

毛油→过滤除杂→水化脱胶→真空脱水（或脱溶）→二级油

一、高级烹调油和色拉油

高级烹调油是一种适合于我国家庭或餐馆炒菜用的高级食用油，但不作煎炸用油。色拉油则是可用于生吃、凉拌、制调和油、配人造奶油和蛋黄酱以及家庭手工调制色拉的上乘油脂。它也可以用于油炸即食食品。

高级烹调油和色拉油主要不同点在于"耐寒性"。因此，这两种油的精炼工艺的不同点，就在于是否需要脱脂（和脱蜡）的问题，须根据不同的油品采用不同的加工步骤。现举例如下。

对于固态脂（或蜡）含量低的一些油脂，如大豆油、卡诺拉油或菜籽油，加工高级烹调油和色拉油的工艺过程基本相同。

毛油→过滤杂质→碱炼脱酸→真空干燥→吸附脱色→冬化脱脂→汽提脱臭→高级烹调油或色拉油

毛油→过滤杂质→脱胶→真空干燥→吸附脱色→汽提脱酸→高级烹调油或色拉油

上述工艺对于多数固态脂含量较高的如棉籽油、花生油等仅适合于加工高级烹调油。

对于含蜡脂量高的油脂如米糠油、红花籽油、葵花籽油、玉米胚芽油，如果生产色拉油，则必须增加冬化脱脂或脱蜡工序。基本过程如下。

毛油→过滤杂质→碱炼脱酸→吸附脱色→冬化脱脂→汽提脱臭→色拉油

毛油→过滤杂质→脱胶→吸附脱色→冷却结晶脱蜡→汽提脱酸→高级烹调油或色拉油

二、食用调和油

调和油就是利用两种或两种以上纯净的食用油脂，按营养科学比例，调配成的一种高档膳食用油。油脂通过调和可以改善单品种膳食脂肪的营养构成，同时还可以有效利用各种油脂资源。随着科技的进步和发展以及消费者对食用油营养要求的提高。调和油的生产，已开始成为世界范围膳食脂肪的重要方面。调和油在欧美、日本等发达国家和地区的发展很快。如日本将30％的棉籽油与玉米油加到菜籽油中制成调和油，用于做色拉调味品、蛋黄酱、烹饪油等；又如用葵花籽油、红花籽油、小麦胚芽油调和制成亚油酸含量65％以上的"健康油"，供高血压患者食用。

1. 调和油的品种

调和油的品种很多，根据我国人民的食用习惯和市场需求，一般有以下三类调和油。

（1）风味调和油　利用全精炼菜籽油、棉籽油或米糠油等与5％～10％香味浓郁的花生油、芝麻油调和成"轻味花生油"或"轻味芝麻油"、"芥末调和油"、"辣味调和油"等。

（2）营养保健调和油　利用玉米胚芽油、葵花籽油、红花籽油、米糠油等与大豆油配制成亚油酸和维生素E含量均高、比例均衡的营养保健调和油。供高血压、冠心病患者和必需脂肪酸缺乏症者食用。

（3）煎炸调和油　利用氢化油与全精炼的棉籽油、菜籽油、猪油或其他油脂调配成脂肪酸组成平衡、起酥性良好、烟点高的煎炸油。

2. 调和油的加工

调和油的加工较简便，在一般精炼车间均可进行调制，不需特殊设备。

配制风味调和油时，按配方将全精炼基料油脂与风味油定量混合、搅拌升温，在35～40℃条件下充分混合约30min即可贮藏或包装。如调制高亚油酸时，在常温下进行调和，并需要加入一定量的维生素E作抗氧化剂。如调制饱和程度高的煎炸油时，调和温度需要高些，一般为50～60℃，还需要加入一定量的抗氧化剂。

三、食品专用油脂

1. 煎炸油

食品工业生产的煎炸食品，应具有良好的外观、色泽和较长的保存期。因此，并非所有的油脂都可以用于油炸。它必须是具有自身品质特点的专用油脂。

（1）煎炸油的特性要求

① 稳定性高。大多数食品的油炸温度是在150～200℃，个别也有达到250～270℃的。

因此，要求煎炸油在持续高温下不易氧化、水解、分解或热聚合。同时要求油炸食品在贮藏过程中不易变质。

② 烟点高。过低的烟点会导致煎炸操作无法进行。

③ 具有良好的风味。

（2）煎炸油的加工 高稳定性的煎炸油一般可用下述工艺过程制取。

毛油→预处理精制→氢化→过滤→后精炼→煎炸油

用于煎炸食品的煎炸油，大多数用轻度氢化配制而成的起酥油。一般它们的周转率在 3.1%/h～6.3%/h 时仍可使用。这类产品有氢化猪油，脱臭稳定猪油，混合型植物性起酥油，动物、植物混合型起酥油，氢化动物、植物起酥油，氢化多用途起酥油，氢化"长期保存型"植物性起酥油等。

此外，也有的煎炸油不用氢化油作原料，而是用饱和度较高的天然油脂，如猪油、棕榈油等。如上所述，再添加抗氧化剂，有的还加一些柠檬酸、聚硅氧烷油等用以增加稳定性。其煎炸性能介于轻度氢化油与一般烹饪油之间。

2. 人造奶油与餐用涂抹脂产品

人造奶油一般分为两类：家庭用（餐用）人造奶油和工业用人造奶油。前者主要包括硬性人造奶油、软性人造奶油、高亚油酸型人造奶油、低热量型人造奶油、流动性人造奶油、烹调用人造奶油等；后者主要包括通用型人造奶油、专用型人造奶油等。

（1）人造奶油的典型生产工艺 尽管人造奶油产品多种多样，就其生产的基本过程不外乎包括调和乳化、急冷、捏合、静置熟成与包装五个工序。典型人造奶油连续化综合生产工艺流程见图 6-20。

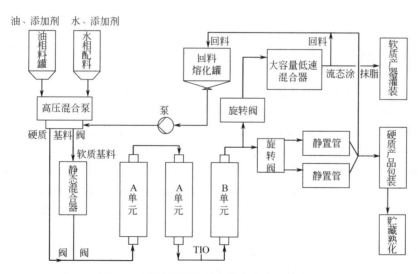

图 6-20 人造奶油连续化综合生产工艺流程

① 调和乳化 目前多数是在带有搅拌的乳化罐内，按严格的间歇程序操作。

原料油按规定比例计量后进入罐内，并投入油溶性添加物。而水溶性添加物与经过消毒后的水按比例加入。然后升温（保持 43～49℃）并快速搅拌形成乳化液。若生产 W/O 型人造奶油，水在油脂中的分散十分重要。水滴太小（低于 1μm 的占 80%～85% 时），油感重、风味差；水滴过大（30～40μm 的占 1% 以下时），风味好，但易腐败变质。因此需要水滴大小适当（1～5μm 占 95%；5～10μm 占 4%；10～20μm 占 1%），则风味好，细菌难以繁殖。水相的分散度可以通过显微镜观察。一般罐式搅拌乳化时间长，水分散度差而不易均匀，产品质量受到一定程度的影响。为此，严格定量、连续混合的乳化装置正在逐渐取代间歇式乳化装置。

② 急冷　乳状液由一台高压柱塞泵（2.1～2.8MPa）送入管道式刮板换热器（即 A 单元）中。利用液态氨急速冷却，在冷却壁上，冷冻析出的结晶被筒内的刮刀刮下。物料通过 A 单元时，温度降到 10℃。此时的料液已降到油脂熔点以下，析出晶核。由于搅拌强烈才不致很快结晶，成为过冷液。在 A 单元由于较高的转速（300～700r/min）和刮刷套筒内壁次数（达 1500 次/min），产生的高压与剪切力能使晶体迅速微粒化，生产出更为精细的产品。

③ 机械捏合　从 A 单元出来的部分结晶过冷液，还需要经过捏合单元（即 B 单元）或混合器进一步完成结晶。即在此过程中，采用剧烈的搅拌捏合，打破原来已形成的网状结构重新缓慢结晶、降低稠度、提高可塑性。由于产生结晶热（209.2kJ/kg），加上搅拌的摩擦热，经 B 单元的物料温度会升高到 20～25℃。此时结晶完成了约 70%，但仍呈柔软状态。

对于餐用软型人造奶油，如过度捏合反而会有损风味。因此，一般可不经过 B 单元，而进入滞留管或混合罐内进行适当强度的捏合即可。

④ 静置熟成　如果要求产品具有较大的稠度，可以采用静态的 B 单元或两个并列的静置管来实现，延长并调节停留时间，使物料进一步完成结晶，提高稠度（也叫熟成）。

⑤ 包装　分为注模成型包装与充填式打印包装两类设备。后者以流态或半流态形式进行包装。前者用于有些需要成型的产品，但一般在包装以后，还需置于比熔点低 10℃ 的仓库中保存 2～5d，才能完成结晶，称其为"熟成"。

（2）生产人造奶油的主要设备

① 单元（急冷机）　其基本构造包括带夹套冷却的密闭圆筒与装有两列刮刀的空心旋转轴以及传动系统三部分。物料由高压泵打入急冷筒内，通过 10mm 左右的环状通道（停留约 5～10s），并在高速搅拌（300～800r/min）下与夹套冷介质（液氨）间接换热，被急冷到 10℃ 左右。同时在冷筒表面开始结晶，并被刮刀不断刮离。

② 单元（捏合机）　B 单元的直径比 A 单元大得多（直径 67～457mm，长度 305～1372mm）。其基本构造是由带调温夹套的圆筒体与装有排成螺旋状的变速旋转销轴组成。该旋转销轴与筒体内壁的固定销轴互相啮合，转动时将产生强烈的搅拌捏合作用，出现大量结晶而使温度、黏度上升。因此有必要采取变速操作（20～300r/min 可调，标准转速为 100～125r/min）。物料流经 B 单元时料温上升的幅度是结晶数量的标志，其结晶程度取决于物料的停留时间（约 2～3min）、转速和脂肪的结晶速度。该过程有可能实现自动控制。

静置管是中空、带夹套的细长形圆筒，在出口处装有 1～5 层的金属网。这有利于在管内继续结晶的物料通过后使稠度降低。通过改变金属网的数目和静置管的长度可以得到不同稠度的产品。通常静置管由两个并联组成一组，并通过旋转阀轮流放料。

3. 起酥油

（1）基本工艺流程　尽管起酥油产品多种多样，但基本生产过程及设备配套大同小异，都包括原辅料的调和、急冷捏合、包装与熟成四个阶段，而且主要设备与生产人造奶油的通用。就 Votator 生产塑性起酥油工艺与设备为例，其主要部分的工作原理简述如下。

① 基本过程　原料油脂与添加物经计量后进入调和罐，并在罐内将其预先冷却到大约 49℃。再用升压泵（齿轮泵）打出，同时在泵前定量（流量阀控制）导入氮气与油一起进入 A 单元。然后通过 A 单元迅速冷却到过冷状态（15.5～26.7℃），部分油脂开始结晶。接

着到 B 单元连续混合、结晶，出口温度控制在 30℃左右。A 单元和 B 单元均在 2.1～2.8MPa 工作。高压是由升压泵作用于挤压式压力控制阀而形成的。当起酥油通过最后的背压阀（挤压阀）时，突然降至大气压而使充入的氮气膨胀，使产品达到光滑奶油状组织和白色外观，开始时为液态，而后进入容器，不久即形成半固状态。如果一旦产品不合格或设备发生故障时，可将"废油"返回回收罐去前面重新调和。基本工艺流程如图 6-21 所示。

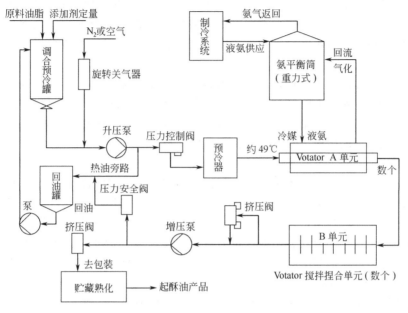

图 6-21 起酥油的生产工艺流程

② 急冷与直接膨胀制冷　只有提高 A 单元的急冷，才能使起酥油形成细小的晶体。物料在冷却器内停留的时间必须限制在 20s 以内，因此必须采用能有效传递热量的冷介质。常用的冷介质有液氨和含氟烃。其制冷方式通常称为"直接膨胀气化制冷"。一般有四种形式：重力自流循环制冷式（安装在换热器上方），强制循环制冷式（安装在换热器下方），气化池式制冷系统，液体溢流式制冷系统（LOF 装置，用一台低压接受器代替平衡罐，容量扩大）。

③ 搅拌捏合 B 单元　生产起酥油在 B 单元所需捏合的时间，一般比加工人造奶油要长些（2～3min），转速可以稍低些。对设备要求不高，不必利用夹套冷却降温，也不一定采用不锈钢材料制作。

④ 熟化　除前述餐用人造奶油以外，塑性食用油脂通常在包装后应立即运送到恒温（27℃左右）库内存放 24～27h。这种静置的热处理称为"熟化"。这有利于改善产品的可塑性与奶油性，保证在贮存期产品的均一程度。

⑤ C 单元的应用　C 单元实际上是一台装有偏心刮刀轴的 A 单元，设置在 B 单元以后，继续对捏合后的物料进行再一次捏合，使产品进一步冷却到 A 单元温度。这样可以缩短产品熟化所需时间，而且有利于控制产品在罐装时的黏度和温度。但多数情况下不一定用。

（2）流态不透明起酥油的生产　人们可以通过外观和组成来区分透明和不透明的两种流态起酥油。不透明主要是因为掺入的少量硬脂酸或（和）乳化剂悬浮于液体油中形成的。根据流态起酥油的不同用途，选择不同配方，确定适当的结晶工艺。这类产品的生产，一般首

先将具有 β 型结晶倾向的硬脂，如碘价大于 5 的大豆油硬脂（1%～10%），与乳化剂或消泡剂一起添加到液体油（IV108～135）中，能快速形成晶核，促使产生细小和充足的晶体，并确保产品的可倾倒性，避免发生固液离析。具体操作方法如下。

将 β 晶型的硬脂与液体油一起通过 A 单元快速冷却到 38℃，释放出的结晶热使油温回升到 54℃ 以下。该法完成结晶，一般只需要 20～60min。

采用两套冷却与调温装置，实现把物料从 65℃ 急冷到 43℃，然后在温和搅拌下结晶 2h。接着过冷到 21～24℃，进行 1h 的第二阶段结晶。当结晶热使产品温度上升 9℃ 左右时，即宣告该流态起酥油可以包装。为获得产品的悬浮稳定性，起酥油中空气含量应低于 1%。流态起酥油包装后，一般不需"熟化"处理，但要注意贮藏温度不得低于 18℃，也不得高于 35℃。

（3）起酥油絮片的生产 这是一种凝固成片状具有较高熔点的产品。一般采用的基料油脂 IV 值为 60～65，熔点通常为 43～48℃。这类起酥油生产的基本过程包括配料混合、均匀喂料、冷却结晶、迅速移走结晶热以及挤压成片等步骤，均由一套冷却滚筒机组完成。

（4）粉末起酥油的生产 参见"微胶囊化生产技术"。

4. 蛋黄酱

蛋黄酱是以食用植物油、蛋黄或整个蛋为原料制成的半固体食品。含有用水稀释的不低于 2.5% 的醋酸、柠檬汁或酸橙汁以及一种或几种添加剂，其中食用植物油不低于 65%。

色拉调味汁也称低热值色拉调料，为半固体状调味酱，使用蛋黄或整个蛋以及淀粉糊加工而成。只许添加规定的原材料，如蛋黄、蛋白、淀粉糊、食盐、糖类、辛香料、乳化剂、合成糊料以及化学调味剂与酸味剂等。不含着色剂，风味及乳化程度良好，且有适宜黏度。规定水分在 65% 以下，粗脂肪含量 30% 以上。

（1）蛋黄酱的加工方法 工业化生产蛋黄酱一般分为两个步骤，即配制混合乳状液和均质成型。

① 在间歇式混合器中生产蛋黄酱 先将蛋黄酱、糖、盐、香料、约 2/3 的醋投入罐内，进行搅拌形成均匀的水相。然后边搅拌边加油，使油滴尽量分散。最后将剩余的醋加入罐内使之稀释。这样能得到比一次性加醋的方法稠度更佳的产品。配料的温度也能影响产品的质量，原料的温度过高使成品稀薄，因此推荐操作温度在 15.5～21.1℃。

② 预混合-真空混合器组合生产蛋黄酱（AMF 系统） 在预混合器内保持缓慢搅拌，先将剩下一部分醋以外的所有配料进行混合形成粗乳化物。然后进入第二混合器，加入剩余部分的醋。在转速 475r/min 和特殊的搅拌条件下，可生产出与胶体磨均质相同的细小而均匀的油滴。一般经真空混合器的油滴粒径在 20～30μm。

③ 混合器、真空胶体磨组合系统生产蛋黄酱 经配料、预混合的粗乳化液进入高速转动的胶体磨，在真空条件下，物料通过磨盘间隙（0.64～1.02mm），反复被磨成奶油状的质构，达到所要求的油脂粒度（2～4μm）。

（2）色拉调味汁的制备 在主混合罐内首先加入水，然后加入胶浆，混合 2～3min 使胶质溶解、水化。再加入其他干组分和水溶性液体成分。待大多数成分加入后再加酸，最后才将剩余的油脂加入。混合后一般需要进行均质化，可以生产均一、稳定的乳液。均质设备有活塞型、剪切型、胶体磨以及新型的超声均质器等。此外，有些不可均质的成分如红辣椒等调料，要求在均质后再加到混合罐内混合，得到最后产品。

5. 代可可脂

可可脂是一种具有物理性能的贵重油脂，是生产巧克力的天然原料，但价格贵、性质易变化。所以早在 20 世纪 30 年代，就有人做出性能较差的仿巧克力制品作为脂肪涂层。

到 20 世纪 50 年代，由于技术水平的提高，一些可可脂代用品已得到广泛的认可。尤其在 1953～1954 年，可可脂价格猛增，更激发了人们研制可可脂代用品的热情。可可脂代用品通常称为"硬白脱"，在室温下的固体脂肪含量与天然可可脂十分相像。在接近人体温度时，迅速熔化，而且稳定性高。完全可以用来替代或扩大传统巧克力制品中可可脂成分，应用于包括糖果、饼干、食品涂层料、巧克力伴侣等多方面。其种类一般可按照原料油脂的来源及其性质分成三类：类可可脂（CBE）、月桂酸类代可可脂（CBS）、非月桂酸类代可可脂（CBR）。

可可脂代用品的制取工艺，主要根据原料油脂的来源品种、产品的规格要求而定。一般不外乎由氢化、酯交换与分提三部分组合而成。其中制取 CBE 通常只需采用单一的分提工艺；制取 CBS 或 CBR 时，则一般需要选择其两种工艺的组合才能实现。现就代可可脂生产方面的某些典型制取方法作一简要介绍。

(1) 利用溶剂分提技术制取 CBE 产品 用丙酮作溶剂［混合比例（7∶1）～（9∶1）］，在 10℃下保持 4h 结晶，过滤分提芒果油，可得到 55%～60% 的硬脂产品，即为 CBE。用同样方法将得到的牛油树脂及棕榈油硬脂，按比例配合也能达到同类性质的 CBE 产品。

用工业己烷作溶剂（混合比例 1∶2），从 65℃开始将混合油按 6℃/h 速率降温到 10℃，结晶大约 3.5～4h。过滤、分提、精炼即可得到 CBE 产品。

(2) 采用氢化-分提法制取代可可脂 基本步骤：植物油脂→氢化-异构化→（溶剂）分提→CBS 或 CBR。举例如下。

将 50% 的棕榈油（IV58.3）和 50% 的大豆油（IV129.5）相混合，加入 0.5% 的废镍催化剂，在 200～210℃、0.1MPa 条件下氢化。反应产物的 IV 值为 66.3，反式酸含量 47.5%，熔点 33.1℃。然后加入丙酮（3∶1），在 20℃下结晶、过滤。将滤液冷却到 0℃，再过滤去除滤液，即得到 CBR 产品。其 IV 值为 59.0，反式酸含量 46.2%，熔点 34.7℃，脂肪酸组成为棕榈酸 25.4%、硬脂酸 4.5%、油酸 61.7%。

先将棕榈油或椰子油进行溶剂分提，然后再进行选择性氢化可得到 CBS 产品。

(3) 采用酯交换-氢化法制取代可可脂 基本步骤：棕榈油＋其他植物油→酯交换反应→氢化-异构化→CBS 或 CBR。

例如，棕榈油和葵花籽油按 3∶7 的配比进行酯交换反应后，水洗除去催化剂，脱色脱臭成为交酯化精炼油。然后加入 0.3% 镍催化剂（含镍 23%），并加入 53.3×10^{-6} 的蛋氨酸，进行氢化-异构化反应（温度 190℃、搅拌速度 500r/min、压力 0.2MPa）。反应产物的饱和脂肪酸含量 22.6%，熔点 36.8℃，反式酸含量 63.4%。

(4) 采用酶法催化酯交换制取 CBE 参见"油脂酯交换技术"有关内容。

6. 其他脂类产品生产技术

(1) 磷脂及其产品 磷脂是含有磷酸基质的总称。磷脂是主要的天然表面活性剂，存在于几乎所有动植物的细胞内。商品磷脂一般仅指食用油加工过程中得到的副产物。磷脂已成为世人公认的高价值产品，具有很高的营养价值和广泛的商业用途。它最早用于食品行业是作为巧克力、糖果产品的增稠剂和人造奶油的乳化/稳定剂，如今已扩大到许多行业，如焙烤食品、化妆品、医药、浆料、纺织、杀虫剂、橡胶及涂料等。

① 浓缩磷脂的制取 从油脂精炼、水化脱胶工艺所得的油脚，即成为生产浓缩磷脂的原料。工艺不同油脚中的磷脂含量、组成不尽相同。因此，必须首先考虑原料的组成，确定生产的工艺条件。然而，浓缩磷脂的生产往往与脱胶过程紧密联系在一起。尤其是大规模连续化生产工艺，更有利于确保产品质量。连续水化脱胶与浓缩磷脂生产相结合的典型工艺如图 6-22 所示。

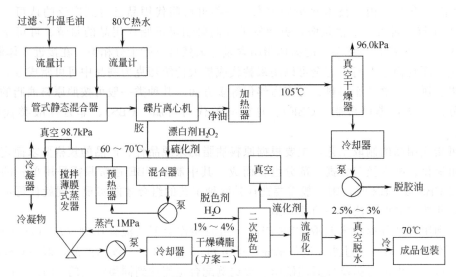

图 6-22 连续水化脱胶与浓缩磷脂生产相结合的典型工艺流程

上述综合工艺流程，如按需要作必要调整，可以生产出不同的浓缩磷脂产品：塑性的和流质的；脱色与不脱色的；一次脱色或二次脱色的。

a. 一次脱色与流质化：经离心机脱出的胶质或间歇式脱胶所得到的油脚，打到混合罐内，添加漂白剂、流化剂进行搅拌混合 10~30min，并升温 60~70℃进行脱色。脱色剂一般采用双氧水（浓度30%），用量 1%~4%（视原料色泽而定）。流化剂（脂肪酸或大豆油、豆油脂肪酸乙酯、氯化钙等）的添加视原料流动性要求而定，添加量 2%~5%。

b. 干燥：为了防止微生物作用，脱色后的胶体应尽快干燥，然后经冷却，即为一次脱色浓缩磷脂产品。

c. 二次脱色与流质化：若需要生产二次脱色产品，则经干燥后再经过一次脱色和流质化处理。第二次的脱色剂仍可以用双氧水（含量30%，用量 1%~3%），但有人建议采用两种脱色剂（过氧化氢和过氧化苯甲酰）效果更好。最后流质化处理，当生产含 66%~70%丙酮不溶物的流质磷脂时，不需再加脂肪酸，而加一定量的氯化钙，仅要求在 20℃条件下具有流动性。

国内的一次脱色浓缩磷脂产品生产工艺：采用先干燥后脱色、流质化工艺。即直接将油脚经过预热到 60~70℃后，泵入薄膜干燥器内，然后进行脱色与流质化，最后再进行干燥和冷却得到合格产品。

② 大豆粉末磷脂的生产 丙酮萃取法生产粉末磷脂，是利用大豆磷脂在低温下几乎不溶于丙酮的特性，可用纯净的冷丙酮反复处理浓缩磷脂，脱除所含大量的油脂、FFA 以及微量杂质，从而达到精制的目的，而除去丙酮后的脱油磷脂呈粉末状或颗粒状。

（2）糖脂产品简介 糖脂是一种含糖的脂溶性化合物，广泛分布于动物，高等植物的花、果、叶，藻类和微生物等生物体中。

本章小结

本章详细阐述了植物油脂提取、精炼与改良的基本原理、方法和基本操作技能，并且对各过程设备以及常见食用油脂产品的加工生产进行了扼要介绍。其中溶剂浸出法制油技术、油脂脱胶、脱酸、脱色脱臭、脱蜡、脱脂与分提改良技术，以及油品调配是本章重点和难点内容。此外，简单介绍了一些新技术（如油脂酯交换技术和微胶囊技术）在油脂加工生产中的应用。

复习思考题

1. 生产中油脂提取的主要方法有几种？试比较各种方法的特点。
2. 影响压榨制油的主要因素有哪些？
3. 比较几种油脂浸出工艺的特点？
4. 油脂精炼的目的和内容是什么？
5. 油中不溶性杂质的分离方法都有哪些？
6. 生产中油脂常用的脱胶方法是什么？其原理是什么？如何进行？
7. 油脂脱酸、脱色脱臭、脱蜡、脱脂的原理和方法是什么？
8. 油脂酯交换技术、微胶囊技术在油脂工业中有何应用？
9. 调和油配制应注意的事项是什么？

实验实训项目

实验实训一 花生油的提取

【实训目的】

通过实训，使学生掌握实验室利用压榨法提取花生油的基本原理和基本技能，从而进一步熟悉和掌握油脂企业的制油工艺工程技术。

【材料及用具】

花生果、振动筛、锤击式剥壳机、辊式破碎机、对辊轧胚机、榨油机。

【方法步骤】

花生果→清理→剥壳→破碎→轧胚→蒸炒→压榨→毛油

（1）清理 采用振动筛选机。

（2）剥壳 采用锤击式剥壳机，剥壳分离后要求仁中含壳率在 2%～4%，而壳中含仁率不超过 0.5%。

（3）破碎 采用辊式破碎机。

（4）轧胚 采用对辊轧胚机。

（5）蒸炒 辅助蒸炒时间为 90min。

（6）压榨 采用榨油机。

【实训作业】

1. 蒸炒的目的、作用和方法。
2. 对实训结果进行分析，找出本实训过程中存在的问题。

实验实训二 油品调配

【实训目的】

通过实训，使学生掌握风味调和油、营养保健调和油、煎炸调和油的调配方法。

【材料及用具】

菜籽油、棉籽油、米糠油、花生油、葵花籽油、大豆油、维生素 E、容量瓶、试管、电热水浴锅。

【方法步骤】

配制风味调和油时，按配方将全精炼基料油脂与风味油定量混合、搅拌升温，在 35～40℃条件下充分混合约 30min 即可贮藏或包装。如调制高亚油酸时，在常温下进行调和，并需要加入一定量的维生素 E 作抗氧化剂；如调制饱和程度高的煎炸油时，调和温度需要高些，一般为 $50\sim60℃$，还需要加入一定量的抗氧化剂（配方可依据实际情况自行设定）。

【实训作业】

1. 油品调配时为何要进行不同程度的热处理？
2. 对实训结果进行分析，找出本实训过程中存在的问题。

实验实训三　参观油脂加工企业

【实训目的】

通过实训，使学生能够逐步将理论和实践相结合，用理论知识指导实践生产，进一步强化对理论知识的系统理解和掌握。

【实训作业】

设计油脂厂的具体步骤及要求，如何对油脂加工企业进行科学化管理？

第七章 植物蛋白加工

蛋白质是生命的重要物质基础，人体所需要的蛋白质只能从食物中的蛋白质转化而来，所以蛋白质是衡量食品水平的主要标志。植物蛋白和动物蛋白各有特点，营养效果不相同。从食物中按比例平衡摄取这两类蛋白质是比较理想的。经研究认为，植物蛋白与动物蛋白以2∶1配合，对居住在温带的人最好。年龄不同，其比例也有所不同，小孩以1∶1为宜，青壮年以65∶35为宜，老人以80∶20最好。

目前，我国已具备了一些植物蛋白加工技术与设备，但就整体而言，植物蛋白的加工产品还不多，距实际消费要求仍然存在较大差距。因而就植物蛋白资源开发和加工利用而言，我国的植物蛋白加工产业具有广阔的发展空间。

第一节 大豆蛋白生产

我国是大豆制品的发源地，有"大豆故乡"之称。大豆蛋白属于优质蛋白，在农作物中，大豆及豆制品的蛋白质和脂肪含量与小麦、玉米和大米相比分别高出2～5倍和6～10倍以上，且含有多种氨基酸，尤其是人体不能自身合成的8种必需氨基酸含量丰富。

一、大豆蛋白的营养价值

通常所说的大豆蛋白是指大豆中诸多蛋白质的总称。从大豆蛋白的氨基酸组成来看，含有8种人体必需的氨基酸，而且氨基酸组成比较合理，尤其是赖氨酸含量较高，可弥补谷类食物中的赖氨酸不足。应该说明的是，不同地区、不同品种的大豆，其蛋白质中的氨基酸组成会有一定的差异。大豆蛋白的氨基酸组成见表7-1。

表7-1 大豆蛋白的氨基酸组成   g/100g

| 项 目 | 全蛋白质 | 子叶中蛋白质 | | | | | | 胚轴中蛋白质 | | 种皮中蛋白质 |
| | | 不溶性蛋白质 | 乳清蛋白质 | 酸沉淀蛋白质 | | | | 全胚轴蛋白质 | 酸沉淀蛋白质 | |
				全酸沉淀蛋白质	7S球蛋白	11S球蛋白				
占全蛋白质百分比	100	5～26	6～7	60～80	15～25	20～35		约1	约0.80	约0.60
精氨酸	8.42	7.44	6.64	9.06	8.82	8.75		8.32	6.38	4.38
组氨酸	2.55	2.70	3.25	2.83	1.67	2.53		2.60	2.65	2.54
赖氨酸	6.86	6.14	8.66	5.72	7.01	6.97		7.45	7.80	7.13

续表

项目	全蛋白质	子叶中蛋白质						胚轴中蛋白质		种皮中蛋白质
		不溶性蛋白质	乳清蛋白质	酸沉淀蛋白质				全胚轴蛋白质	酸沉淀蛋白质	
				全酸沉淀蛋白质	7S球蛋白	11S球蛋白				
酪氨酸	3.90	3.30	4.67	4.64	3.61	4.13		3.48	3.78	4.66
色氨酸	1.28	—	1.28	1.01	0.32	1.36		—	—	—
苯丙氨酸	5.01	5.24	4.46	5.94	7.39	6.13		3.88	4.22	3.21
胱氨酸	1.58	6.71	1.82	1.00	0.26	1.22		1.24	—	1.66
蛋氨酸	1.56	1.63	1.92	1.33	0.25	1.51		1.72	1.79	0.82
丝氨酸	5.57	5.97	7.76	5.77	6.67	6.17		4.90	4.50	7.02
苏氨酸	4.31	4.67	6.18	3.76	2.81	4.15		4.00	3.82	3.66
亮氨酸	7.72	8.91	7.74	7.91	10.25	8.40		6.62	7.22	5.94
异亮氨酸	5.10	6.02	5.06	5.03	6.40	5.53		4.11	4.53	3.80
缬氨酸	5.38	6.37	6.19	5.18	5.08	5.58		4.82	5.28	4.55
谷氨酸	21.0	17.76	15.64	23.46	20.50	25.11		13.78	14.12	8.66
天冬氨酸	12.01	12.39	14.08	12.57	14.13	13.72		9.74	9.84	10.05
甘氨酸	4.52	5.21	5.74	4.56	2.85	4.96		4.25	4.93	11.05
丙氨酸	4.51	5.73	6.16	4.48	3.70	4.27		4.69	4.47	3.98
脯氨酸	6.28	5.35	6.66	6.55	4.53	6.21		4.23	4.38	5.76
羟脯氨酸	0	0	—	—	—	—		微	6.20	7.57

根据蛋白质溶解特性，可将大豆蛋白分为两类，即清蛋白和球蛋白。清蛋白一般占大豆蛋白质的 5％左右，球蛋白约占 90％左右。球蛋白可用食盐溶液萃取，再经反复透析沉淀而得。这种蛋白质也可溶于水或碱溶液，加酸调 pH 值至等电点 4.5 或加硫酸铵（55％）至饱和，则析出沉淀，故球蛋白又称为酸沉淀蛋白。

二、大豆蛋白的特性

1. 大豆蛋白的溶解性及其影响因素

大豆蛋白的溶解特性常以溶解度表示。大豆蛋白溶解度是指在特定环境下，大豆蛋白中可溶性大豆蛋白所占的百分比，其表达方式是采用氮溶解度指数（NSI）和蛋白质分散度指数（PDI）表示：

$$NSI = 水溶氮量/样品中总氮量 \times 100\%$$
$$PDI = 水分散蛋白质量/样品中总蛋白质量 \times 100\%$$

研究资料表明：大豆蛋白溶解度与溶液的 pH 值、盐浓度和温度等因素有关。

（1）与溶液 pH 值的关系 当 pH 值为 0.5 时，50％左右的蛋白质被溶解，当 pH 值达 2.0 时，约 80％的蛋白质被溶解，其后随着 pH 值的增加，蛋白质溶解度降低，直至 pH 值在 4～5 的等电点范围内，蛋白质的溶解度趋于最小，约为 10％，这时大豆球蛋白基本不溶解，是制取分离蛋白的依据。随着 pH 值的逐渐增加，蛋白质溶解度可再度回升，在 pH 值为 6.5 时，蛋白质溶解度可达 80％以上；当 pH 值为 12 时，达到最大值，约为 90％以上。大豆蛋白的这一溶解特性被广泛应用于大豆蛋白食品的加工中。

（2）与溶液盐浓度的关系 大豆蛋白的溶解度与溶液中盐浓度有关。一般情况下，无论何种盐类，当浓度达到某种程度时，溶解度逐渐下降；当盐浓度继续升高时，随着浓度的增加，大豆蛋白溶解度则接近于对水的溶解度。溶解度的最低点：氯化钙为 0.175mol/L，食盐为 0.1mol/L。

（3）与温度的关系 在蛋白质热变性温度以内，适当提高温度，可提高蛋白质的溶解性，但当温度达到蛋白质变性区域温度后，大豆蛋白的溶解度则随着温度升高和加热时间延长而迅速下降。在大豆蛋白食品加工过程中，为了灭菌和钝化抗营养因子以及改善豆制品风味，同时又要防止热处理导致的蛋白质溶解度降低，可采用"超高温短时处理"。

2. 大豆蛋白的变性

大豆蛋白在某些物理或化学因素的作用下，可使蛋白质分子内部结构和原有的分子构象发生变化，从而导致蛋白质理化性质、功能及生物学特性发生改变，这种现象称为大豆蛋白的变性。

引起大豆蛋白变性的理化因素有：高温加热、剧烈振荡、过分干燥、冷冻、辐射、超声波、极端 pH 值环境、一些有机溶剂、重金属盐类以及某些无机化合物等。

大豆蛋白变性可引起蛋白质特性的不良改变，如溶解度下降、黏度增加、生物活性丧失、蛋白质易水解等。在大豆蛋白食品的加工过程中，很多工序都存在蛋白质变性的因素，都有可能引起大豆蛋白的变性，因此，只有掌握了引起大豆蛋白变性的因素和条件，才能更好地改进加工工艺，控制加工过程中的关键点，保证和提高大豆制品质量。

3. 大豆蛋白的功能特性

大豆蛋白制品的功能特性是指大豆蛋白在食品加工和贮藏过程中所起的特殊作用，主要表现在乳化性、吸油性、吸水性与保水性、胶凝性等方面。大豆蛋白的这些特性已越来越广泛地应用于食品加工的各个领域。几种大豆蛋白制品功能特性见表 7-2。

表 7-2 几种大豆蛋白制品功能特性

功能特性		大豆蛋白制品	大豆粉	浓缩蛋白 A/B	分离蛋白 A	分离蛋白 B
表观黏度/cP	浓度	5%	—	10	160	1300
		10%	25	200	10500	3200
		15%	230	330	78300	7000
		20%	200	28300	78300	25000
溶解度/%			21	23/6	16.4	71.1
水分保持率/%			130	227/196	447	416
脂肪吸收率/%			84	133/92	154	119
乳化能力/%			18	3/19	25	22
起泡性	容积增加/%		70	170/135	235	230
	不同时间后的体积/mL·kg⁻¹	1min	160	404/370	670	660
		10min	131	28/265	620	603
		30min	108	13/142	572	564
		60min	61	8/30	545	535
		120min	20	5/24	532	515

注：1cP=10^{-3}Pa·s。

（1）**乳化性** 大豆蛋白能够帮助油在水中形成乳化液，并使之保持稳定。如大豆分离蛋白的乳化效果要比醇提取浓缩蛋白好得多。大豆分离蛋白的乳化作用还取决于其 NSI 值。就午餐肉的乳化而言，大豆分离蛋白的 NSI 值为 32% 时，不能起到稳定乳化作用，只有 NSI 值接近 80% 时，才能起到良好的乳化效果。此外，大豆分离蛋白的乳化效果还受 pH 值和离子强度影响，离子强度越小（含盐量越低）、pH 值越高，乳化能力越强。

（2）**吸油性** 大豆蛋白能吸收脂肪从而减少蒸煮时脂肪的损失，这一特性称为大豆蛋白的吸油性。大豆蛋白制品的吸油性与蛋白质含量有密切关系，大豆粉、浓缩蛋白和分离蛋白的吸油率分别为 84%、133%、154%。组织化大豆粉的吸油率一般在 65%~130%。大豆蛋白制品的吸油率随 pH 值的增大而减小。

（3）吸水性与保水性 大豆蛋白具有亲水性，能吸收水分，并能在食品中保持水分。由于大豆蛋白分子中的极性部位可以电离，使极性发生变化，从而影响到保水性，这种影响主要与 pH 值有关，当 pH 值为 4.5 时，其保留水分最少，pH 值为 8.5 时，吸水性和保水性最大。大豆蛋白的吸水性和保水性常应用于肉制品及焙烤制品加工中。

（4）胶凝性 一定浓度的大豆蛋白溶液，经加热、冷却后可形成凝胶。大豆蛋白凝胶的形成，受浓度、加热温度与时间、冷却情况、pH 值、有无盐类等多种因素影响。传统豆腐的生产就是利用这一特性。香肠、午餐肉等碎肉制品也可利用这一特性，赋予其良好的凝胶组织结构，增加咀嚼感，并为肉制品保持水分和脂肪提供了基质。

（5）起泡性 大豆蛋白是表面活性物质，具有一定的起泡性，若用胃蛋白酶适当水解，其起泡性可大大提高。影响起泡性的因素有浓度、pH 值及温度。当浓度为 9% 时，发泡力最强，但泡沫稳定性较差，若将起泡性与泡沫稳定性结合考虑，浓度以 22% 最佳。一般大豆蛋白的最佳发泡温度为 30℃。

（6）调色性 大豆蛋白制品在食品加工中具有调色作用，这种调色作用一是漂白，二是增色。在面包加工过程中添加活性大豆粉能起到增白作用，并可增加面包表皮的色泽。

三、大豆蛋白的加工

大豆蛋白是指将大豆经加工、提取、浓缩而得的蛋白质制品，主要有大豆浓缩蛋白（SPC）、脱脂豆粉和大豆分离蛋白（SPI）三种。它们的蛋白质含量都在 50% 以上，比瘦肉高 3~5 倍，可作为蛋白质添加剂用于食品的加工，从而提高了这些食品中蛋白质的含量。

1. 大豆浓缩蛋白（SPC）

大豆浓缩蛋白是从优质的脱皮大豆中，去掉部分油脂和水活性非蛋白质成分的制品，蛋白质含量（干基）在 70% 以上，也就是说产品中含有 70% 以上的大豆浓缩蛋白成分。

大豆浓缩蛋白与豆乳粉的不同点在于豆乳粉在加工过程中只是除去少量不溶性碳水化合物，而大豆浓缩蛋白在加工中除了要将这些碳水化合物去除外，还要去除数量较多的可溶性糖类，因而其蛋白质含量较高，色泽也较浅。

大豆浓缩蛋白的生产原料以低变性脱脂豆粕为佳，也可用高温浸豆粕，但得率低而且质量较差。脱脂豆粕蛋白质含量可在 45%~53%，其中 80%~90% 为球蛋白，豆粕中还含有 30%~40% 碳水化合物，其中 13%~18% 是水溶性碳水化合物。生产大豆浓缩蛋白时，主要是用不同方法去除蛋白粉中的水溶性糖类。目前，工业化的大豆浓缩蛋白生产工艺主要有湿热浸提法、稀酸浸提法、含水乙醇浸提法和膜分离法四种。不同制取方法所得大豆浓缩蛋白成分见表 7-3。

表 7-3 不同制取方法所得大豆浓缩蛋白成分

项　目	制　取　工　艺		
	含水乙醇浸提法	稀酸浸提法	湿热浸提法
氮溶解度指数（NSI）/%	5	69	3
1:10 水分散液 pH 值	6.9	6.6	6.9
蛋白质（$N \times 6.25$）/%	66	67	70
水分/%	6.7	5.7	3.1
油脂/%	0.3	0.3	1.2
粗纤维/%	3.5	3.4	4.7
灰分/%	0.6	4.8	3.4

（1）稀酸浸提法

① 基本原理 利用大豆粉浸取液的等电点在酸性状态下（pH 4.3～4.5，或氯化钙溶液浓度 0.034mol/L）蛋白质的溶解度为最低状态的特性，采用离心分离的方法将不溶性蛋白质、多糖与可溶性碳水化合物及低分子蛋白质分离，然后再经中和、浓缩、干燥脱水等过程，即可得到大豆浓缩蛋白粉。

② 生产工艺及要点 粉碎→酸浸→分离、洗涤→干燥。

a. 粉碎 将低变性脱脂豆粕原料粉碎至 0.15～0.30mm，并通过 100 目/in（1in＝0.0254m）孔筛。

b. 酸浸 筛分后的原料放入酸洗槽内，并加入 10 倍质量的水进行混合，搅拌均匀，并连续加入浓度为 37％的盐酸，调整溶液的 pH 值至 4.5 左右，搅拌 1h，使大部分蛋白质沉析，并与粗纤维形成浆状物，另一部分形成含有可溶性糖、低分子蛋白质以及灰分等物质的乳清液混合体。

为了提高蛋白质的利用率，防止酸溶蛋白质在稀酸浸提时流失，可在酸浸时加入一定量的植物胶，使它与酸溶蛋白质结合生成配合物。

c. 分离、洗涤 由泵将浸液注入碟片式浆液分离机内进行分离。固体浆状物由离心机下部沉入第一水洗槽内，在此连续加水洗涤搅拌。加水量是不溶物的 10 倍，温度为 55℃。再用泵打入第二台离心机，分离出第一次水洗废液，而浆状物则流到第二水洗槽内，再进行同样的加水洗涤；然后打到第三台离心机中分离出第二次水洗废液，浆状物最后流到暂贮罐内。此时适量加碱中和至 pH 6.5～7.1，温度 60℃。

d. 干燥 用泵将浆状物打入干燥器进行最后干燥即可。产品得率可达 70％，蛋白质含量为 68％，水分为 4％左右。

用稀酸沉淀浓缩生产的浓缩蛋白粉，虽然蛋白质的水溶性较好，但需大量酸和碱，并排出大量含糖等营养物质的废水，从而造成后处理困难（浸出物中有一定的蛋白质损失），产品的风味不很理想。

（2）含水乙醇浸提法

① 基本原理 根据可溶性蛋白质在浓度为 60％～65％乙醇中，其溶解度最低的特性，将乙醇液与低变性浸出豆粕混合，将豆粕中的可溶性糖类（蔗糖、棉籽糖、水苏糖等）、灰分与醇溶性蛋白质等洗涤出去，然后再经过滤分离出醇溶液，接着回收乙醇和糖，浓浆液经干燥即可得到大豆浓缩蛋白粉。

② 生产工艺及要点 原料粉碎→乙醇浸提→分离与洗涤→干燥。

a. 粉碎 原料粕粉碎，要求粕粉粒度为 0.15～0.30mm。

b. 乙醇浸提 在豆粕粉中加入 10 倍的 60％～70％的含水乙醇，在 50℃的条件下浸提 30min，浸提过程中不断搅拌。

c. 分离与洗涤 浸提结束后离心分离，然后用浓度 70％～80％的含水乙醇洗涤两次，洗涤液温度为 70℃，每次浸洗 10～15min。为了得到色泽浅、异味少、氮溶解度指数高的优质产品，可以考虑采用浓度 80％～90％的乙醇进行再次洗涤，洗涤温度 70℃，时间 30min。

d. 干燥 采用真空干燥，也可以采用喷雾干燥。当采用真空干燥时，干燥温度最好控制在 60～70℃。采用喷雾干燥时，在两次洗涤后再加水调浆，使其浓度在 18％～20％，然后用喷塔干燥即可。

乙醇混合液由另一贮罐汇集后，泵入第一蒸发器与第二蒸发器，在真空低温条件下进行浓缩蒸发。蒸发后的乙醇蒸气经冷凝器回收后流入第三贮罐，根据浓度要求将罐内稀乙醇液再泵入蒸馏塔内，浓缩至合格的浓度（80%～95%），以供再循环使用。由蒸发器底部出来的浓浆即大豆糖，可作饲料用。

蒸发器的操作条件：真空度控制在 66600～73260Pa，温度控制在 80℃左右。在蒸馏塔内为除去乙醇中的不良气味，可以在气相温度 82～93℃处设排气口。

含水乙醇法制得的大豆浓缩蛋白，得率为 50%。蛋白粉色泽浅，风味较好，蛋白质损失少。缺点是由于乙醇作用使蛋白质变性，功能性差。另外，蛋白粉中仍含 0.25%～1% 的不易去除的乙醇，从而使其食用价值受到一定影响。

（3）膜分离法

① 基本原理　根据大豆蛋白液中各种物质对不同分离膜的透性不同，从而达到分离和浓缩的目的。目前，膜分离有 3 种类型。

微孔过滤（MF）：包括分离溶液中 0.02～0.2μm 范围的颗粒或亚微粒子。这种方法以直流型最普遍。

超滤（UF）：一般包括分离溶液中 0.002～0.02μm 范围的微粒子，其相应的相对分子质量截断范围为 500～30000。超滤总是以横向流动进行。

反渗析（RO）：是一种在较高压力下进行的分离，只有在施加一个超过渗透压的反压力时才出现。反渗析膜孔的孔径大小范围在 50～200nm，相应的相对分子质量截断范围在 250～1000。

早期 UF/RO 膜主要用醋酸纤维（CA）和各种聚酰胺（PA）材料制造，它们对有机溶剂或氯离子较为敏感。最近用芳香族聚酰胺、聚丙烯腈（PNA）、聚酯（PE）、聚偏氟乙烯（PVF）等聚合物制造的复合膜，在化学稳定性上已有很大改进。另外，压矾土即"陶瓷"以及覆盖在内部支撑材料上的矾土等制造的膜也正在引入应用。

商品膜的形式有管式、卷式、平板式和中空纤维式 4 种。

平板式膜可以是单层，也可以是多层复合，具有结构简单、组装方便、更换费用少、操作容易等特点。但平板式膜有效面积小，易造成浓差极化（在溶液透过膜时，溶质会在高压侧溶液与膜的界面上发生高浓度的积聚，使界面上溶质的浓度高于主体溶液的浓度），效率低，因而多用于实验室。

管式膜是在多孔圆管的内壁或外壁，直接涂上或装上膜材料制成的。一般多用编织玻璃丝多孔支持管作支撑物。管式膜又有直管、U 形管和螺旋管之分，其优点是流体在膜面上流动状态好，不易造成浓差极化，也便于清理，但安装复杂，设备体积相对较大。

卷式膜是近年来才开发出来的，它吸收了平板式膜和管式膜的优点，其组合比较灵活，具有体积小、膜面积大、效率高等优点，适合于工业化生产。其不足之处是膜面污染较难清理。

中空纤维式膜与其他几种膜根本差别在于无膜支撑材料，而是靠中空纤维本身的强度承担工作压力的。中空纤维式膜分为内压式和外压式两种，内压式是指原液在纤维的空心内部流过，透过液经纤维壁流到外侧；外压式则与此相反。中空纤维式膜的优点是膜面积大，体积小，工作效率高，制作成本低。缺点是对原液要求严格，而且清洗相当困难。

② 主要工艺条件　将脱脂大豆粉移入混合罐，加入其质量 30～40 倍的去离子水，搅拌混合使其成悬浮液，加入适量 pH 值调节剂使悬浮液 pH 值稳定在 6.7，并在 65.5℃下搅拌 40min。然后，将悬浮液泵送至超滤膜装置，将截留物干燥，即得大豆浓缩蛋白。将透过液经反渗析膜处理，其渗透液中含固体物质极少，故可再循环至混合罐或超滤膜装置使用。而由反渗析膜回收的物质即为低分子蛋白和大豆低聚糖类等。

（4）湿热浸提法

① 基本原理　利用大豆蛋白对热敏感的特性，将豆粕用蒸汽加热或与水一同加热，蛋白质因受热变性而成为不溶性物质，然后用水把低分子物质浸洗出来，分离除去。

② 生产工艺及要点

脱脂豆粕→粉碎→浸提→分离→不溶性物质→洗涤→干燥→大豆浓缩蛋白

可溶性物质

粉碎：将原料豆粕粉碎到 0.15～0.30mm。

热处理：将粉碎后的豆粕粉用 120℃左右的蒸汽处理 15min，或将脱脂豆粉与 2～3 倍的水混合，边搅拌边加热，然后冻结，放在 −1～−2℃下冷藏。这两种方法均可以使 70% 以上的蛋白质变性，而失去可溶性。

水洗：将湿热处理后的豆粕粉加 10 倍的温水，洗涤 2 次，每次搅洗 10min。

分离：过滤或离心分离。

干燥：可以采用真空干燥，也可以采用喷雾干燥。采用真空干燥时，干燥温度最好控制在 60～70℃。采用喷雾干燥时，在两次洗涤后再加水调浆，使其浓度在 18%～20%，然后用喷塔干燥即可。

湿热浸提法生产的大豆浓缩蛋白，由于加热处理过程中，有少量糖与蛋白质反应，生成一些呈色、呈味物质，产品色泽深、异味大，且由于蛋白质发生了不可逆的热变性，部分功能特性丧失，使其用途受到一定的限制。加热冷冻的方法虽然比蒸汽直接处理的方法能少生成一些呈色、呈味物质，但产品得率低，蛋白质损失大。

2. 大豆分离蛋白（SPI）

大豆分离蛋白又称等电点蛋白粉，是利用低温脱脂大豆粉，经加碱分离、中和、喷雾、干燥等工艺制得。蛋白质含量不低于 90%，含水量 5%，具有良好的乳化性、吸油性和起泡性。

大豆分离蛋白与大豆浓缩蛋白相比，大豆分离蛋白中不仅去除了可溶性糖类，而且要求除去不溶性聚糖，因而蛋白质含量高，但其得率较低，约 35%～40%。

（1）酸碱法

① 生产工艺流程　原料选择→蛋白质溶出→第一次分离→酸沉淀→第二次分离→解碎与中和→杀菌→喷雾干燥。

② 操作要点

a. 原料选择　生产大豆分离蛋白的原料一般为 NSI 值较高的低温脱溶脱脂豆粕或豆粕粉。由于原料种类不同，蛋白质含量和 NSI 值不同，大豆分离蛋白的回收率也有差异。所以生产大豆分离蛋白时应选择蛋白质含量高（45% 以上）、NSI 值高（NSI 值≥80%）并且无霉变的脱脂豆粕。

b. 蛋白质溶出与分离　蛋白质溶出可在水或碱性水溶液中进行。影响蛋白质溶出率的因素，除原料粉碎粒度、NSI 值外，还有加水量、溶出温度、溶出时间以及溶出液的 pH 值等。

一般来说，加水量宜控制在原料质量的 9～10 倍，并加入稀碱液调节 pH 值至 7.0～7.2，溶出温度为 50℃，在搅拌器转速为 80r/min 的条件下溶出 15min。溶出后应移入卧式螺旋沉降离心机分离。分离后的残渣应进行二次溶出。二次溶出条件，除加入物料质量 5～6 倍的水外，其余与一次溶出相同。二次溶出后，经卧式螺旋沉降离心机分离除去残渣。将两次分离得到的溶出清液合并，移入酸沉淀罐进行加酸沉淀。

c. 酸沉淀与乳清分离　酸沉淀时，可使用任何种类的食用级酸，但工业上多使用盐酸。酸沉淀的条件：在 45℃下加入浓度为 10％的盐酸，调节 pH 值到 4.0～4.5，并在搅拌器转速为 60r/min 的条件下，酸沉淀 30min。在加盐酸沉淀之前，可适量加入消泡剂，以消除溶出液由于搅拌产生的大量泡沫。随着酸沉淀的进行，大量的蛋白质在等电点呈凝乳状沉淀析出，而糖类、皂化物、乳清蛋白、非蛋白态氮以及其他水溶性成分，溶于上清液，即乳清内；然后，将乳清和沉析的蛋白质泵入第三台卧式螺旋沉降离心机，分离除去乳清。

d. 解碎与中和　除去乳清后的蛋白凝乳经解碎机磨碎后送至中和罐，加入稀碱液中和至 pH7.0～7.2，中和温度为 20℃左右。中和操作宜在 30min 内完成。若时间过长，温度过高，蛋白质产品的氮溶解度指数将会下降。

e. 杀菌与喷雾干燥　中和液经管道过滤器，由柱塞泵送至灭菌器。柱塞泵压力为 7.5MPa，灭菌器内通以压力为 0.5MPa 的直接蒸汽，使物料在 140℃下，加热灭菌 15s。灭菌后的蛋白液经闪蒸罐在真空度 0.07MPa 下脱臭。此时物料温度降为 50～60℃。经泵抽出并过滤后，用高压泵在 16MPa 下泵入喷雾干燥塔，经 150℃热风进行干燥。干燥后的产品经旋风分离器进行收集，然后再风送至布袋过滤器，经振动筛筛分后送至成品仓以备包装。

（2）膜分离法　酸碱法生产大豆分离蛋白的工艺，易造成酸溶性蛋白质即大豆乳清蛋白的流失，并导致污染环境。因此，美国得克萨斯州农机学院食品蛋白研究开发中心，研究开发了水剂法与膜分离法相结合（AEP-MIP）的蛋白生产工艺。

① 工艺流程　全脂大豆粉→加碱浸提→离心分离→UF→喷雾干燥→低脂蛋白产品。

② 工艺技术要点　大豆被粉碎成 85％通过 100 目的粒度，装入浸出器。加入大豆粉质量 12 倍的水，同时添加适量的 $Ca(OH)_2$，调节浸出液的 pH 值至 9.0，在温度 40～60℃条件下搅拌浸取 40min。然后，经第一台离心分离机分离除渣。除渣后的全脂浸出物经第二台离心分离机进行分离。该离心机为三相分离机，所分离出来的轻相为乳油，经破乳后回收豆油。分离出来的重相为少量的固体残渣，与第一台离心机分离出来的固体残渣合并干燥后用作饲料。分离出来的中间相为低脂浸出物，用泵压送至超滤（UF）膜处理。截留物经喷雾干燥后，即为大豆分离蛋白。透过液再经反渗透（RO）膜处理，截留物干燥后为低分子蛋白和大豆低聚糖产品。RO 膜透过液含固体物质极少，可再循环至 UF 膜使用。

该工艺所采用的 UF 膜为内喷涂管状膜，由非醋酸纤维制造，多孔面积达 $2.044m^2$，基本流率为 815～1752L/(m^2·d)。RO 膜为一种外喷涂管状膜。该法生产的大豆分离蛋白产品，其蛋白质含量为 78.82％，NSI 值为 100％，脂肪含量为 1.9％。尽管产品的蛋白质含量较低，脂肪含量较多，但该工艺回收了大豆乳清蛋白和低聚糖，并解决了乳清排放的问题，同时也大大减少了用水量。

③ 用膜分离法生产大豆分离蛋白应注意的几个问题

a. 超滤效果　超滤效果主要取决于 UF 膜的材料及其形式。不同材质的膜，对蛋白质的吸附量不同，其中以聚砜膜吸附作用最小。它仅在蛋白质浓度较高时才呈现较强的吸附作用。

b. 超滤速度　影响超滤速度的因素较多，主要介绍如下。

物料浓度：在超滤过程中，物料浓度逐渐增加，超滤速度逐渐减慢。这是因为一方面随着物料中固形物的增多，料液黏度加大；另一方面，由于 UF 膜对蛋白质的吸附作用，使低分子物质的渗透作用受到阻碍。所以，处理大豆蛋白浸出液时，物料浓度只能提高到 13％～14％。

物料温度：物料温度与超滤速度呈线性关系。温度升高，超滤速度增大。这是因为温度升高，料液黏度下降。在采用管式超滤装置的情况下，温度越高，循环液的黏度越低，流体在管内的流动就越接近湍流状态，不易形成浓差极化，从而使超滤速度增加。因此，在 UF 膜与物料允许的条件下，通常采用 40～45℃的较高温度进行超滤操作。

物料流体压力与流量：在超滤过程中，随着操作压力的增大，超滤速度呈线性上升，但达到某一数值后，超滤速度不再上升。而当操作压力从一个较高的数值下降时，超滤速度也明显下降，但达不到升压前的效果。这种现象可能是由于 UF 膜对蛋白质的吸附作用所致。因此，超滤开始时，一定要选择一个合适的压力，并保持稳定。

较高的流体流量，可使流体的流动状态处于或者接近湍流状态，扩大分子对流，以破坏浓差极化的形成，减缓 UF 膜对蛋白质的吸附作用。因此，超滤操作应尽量采用较高的流量。

3. 大豆组织蛋白

所谓组织蛋白，是指加工后成型的蛋白质分子重新排列整齐，具有同方向组织结构，并经凝固形成的纤维状蛋白。组织蛋白又称膨化蛋白或植物蛋白肉，是一种以大豆脱脂蛋白粉为原料，经过粉碎、加水混合并在专用膨化设备中进行特殊加工而成的各种形同瘦肉又具有咀嚼感的蛋白食品。

使植物蛋白组织化的方法有多种，例如纺丝法（用碱液拌和，酸溶解后延伸加热成型成纤维状）、挤压蒸煮膨化法（加水、加热、膨化挤压成型成多孔粒状产品）、湿式加热法（用酸性液拌和，高温切断，加热固定成结构状产品）、冻结法（加水、加热、冷冻浓缩、冻结成型成海绵状产品）和胶化法（加水、加热、高浓度加热、加热成型）等。其中以挤压蒸煮膨化法应用最为广泛，现介绍如下。

（1）原理　用于生产大豆组织蛋白时，最普遍使用的是单螺杆变温型膨化机，即采用高温短时膨化型设备。

（2）生产工艺　大豆组织蛋白典型生产工艺通常分为两大部分，即原料蛋白粉的制取和组织蛋白的制取。

原料蛋白粉的制取（图 7-1），除冷榨饼、浸出粕直接来自制油工厂外，组织蛋白生产厂也须配备清理、粉碎等设备，在原料选择上应注意到它们各自的特点。

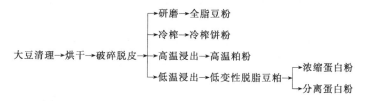

图 7-1　原料蛋白粉的生产工艺流程

高温粕粉由于已经变性，水溶性蛋白质含量低于 30%，碳水化合物也大多焦化变色，如再膨化则不易呈胶凝状态，成型能力也差，产品色泽深，碎屑多，保水性、韧性均差。因此，通常只用于配合饲料或颗粒饲料，而不宜制取食用组织蛋白。

冷榨饼粉虽然蛋白质变性较低，但含油偏高（7%～9%），因此经膨化高温处理后，油脂易氧化变质，产品不宜久存。另因含油多，工艺性能也较差，对保水性与咀嚼感都有影响。

低变性脱脂豆粕是制取大豆组织蛋白的理想原料。由于蛋白质变性（PDI 值在 50% 以上），碳水化合物含量高（20%～30%），脂肪含量低（1% 以下），因此在膨化成型过程中易形成胶凝状态，成型好，产品色泽浅，咀嚼感与吸水性均优，而且成本不高。但缺点是原料还不够纯净，经膨化后氨基酸的损失较多。

用70%的浓缩蛋白粉与分离蛋白粉作大豆组织蛋白的原料，除具有低变性脱脂豆粕的特点外，还由于蛋白质含量高（可溶性蛋白保持率高）、含糖少，因而膨化时胶凝性良好，氨基酸在高温作用下的保持率也较高。但这两种原料由于成本高，一般只适于作配料。

一次膨化法组织蛋白的生产工艺流程：调和→挤压膨化→干燥冷却→拌香着色→成品。

调和：无论什么原料，在进行调和前，应将原料粒度调整到40～100目。将粉碎后的原料蛋白粉加适量的水、改良剂及调味料调和成面团。

加水是调和工序的关键，挤压膨化时料进得顺利，产量高，组织化效果好；反之，不但料进得慢，而且产品质量也不好。不同的原料、不同的季节、不同的机型，调粉时的加水量都不相同。高变性原料一般加水量要多于低变性原料，低温季节的加水量要比高温季节多一些。国产部分挤压膨化机对进料水分的要求如下：大连油脂总厂生产的挤压膨化机为28%左右，上海产的挤压机为30%左右，河南和吉林产的挤压机一般为40%～50%。

挤压膨化生产大豆组织蛋白常用的组织改良剂主要是碱，使用最多的是碳酸氢钠和碳酸钠，添加量一般在1.0%～2.5%。一般是把粉料的pH值调到7.5～8.0，这样既可以改善产品的组织结构，又不影响口感。

调粉工序加一些调味料及着色剂，对生产仿肉制品尤为重要。常用的调味料有食盐、味素、酱油、香辛料等。食盐的加入量一般在0.5%左右。酱油的加入量一般为1%～5%。

膨化前配料方案见表7-4。

表7-4　膨化前配料方案

原料蛋白粉 添加物	高温粕粉	低变性脱脂豆粕	冷榨饼粉	浓缩蛋白粉
配料后水分/%	25～45	25～45	40～65	30～35
加盐量/%	1	1	1	1
加碱量/%	0.5～1	0.5～1	1	pH 6.5～7

大豆蛋白挤压膨化过程中，温度是一个很重要的因素，温度的高低决定着膨化区内的压力大小，决定着蛋白组织结构的好坏。低变性原料，温度相对要求较低；高变性原料，温度相对要求较高。

一般挤压机的出口温度不应低于180℃，入口温度应控制在80℃左右。挤压机的出口温度若低于140℃时，产品明显发"生"，有硬芯；高于340℃时，产品颜色深，有焦煳味。

用低变性原料生产大豆组织蛋白时，一般选用的是两区或三区加热挤压机，温度控制范围一般是：第一区100～121℃，第二区121～186℃；或第一区70℃，第二区140℃，第三区180℃。

用高变性原料生产大豆组织蛋白时，一般需选用四区加热挤压机，其温度控制范围是：第一温区70～90℃，第二温区140～150℃，第三温区160～190℃，第四温区190～220℃。

挤压工序进料量及均匀度也影响大豆组织蛋白的质量，进料量要与机轴转速相配合，特别注意不能空料，否则不但产品不均一，而且易喷爆、焦煳。

经过膨化后的产品一般水分较高，达18%～30%。可采用普通鼓风干燥，也可以采用真空干燥或流化床干燥。干燥工序的主要参数是温度，一般应控制在70℃以下，最终水分需控制在8%～10%。

第二节　油料种子蛋白生产

一、油料种子蛋白的种类

油料种子蛋白主要包括菜籽蛋白、花生蛋白、棉籽蛋白和葵花籽蛋白等。

1. 菜籽蛋白

油菜籽含蛋白质约25％，去油后的菜籽饼粕中约含35％～45％的蛋白质，略低于大豆粕中蛋白质的含量。菜籽蛋白为完全蛋白质。与其他植物蛋白相比，菜籽蛋白的蛋氨酸、胱氨酸含量高，赖氨酸含量略低于大豆蛋白。因此从蛋白质的氨基酸组成来看，菜籽蛋白的营养价值较高，与大豆蛋白以及联合国粮农组织（FAO）和世界卫生组织（WHO）推荐值非常接近（见表7-5）。

表7-5　菜籽蛋白的氨基酸组成　　　　　　　　　　　g/16g（以氮计）

氨　基　酸	FAO/WHO 推荐值	菜籽饼	菜籽浓缩蛋白	大豆浓缩蛋白
异亮氨酸	4.0	4.4	3.8～4.2	4.2
亮氨酸	7.0	7.9	6.7～7.3	7.0
赖氨酸	5.5	6.7	5.8～5.9	5.8
苯丙氨酸	6.0	3.8	3.9～4.1	4.5
酪氨酸	6.0	3.2	2.4～3.1	3.1
半胱氨酸	3.5	—	1.3～2.6	0.7
蛋氨酸	3.5	2.2	1.8～2.3	1.1
苏氨酸	4.0	4.7	3.8～4.8	3.8
色氨酸	1.0	1.6	1.4	1.3
缬氨酸	5.0	5.6	4.7～5.2	4.3

2. 花生蛋白

花生仁中含有丰富的脂肪和蛋白质，具有很高的营养价值和经济价值。花生仁含有24％～36％的蛋白质，比牛奶、猪肉、鸡蛋都高，且胆固醇含量低，蛋白质的营养价值与动物蛋白相近，其营养价值在植物蛋白中仅次于大豆蛋白。花生蛋白中含有大量人体必需氨基酸，其中谷氨酸和天冬氨酸含量较高，赖氨酸含量比大米、面粉、玉米都高，其有效利用率高达98.94％。

花生蛋白中约有10％蛋白质是水溶性的，称为清蛋白，其余的90％为球蛋白。球蛋白是由花生球蛋白和伴花生球蛋白两部分组成，二者的比例因分离方法不同大约是（1∶1）～（4∶1），花生蛋白的等电点在pH4.5左右。

3. 棉籽蛋白

带壳棉籽蛋白含量约为20％，脱壳棉籽蛋白含量约40％～45％，棉籽仁提油后的饼粕蛋白质含量高达50％，棉籽蛋白在质量上接近于豆类蛋白质，营养价值也比谷类蛋白质高。但由于在棉籽中含有一种毒性的多酚类色素——棉酚，因此在以棉籽蛋白做单胃动物（如猪、鸡、兔等）饲料及供人类食用时，使用前必须将其除去。

4. 葵花籽蛋白

葵花籽仁中蛋白质含量约为21％～30.4％，取油后的葵花籽饼粕一般含蛋白质29％～43％。葵花籽的蛋白质中，球蛋白占55％～60％，清蛋白占17％～23％，谷蛋白占11％～

17％，醇溶谷蛋白占 1％～4％。

葵花籽蛋白中氨基酸的组成，除赖氨酸的含量较低外，其他的各种氨基酸具有良好的平衡性。葵花籽蛋白中的蛋氨酸含量较高，可以补充大豆蛋白蛋氨酸的不足，两者混合加工成食品是很有前途的。

二、几种主要油料蛋白的加工和应用

1. 花生蛋白的加工和应用

(1) 花生蛋白的加工方法　花生蛋白的制取一般采用低温预榨-浸出法和低温预榨-水溶法。

① 低温预榨-浸出法　将花生仁精选除杂后，烘干将水分降至 4％～5％，破碎至 2～4瓣，脱除胚芽（50％以上）和红衣（脱除率在 90％以上），再经粉碎蒸炒（在 115℃下蒸炒 40min），而后低温预榨，用正己烷浸出油脂（粕温不高于 105℃），最后脱除溶剂并磨碎，过 110 目筛。这种花生粉含蛋白质 55％以上，其出油率达 99％。

② 低温预榨-水溶法　此法是利用花生蛋白溶于水的特点，先将花生仁磨碎，而后用水将油和蛋白质分离（除去纤维），得到低变性的花生蛋白。其生产工艺流程见图 7-2。

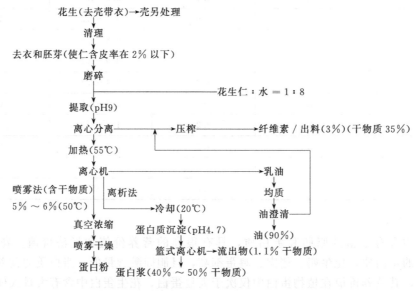

图 7-2　水溶法提取花生蛋白和花生油工艺流程示意

具体操作要点如下。

a. 原料准备　先除花生壳，将花生仁精心清杂，而后在 60℃左右烘干，再脱除花生仁红衣（红衣可作止血剂原料），使花生仁含衣率在 2％以下。

b. 磨碎原料　将花生仁用温水浸泡 2h（温度 30℃），而后用中低速磨浆机制成花生浆（出浆温度在 70℃之内）。也可以用石磨直接将花生仁磨成干粉。

c. 提取方法　花生蛋白的等电点为 pH4.2～4.7。此时花生粉、花生分离蛋白的溶解度最小。将磨碎的花生仁加水 8 倍，制成花生浆放入水溶罐中，加碱调 pH 值到 9（目的使蛋白质扩散溶解在水中），而后升温至 60℃并不断搅拌（让乳浆均匀），保持颗粒悬浮状，之后静置 2～3h（让乳状油分层），将上层乳油置入乳油罐，下层蛋白质溶液另用罐贮存。也可以将花生粉加水 8 倍成花生浆，不做静置处理，而是用过滤机去除渣质（纤维等），制得精制花生仁浆，再将精浆加温（60℃），用高速离心机分离出乳浊状花生毛油和花生蛋白浆。

d. 精制加工　将沉淀的或滤出的残渣，用压榨机除去残余可溶物（油和蛋白液），把可溶物进一步加工提取。毛油通过精炼工艺制成食用油，蛋白液制成花生蛋白粉。其加工有两种方法：一是喷雾干燥法，先将蛋白液（含干物质5%～6%）通过真空浓缩（50℃），使蛋白浆浓度保持18%，而后进行喷雾干燥，得成品花生蛋白粉；二是离析法，将蛋白液通过冷却器（20℃），而后加盐酸使蛋白质沉淀（pH4.7），再通过篮式离心机分离得蛋白浆（含干物质40%～50%）。

e. 水溶法提取产品计算　1000kg花生仁按40%出油率计算，可出400kg花生油、250kg花生蛋白粉（按提取5%蛋白质计算）。水溶法提取花生蛋白粉中氨基酸含量见表7-6。

表7-6　水溶法提取花生蛋白粉中氨基酸含量　　　　　g/16g（以氮计）

必需氨基酸		非必需氨基酸	
名　　称	含　量	名　　称	含　量
赖氨酸	3.0	组氨酸	2.4
色氨酸	1.1	精氨酸	12.6
蛋氨酸	1.0	天冬氨酸	12.6
亮氨酸	6.7	丝氨酸	5.2
异亮氨酸	4.7	谷氨酸	20.7
苯丙氨酸	5.6	甘氨酸	4.2
缬氨酸	4.5	丙氨酸	4.0
苏氨酸	2.5	胱氨酸	1.4
		酪氨酸	4.7
		脯氨酸	4.6

（2）花生蛋白的应用

① 可作为食品添加剂应用于食品工业中　如其添加量饼干为10%～15%，面包为4%～8%，蛋糕为15%～25%，同时应适当增加疏松剂用量，可提高膨松性和柔软性，延缓老化期。将浓缩蛋白1%～2%，分离蛋白0.5%～1.5%，或脱脂花生粉1.5%～3.5%，掺入面粉中制作馒头、面条，馒头富有弹性，面条韧性增强，不易断条，耐高温，滑爽有咬劲。

② 作为吸油保水剂　利用花生蛋白的吸水性、保水性、吸油性、乳化性等特性，将花生蛋白添加到火腿、香肠、法兰克福肠、午餐肉等畜禽肉制品中，可保持肉汁，促进脂肪吸收，使油水界面张力降低，乳化的油滴被制品表面的蛋白质所稳定，形成保护层可防止乳化状态被破坏。因此，制品组织细腻，口感良好，风味诱人，富有弹性。据有关厂家经验介绍，其用量浓缩蛋白为2%～6%，分离蛋白为1%～4%，或脱脂花生粉3%～10%，效果最佳。

③ 作为发泡稳定剂　花生蛋白粉经酶法或碱法处理后，是很好的发泡剂，可广泛应用于糖果、中西糕点、冰淇淋等食品中。例如在充气糖果生产中，加入1%～2%的花生蛋白粉，控制温度在35℃左右，浓度25%左右，同样可以起到蛋白粉或明胶的作用。还可作为汽水的发泡稳定剂，用于汽水、啤酒等饮料中。

④ 作为花生蛋白肉　将脱脂花生粉加水25%、纯碱0.7%、食盐1%，混合均匀，利用挤压膨化方法改变花生蛋白的组织形态，经纺丝集束、挤压喷爆等加工处理，模拟畜禽肉使之具有瘦肉感，即为花生组织蛋白，俗称花生蛋白肉，蛋白质含量5.5%左右。花生蛋白肉

可用于炒菜、饺子馅，代替部分畜肉做香肠、火腿、午餐肉等。若配以佐料，可制成具有牛肉、猪肉、鸡肉、海鲜、辣味的人造食品，成为餐桌上的美味佳肴。

2. 葵花籽蛋白的制取和应用

葵花籽是一种适应性很强的油料作物，它已成为国际上公认的高级食用植物油，同时取油后的葵花籽粕含有高于其他谷类的优质蛋白质，是植物蛋白的重要来源之一。

(1) 葵花籽蛋白的制取　在葵花籽蛋白的制取过程中，除考虑产品的得率和通常的质量要求外，还要考虑有效地除去绿原酸等成分，以使产品满足食品工业的需要。葵花籽蛋白主要有浓缩蛋白和分离蛋白两种。

① 葵花籽浓缩蛋白　在葵花籽浓缩蛋白的制取过程中，可以用70%的乙醇、酸性溶液等溶剂提取原料中的绿原酸、水溶性糖、无机盐等，而后用通常的方法加工成葵花籽浓缩蛋白。

② 葵花籽分离蛋白　葵花籽分离蛋白的生产工艺基本上与大豆分离蛋白相似，采用的原料是低温脱溶的葵花籽粕，它是利用蛋白质的溶解性，用稀盐或稀碱溶液进行萃取，滤液用酸调节 pH 值至等电点，使蛋白质沉淀出来，经过水洗、中和、干燥，即得到分离蛋白。

a. 碾磨和萃取　低温脱溶葵花籽粕筛去大壳皮后，经磨粉机碾磨除去壳皮后，然后放入绿原酸萃取罐内，在真空条件下用 1:40 乙醇水溶液萃取，温度控制在 50℃，pH 值小于6，维持介电常数等于水的一半即可。萃取液用离心分离机分离，分出的渣放入蛋白质萃取罐内，加入 50℃的 NaCl 水溶液，使葵花籽粕与 NaCl 水溶液的比例为 1:8，并维持 pH3～8。萃取罐安装有夹层和搅拌器，保持萃取温度 45～50℃，不断搅拌，萃取时间 30min。

b. 离心分离　当萃取完毕后，悬浊液自流到初滤罐分出大部分渣，滤液进入离心分离机进行离心分离，离心出的蛋白液依靠离心机压力进入沉淀罐。在温度 45～50℃、搅拌速度 45～50r/min 的情况下徐徐加入稀盐酸，调节 pH 值在 4～4.2，使蛋白质沉淀，静置30min，然后用水洗涤沉淀蛋白，洗涤后的蛋白质用泵打入离心机，分离掉洗涤水。

c. 喷雾干燥　离心出的蛋白膏进入均质罐内进行均质。浓度为 12%～15%的蛋白液经泵打入离心喷雾器内，与离心喷雾干燥塔内的净化热风（温度 150～160℃）相接触进行干燥，将干燥后的蛋白粉进行包装。

经第一次萃取的葵花籽粕的沉淀物，在放出上面的悬浊液后进行第二次萃取，萃取用2%的 NaOH 溶液，沉淀物与 NaOH 溶液的比例为 1:8，萃取温度为 20～25℃。第二次萃取后的其他过程与第一次相同。

采用此法制取的葵花籽分离蛋白是白色到浅灰白色的粉末，具有纯正的葵花籽固有的气味，无异味。蛋白质的纯度在 85%以上，蛋白质分散系数在 80%以上，粗纤维含量在 30%以内，灰分在 3.0%以内，残油在 1.5%以内，是一种优质的植物蛋白。

(2) 葵花籽蛋白的功能特性和用途　葵花籽蛋白制品具有良好的功能特性，特别是吸水性、吸油性、乳化性、泡沫性等，这是其在食品工业得到广泛应用的基础。

① 用于一般食品　把 1%～2%的脱脂葵花籽蛋白粉，经湿热蒸煮 1h 后，加入面包等食品中，这样不仅可以强化营养，弥补面粉中某些必需氨基酸含量的不足，而且还可以增加面包瓤的弹性，起到防止面粉中淀粉老化的效果。

② 婴儿食品的良好添加剂　葵花籽蛋白与大豆蛋白相比赖氨酸含量较低，而且蛋氨酸含量较高，这样把葵花籽蛋白和含赖氨酸较高、蛋氨酸较低的大豆蛋白相混合，添加到婴儿食品中，可以促进儿童的正常发育。

③ 肉制品中的添加剂　把葵花籽蛋白添加在香肠等肉制品中，不仅可以防止油脂分离，

还可以增加香肠的嫩性，使制品更富有良好的适口感。把葵花籽组织蛋白（30％）掺入馅饼、包子、饺子等食品的馅料中代替猪肉、牛肉和羊肉，不仅能减少食品中动物脂肪、胆固醇含量，提高蛋白质的含量，而且还使其成本降低。

④ 制作人造牛奶等饮料　葵花籽蛋白气味柔和，无豆腥等异味，是高级饮料和人造牛奶的良好原料。将葵花籽蛋白浓缩浆经 80℃ 热处理，并经机械搅拌后加乳化剂，可使 80％含氮化合物在 pH2.7 时增溶，最后将含 3％ 的蛋白乳浊液与牛奶以 1∶1 的比例混合，可得到具有较好香味和色泽的混合乳饮料。

3. 油菜籽蛋白的制取和应用

（1）油菜籽蛋白的加工制取工艺　目前，制取方法主要有前处理法、后处理法和前后结合处理法。

① 前处理法　法国农艺研究院提出的一种前处理的去毒方法（获发明专利权）。其工艺流程如图 7-3 所示。这种方法的特点是可以同时从油菜籽中提取高质量的油和蛋白质。制得的浓缩蛋白呈白色粉末，不溶于水，微溶于酸碱溶液，蛋白质含量 60％，其氨基酸组分平衡，还含有碳水化合物 22.5％、纤维素 6％、油 0.5％、灰分 6％、水分 5％。

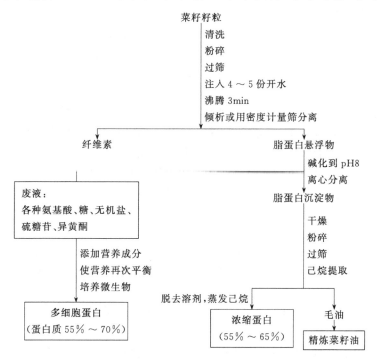

图 7-3　前处理脱毒油菜籽蛋白加工工艺流程

瑞典研究出的菜籽浓缩蛋白（RPC）提取工艺也是比较理想的。其流程为：将菜籽清理（除杂）、破碎、筛选（脱皮），除去粗纤维，而后用热水处理（使芥子酶钝化），再经干燥后，用清水浸提（水与原料比为 5∶1），水的 pH 值为 4.5 左右（微酸性），将混合浆分离（除去菜籽中糖类，即棉籽糖、水苏糖，以及硫代葡萄糖苷、芥子苷等物质）。而后再经第二次浸提、分离、清除，再进行干燥。将粕进入浸出车间取油，饼粕经脱溶后进入浓缩蛋白车间（工艺和大豆、花生浓缩蛋白相同）。

提取蛋白质技术通常有碱法和酸法两种。

碱法：用碱液浸料，而后用酸中和得蛋白质。

酸法：将试料用酸液浸泡（pH4.5～4.6），使糖类物质溶出，蛋白质沉淀在底层，再用碱中和（pH7）即得。

② 后处理法

a. 发酵中和法　该工艺的基本原理是芥子苷在适量的水和适宜温度下水解产生的毒素，其中挥发性部分在搅动下挥发排除，不挥发部分在烧碱作用下氧化转变成无毒的物质。

在发酵池中加入清水，加温至 40℃，然后将菜籽饼粕粉碎投入发酵，饼粕与水之比为 1:(3.7~4)。保持温度 38~40℃。每隔 2h 搅拌一次。芥子苷恢复活性后，被饼粕中的芥子酶水解，形成挥发性的异硫氰酸酶。16h 后 pH 值达 3.8，继续发酵 6~8h，滤去发酵水（大部分芥子苷分解物随水流去），加清水到原有量，搅拌均匀，经碱液（浓度 10%）中和（pH 值到 7~8）后再沉淀 2h 滤去废液，所得湿饼粕即为脱毒菜籽饼，脱毒率可达 90%~98.5%。如需长期贮存，再将其烘干。

b. 碱法脱毒　脱毒原理是芥子苷在较高温度与湿度下与碱作用，其分子结构中的硫苷键"—S—"和硫酸酯的"—C—O—"键发生水解而断裂生成的硫氰酸酯、异硫氰酸酯、硫化氢等，大多是挥发性物质，可随蒸汽逸出，有的异硫氰酸酯还和菜籽饼粕中的蛋白质结合生成无毒的硫脲型化合物。

碱法脱毒的具体做法是把压榨或浸出的脱脂菜籽饼粕粉碎，过筛除去粗块，均匀喷洒碱液（纯碱比烧碱效果好），碱的用量为喷洒前湿饼粕质量的 2%~3%，控制水分在 18%~20%，用间接蒸汽预热至 80℃，保持 30min，再用直接蒸汽蒸，间接蒸汽保温，使温度维持在 105~110℃，蒸 45min，最后进行烘干，使水分降至 13% 以下即可，脱毒率可达 96% 以上。

c. 溶剂浸出法　水浸法：芥子苷是水溶性物质，采用水洗法简便。山东省聊城市粮食局中心化验室把饼粕和水按 1:4 混合后进行保温（38℃左右），发酵 24h，然后进行过滤，除去滤液后的饼粕再用清水冲洗 2 次即可做饲料。如用蒸煮和两次水浸结合处理，不仅可除去饼粕中的毒素，而且可使蛋白质得到改善，更易于动物的消化。

在国外，据瓦卡黑诺等试验，将整粒菜籽用沸水浸泡 2 次，再用 15% 氯化钠溶液（食盐水）处理，即可完全脱除异硫氰酸盐，达到去毒效果，鸡食用后体重增长，无甲状腺肿大现象。

有机溶剂浸出：用 0.1mol/L 的 NaOH 乙醇溶液、85% 甲醇溶液以及 70% 丙酮水溶液都能有效地除去整粒菜籽中的芥子苷。如果先将菜籽煮沸 2min，再用碱性乙醇多级浸取效果更好。

酸性溶液浸出：用 15% 的工业硫酸在 60℃ 下处理 6h，所得粕中不含芥子苷，粕中蛋白质的氨基酸组成基本不变。

几种溶剂提取法以水为溶剂提取费用较低，设备简单，适于制取食用菜籽蛋白。

d. 微波处理　利用微波对 14%~16% 水分的整粒菜籽进行处理，只需 1min，即可能钝化其芥子酶。处理后不需再行干燥即可贮藏，但菜籽饼粕作为饲料还有危险，因为动物肠道中常会有芥子酶活性的菌类，或其他饲料也可能混有其他十字花科植物的芥子酶，因此仍可能产生有毒物质。

e. 氨处理法　该方法有氨处理和酶催化水解两个过程。氨处理后饼粕中仍有芥子酶，在酶催化作用下芥子苷水解不产生噁唑烷硫酮，而被氨分解，芥子苷能被很好地除去。处理后，一部分氨被附在饼粕上，在真空下不稳定，容易逸出，可以回收。另一部分氨与饼粕中蛋白质、还原糖和芥子苷形成化学键结合起来。饲养试验表明，用氨处理过的饼粕适口性略低，但动物的甲状腺正常，生长良好。

③ 前后结合处理法　江南大学提出一种前后结合处理菜籽的方法，即干热钝化-轻汽油

浸出-蒸汽脱溶的方法。此种工艺和设备简单，去毒成本低，去毒效果好。其流程如图 7-4 所示。

轻汽油

油菜籽→干热钝化→溶剂浸出→蒸汽脱溶→饲用蛋白

毛油

图 7-4　前后结合处理法油菜籽蛋白加工工艺流程

实验条件是：干热钝化在恒定温度 120℃ 的干燥箱中进行。将干燥箱事先调节至规定温度，然后将油菜籽放入，快速升温，放入后 10min 起计时烘干 1h。

浸出先用轻汽油预浸泡 30min，然后滴加新鲜汽油，使轻汽油与料坯之比为 3：1，温度为 60℃。蒸汽脱溶可在铝制高压锅（常压，100℃）内进行。

快速升温干热钝化的方法既能钝化菜籽中的芥子酶，同时又能热分解一部分芥子苷，再辅以蒸汽脱溶，可使芥子苷分解率提高到 5% 左右，而有效赖氨酸的含量下降却不多。经处理的菜籽虽芥子苷还有较高的含量，但有较好的饲养效果，与干酪素喂养的对照组相似。

（2）油菜籽蛋白的应用　浓缩的菜籽蛋白，具有很高的吸水性，达 500%～800%，而大豆蛋白为 400%。这种浓缩蛋白可用作食品强化剂，如强化肉馅、香肠、面包、饼干等（添加量一般为 5%～15%）。研究者认为，浓缩蛋白中植酸含量高会影响人体对锌和铁的吸收，可在食品中添加锌（添加量为 80mg/kg）和铁（添加量为 270mg/kg）。

第三节　谷物蛋白生产

小麦、大米、玉米等谷物总体上说蛋白质含量不高，约为 8%～13%，燕麦蛋白质含量较高，为 15% 左右。小麦、大米及玉米胚芽含有较多的蛋白质，小麦胚芽含蛋白质达 30% 以上，大米胚芽含蛋白质 17%～26%，玉米胚芽含蛋白质 13%～18%，它们是良好的植物蛋白资源。

一、谷物蛋白种类

谷物蛋白绝大部分是简单蛋白质，结合蛋白质含量不多。根据其溶解性分成以下四类。谷物中蛋白质的主要组成见表 7-7。

表 7-7　谷物中蛋白质的主要组成及赖氨酸含量

谷物	蛋白质含量（干基）/%	蛋白质组成							
		清蛋白		球蛋白		醇溶蛋白		谷蛋白	
		①	②	①	②	①	②	①	②
小麦	10～15	3～5	—	6～10	—	40～50	0.6	30～40	1.9
玉米	7～13	4.0	3.8	2	6.1	50～55	0.2	30～45	3.4
大麦	7～17	3～4	7.9	10～20	6.3	35～45	0.8	35～45	4.8
大米	8～10	5	4.9	10	2.6	5	0.5	80	3.5
高粱	9～13	1～8	4.5	1～8	4.8	50～60	0.5	30	2.7

①占蛋白质总量的比例（%）。②蛋白质组成中赖氨酸所占比例（%）。

注：资料来源于佘纲哲等（1994 年）。

（1）清蛋白　此类蛋白质溶于水，其溶解度不受适当盐浓度的影响，加热易凝固，为强碱、金属盐类或有机溶剂所沉淀，能被饱和硫酸铵所盐析，其等电点一般为 pH 4.5～5.5。

如小麦清蛋白、大麦清蛋白等。

(2) 球蛋白　不溶于纯水而溶于中性盐稀溶液的一类蛋白质。它不溶于高浓度的盐溶液，加热凝固，为有机溶剂所沉淀。添加硫酸铵至半饱和状态时则沉淀析出，其等点在pH5.5～6.5。这类蛋白质表现出典型的盐溶和盐析特性，如小麦球蛋白、燕麦球蛋白等。

(3) 醇溶蛋白　此类蛋白质不溶于水及中性盐溶液，可溶于70%～90%乙醇溶液，也可溶于稀酸及稀碱溶液，加热凝固。该类蛋白质仅存在于谷物籽粒中，典型的有小麦醇溶蛋白、玉米胶蛋白和大麦胶蛋白。醇溶蛋白水解时产生大量的谷氨酰胺、脯氨酸及少量的碱性氨基酸。玉米蛋白完全缺乏赖氨酸和色氨酸。小麦醇溶蛋白是面筋蛋白质主要成分之一。

(4) 谷蛋白　此类蛋白质不溶于水、中性盐溶液及乙醇溶液中，但溶于稀酸及稀碱溶液，加热凝固。谷蛋白也仅仅存在于谷物籽粒中，常常与醇溶谷蛋白结合在一起，典型的有小麦谷蛋白。

二、几种主要谷物蛋白的制取和利用

1. 小麦蛋白

小麦蛋白在谷物蛋白中占首位。通常所说的面筋是由小麦中所含的麦胶蛋白和麦谷蛋白构成的。小麦蛋白在美国和澳大利亚两国主要作为糕点和早餐食物中的蛋白质添加剂，在日本则作为肉、鱼制品的填充剂使用。

用面粉来制取面筋的基本方法是将小麦面粉和水捏合成一面团，再加水来揉洗面团，将淀粉洗去，最后得面筋。小麦制取蛋白质的生产工艺如图7-5所示。

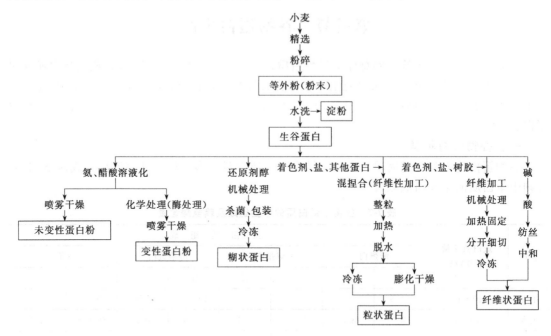

图7-5　小麦制造蛋白质的生产工艺

小麦蛋白用途相当广泛，有着广阔的发展前景，可作为食品增稠剂、医学用胶、保型剂、乳化剂、发泡剂、口香糖基料、合成酒类、食用人造肠衣、纯植物性粉末乳酪、酸性饮料、可食性薄胶片、蛋白膜食品等。

2. 米糠蛋白

米糠含油脂12%～16%，蛋白质14%～17%，淀粉36%～38%，粗纤维7%～8%，灰分7%～8%，以及水分、维生素等。米糠中的蛋白质含量也较多，其氨基酸组成比较齐全。

米糠蛋白制取工艺流程：将用稀酸除去植酸钙的脱脂米糠于碱水中磨碎，分离磨碎物中的纤维质，用酸处理分离液，使其中的蛋白质沉淀，然后回收蛋白质。具体操作工艺如图7-6所示。

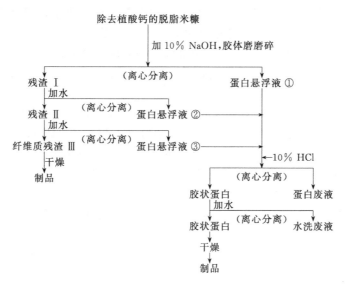

图 7-6　米糠蛋白制取工艺流程

在 72kg 除去植酸钙的脱脂米糠中加 107kg 水和 10% 的 NaOH 4.6kg，成均匀状后，用胶体磨反复研磨 2 次，得到 pH8.5 的浆状物，用滗析器分离浆状物，分离出蛋白悬浮液①和残渣Ⅰ。另加 153kg 水于残渣Ⅰ中，用滗析器分离出蛋白悬浮液②和残渣Ⅱ，再次加入等量的水于残渣Ⅱ中，用同样方法分离出蛋白悬浮液③和纤维质残渣Ⅲ。蛋白悬浮液①、蛋白悬浮液②、蛋白悬浮液③的总量为 431kg。然后，在此蛋白悬浮液中加入 10% 的盐酸 2.4kg，用滗析器分离出胶状蛋白 26kg（其中水分含量 78.0%）和蛋白废液 408kg。在胶状蛋白中再加入 77kg 水进行水洗，分离后得到 23kg 胶状蛋白和 80kg 水洗废液。胶状蛋白经真空干燥，得到 5.5kg 的蛋白质食品原料。此蛋白质食品原料的成分为：蛋白质 41.5%，脂肪 2.9%，糖分 52%，灰分 0.1%，纤维 0.5%。

米糠蛋白可作为添加剂应用在面包、饼干、小松糕、薄形蛋糕等烘焙食品、方便食品和早餐谷物食品中。

3. 玉米蛋白粉

玉米蛋白粉是以玉米原料生产淀粉的粗淀粉乳，经离心机分离出的麸质水，经沉降过滤干燥到 12% 的水分而得。它呈黄色，含有 40%～60% 粗蛋白，10%～15% 淀粉和 200～400mg/kg 叶黄素。

（1）工艺流程　见图 7-7。

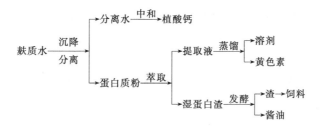

图 7-7　玉米蛋白粉加工工艺流程

（2）操作要点

① 将麸质水搅拌均匀，沉降 6h 以上，用布袋过滤，将滤液抽入 5000mL 烧杯中，搅拌下缓慢加入 10°Bé 石灰水清液，调节 pH6.0～6.5。停止搅拌，自然沉降 12h，弃去清液，用 80℃ 温水洗 1～2 次，通过布袋过滤，将沉淀物于 70～80℃ 烘干，即得植酸成品。

② 将经分离的蛋白粉取一定量于烧瓶中，加入 3 倍量的 70% 乙醇，加盖，于室温振荡浸提 5～6h，过滤。合并第一次过滤液，以 3000r/min 离心分离，过滤去渣。将滤液用水浴减压蒸馏回收乙醇，当乙醇极少蒸出时，升温浓缩至胶体，可得色价大于 1.00 的玉米黄色素。

③ 将经浸提后的蛋白粉渣，用清水洗涤 2～3 次，调节 pH 值至中性，加入 20% 的麦麸皮拌匀，用灭菌锅蒸煮 30min，焖 1h，然后出锅冷却，接入 3.042 米曲霉，加入 14°Bé 盐水，用量为 1∶1.5（原料比），在恒温箱内发酵 20d，温度为 45℃。再加入 20°Bé 的盐水，用量为 1∶1.5（原料比），搅拌均匀，控制温度 40℃，发酵 10d 即成熟，然后将熟料装入布袋，压榨出油。

玉米蛋白粉可用作食品的营养添加剂，在面包、饼干、糕点中使用，有的国家将脱脂玉米胚饼制成膨化食品。

本章小结

本章介绍了植物蛋白的种类、功能特性及其营养特性，较系统地讲述了各种植物蛋白质的加工工艺和技术要点。同时，结合生产实践介绍了各种植物蛋白在各种食品加工中的应用，以及如何采取有效方法提高植物蛋白的利用率。

复习思考题

1. 简述大豆蛋白的功能特性及应用。

2. 简述湿热浸提法、稀酸浸提法、含水乙醇浸提法和膜分离法大豆浓缩蛋白制取的基本原理和技术要点。

3. 用膜分离法生产大豆分离蛋白时应注意哪些问题？

4. 简述花生蛋白制取的要点及其应用。

5. 简述葵花籽分离蛋白制取的基本原理。

6. 简述谷物蛋白质的种类和特性。

实验实训项目

实验实训一　植物蛋白功能特性的测定

【实训目的】

通过实验，使学生熟悉植物蛋白的凝胶性、亲油性、发泡性和乳化性等功能特性，初步掌握植物蛋白功能特性测定的基本方法。

【材料及用具】

凝胶强度计或 TA-XT2 组织测定仪、离心机（附 50mL 离心管）、DS-1 型组织捣碎机、万用表及烧杯等。

【方法步骤】

1. 凝胶性和凝胶强度测定

（1）凝胶性测定

① 称取 100g 粉末状试样于烧杯中，加水 160mL 搅拌均匀成糊状。

② 称取 250g 糊状试样，装入直径 30mm 的肠衣中，在 100℃ 热水中加热 30min，于流水中冷却 30min 凝固，观察其凝胶形成性。

（2）凝胶强度测定

① 将凝胶成型的试验样品切成 25mm 厚的圆片，去掉肠衣薄膜后作为试验样片。

② 用凝胶强度计或 TA-XT2 组织测定仪，测定凝胶强度，柱塞直径为 5mm，测定试验样片失去抵抗力而断裂的负荷（W）及凹陷程度（L）。

$$凝胶强度(g/cm) = W \times L$$

2. 亲油性测定

① 取 10g 样品于 50mL 离心管中，加 24mL 豆油，每隔 5min 搅拌 30s，30min 后于 1600r/min 离心 25min。

② 离心结束后测定未被吸附而析出的油脂体积，通过总油（V_1）与未被吸附油（V_2）的体积之差测定其吸附油脂的百分率。

$$吸油率 = [(V_1 - V_2) \times 0.9175/m] \times 100\%$$

式中，0.9175 为豆油密度；m 为试样质量。

3. 发泡性和泡沫稳定性

① 量取 100mL 3% 水解蛋白溶液，在 DS-1 型组织捣碎机中，以 10000r/min 高速搅打 2min，测其泡沫体积（V），按下式计算泡沫度。

$$泡沫度 = \frac{V - 100}{100} \times 100\%$$

② 将上述发泡性测定时的泡沫放置 30min 后，测出下层析出液体的体积（V），考察失水率的大小以判断泡沫稳定性。失水率越小，其泡沫稳定性越强。

$$失水率 = \frac{V}{100} \times 100\%$$

4. 乳化性及其稳定性测定

① 用 1mol/L NaCl 溶液配制不同浓度的水解蛋白溶液。

② 分别取 100mL 不同浓度的蛋白质溶液于 DS-1 型高速组织捣碎机中，插入电导电极，用万用表测量溶液的电阻值，在搅拌下徐徐加入豆油。绘制所耗豆油与其电阻的关系曲线，由曲线转折点时的耗油量表示其乳化能力。

③ 用同法以鸡蛋作为对照进行测量。

④ 乳化后的蛋白液样品于烧杯中在 80℃ 水浴中加热 30min，再用流水冷却 15min，于 1300r/min 离心 5min，测定其乳化稳定性。

$$乳化稳定度 = (保持乳化状态的液层高度/离心管中液体总高度) \times 100\%$$

实验实训二　大豆分离蛋白生产

【实训目的】

通过实验，掌握大豆分离蛋白的生产原理，了解凝乳状大豆分离蛋白的生产过程和生产工艺条件。

【材料及用具】

材料：低温豆粕、NaOH、食用盐酸等。

用具：粉碎机、多功能搅拌机（30～50r/min）、离心机（3000r/min）、白瓷桶等。

【方法步骤】

1. 工艺流程

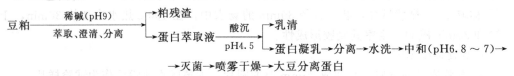

2. 操作要点

(1) 萃取　按料水比为1∶5，调pH值9～10，在常温下以43 r/min搅拌2h，然后澄清2h，分离出蛋白质萃取液。滤渣按第一次萃取条件操作，分离出第二次萃取液。剩下的渣加10倍的水，调pH值9～10，仍在常温下以43r/min搅拌2h，澄清2h，再分离出蛋白质萃取液。以上3次萃取液经澄清撇取后，再经离心机分离，除去萃取液中所含的微量豆渣，被分离出的萃取液进行酸沉，滤液及时并入萃取液。

(2) 酸洗　萃取液加入盐酸，调pH值4.1～4.5，搅拌器转速43r/min，酸洗后澄清1.5～2h，撇去乳清，蛋白质凝乳经离心分离。分离后的蛋白质凝乳必须加5～8倍的水洗2～3次，水洗后的蛋白质凝乳浓度为5%左右。

(3) 分离　水洗蛋白质凝乳以离心机分离2～3次，经分离后蛋白液浓度在10%左右。向经水洗分离的蛋白质凝乳中加入NaOH，将pH值调至6.8～7.0。

(4) 灭菌　将制得的蛋白质凝乳置冷热罐中，用间接蒸汽加热至60℃灭菌。

(5) 干燥　以热风温度50℃、塔内85～90℃、排潮80～85℃，进行喷雾干燥。

(6) 包装　干燥后的蛋白粉以紫外线或其他杀菌方法处理后进行包装即得成品。

实验实训三　花生蛋白产品生产

【实训目的】

通过实验，了解花生蛋白产品生产的原理和方法，了解利用花生饼生产蛋白饮料的主要设备的性能和用途，掌握花生蛋白饮料产品生产的工艺技术。

【材料及用具】

材料：花生饼5.5kg、白糖7.5kg、甜蜜素50g、全脂奶粉0.1kg、奶油香精10g、BE-2型乳化稳定剂0.1kg、6111蛋白酶50g。

用具：粉碎机、浆渣分离磨、胶体磨、高压均质机、玻璃瓶封口机、杀菌釜等。

【方法步骤】

1. 工艺流程

花生饼→粉碎—┐
　　　　　　　├→浸泡→磨浆→胶体磨→调配→预杀菌→均质→罐装→封口→二次杀菌→冷却→成品
蛋白酶→溶解—┘　　　　↓
　　　　　　　　　　　渣

2. 操作要点

① 将花生饼粉碎成粗粉。

② 将蛋白酶溶于20～25kg、40～50℃的水中，在搅拌下加入花生饼粗粉，浸泡1h。

③ 浸泡酶解后的花生饼粗粉加水用浆渣分离磨磨成浆，得到浆液量约80kg。

④ 将花生浆用胶体磨处理，进一步微细化。

⑤ 将白糖、奶粉、乳化稳定剂和香精等溶化后加入花生浆中，煮沸灭菌，得到调配液约100kg。

⑥ 在20MPa的压力和90℃的温度下均质一次。

⑦ 将花生饮料装入玻璃瓶中，用脚踏封口机封口后，在杀菌釜中于121℃下杀菌50min

（升温时间 15min，121℃保温 20min，降温时间 15min），冷却后即得到花生蛋白饮料成品。

实验实训四　参观植物蛋白加工企业

【实训目的】

通过参观实习，让学生了解植物蛋白加工企业工业化生产的方式和特点，熟悉植物蛋白生产的工艺流程和操作要点，以及主要加工机械的性能和工艺参数。

【方法步骤】

1. 请厂里技术人员作技术报告

① 工厂生产基本情况。

② 提高产品产量和质量的主要经验，提高食品质量管理的方法。

2. 分组到车间现场参观，请车间负责人讲解

① 植物蛋白加工生产的工艺流程。重点学习产品配料、工艺参数及工艺要点。

② 加工机械的原理、性能和主要机械的选型及功用。

③ 介绍实际生产经验，处理好生产中出现的问题，如何做到理论联系实际。

3. 学生提出问题，与工厂技术人员和工人师傅互动交流

【实训作业】

根据所学的理论知识并结合参观实习内容，写一份实习总结报告。谈谈该植物蛋白加工厂采用的生产工艺、机械设备状况，还有哪些工艺需要技术改进，也可为企业提出建设性意见或设计一套植物蛋白加工技术改造方案，供植物蛋白加工企业参考。

第八章 植物淀粉加工

学习目标

通过学习，使学生能了解玉米、薯类等淀粉的工业提取原理，重点掌握玉米、薯类等植物淀粉的提取工艺流程和操作要点；了解淀粉制糖的生产工艺及要点；对变性淀粉制备的工艺原理、工艺方法、操作要点及在食品加工中的应用有一定了解。

淀粉是绿色植物经光合作用由水和二氧化碳形成的，富集在种子、块根、块茎等植物器官中，如玉米、小麦、水稻等谷类，绿豆、豇豆、菜豆等豆类，马铃薯、甘薯、木薯等薯类都含有大量的淀粉。淀粉工业采用湿磨技术，可以从上述原料中提取纯度约99%的淀粉的产品。湿磨得到的淀粉经干燥脱水后，呈白色，粉末状。

淀粉又是许多工业生产的原料、辅料，其可利用的主要性状包括颗粒性质、糊或浆液性质、成膜性质等。淀粉分子有直链和支链两种。一般来讲，直链淀粉具有优良的成膜性和膜强度，支链淀粉具有较好的黏结性。大多数植物所含的天然淀粉都是由直链和支链两种淀粉以一定的比例组成的。

由于天然淀粉并不完全具备各工业行业应用的有效性能，因此，根据不同种类淀粉的结构、理化性质及应用要求，采用相应的技术可使其改性，得到各种变性淀粉，从而改善了应用效果，扩大了应用范围。淀粉和变性淀粉可广泛应用于食品、纺织、造纸、医药、化工、建材、石油钻探、铸造以及农业等许多行业。

第一节 淀粉生产

一、淀粉化学组成

淀粉生产工艺和设备发展很快，已达到很高的技术水平，但还不能将非淀粉物完全除去，产品仍含有少量杂质。表8-1为工业生产不同品种淀粉的一般化学组成。

表8-1 淀粉化学组成 %

淀 粉	水 分	脂肪(干基)	蛋白质(干基)	灰分(干基)	磷(干基)
玉米	13	0.60	0.35	0.10	0.015
小麦	14	0.80	0.40	0.15	0.060
黏玉米	13	0.20	0.25	0.07	0.007
马铃薯	19	0.05	0.06	0.40	0.080
木薯	13	0.10	0.10	0.20	0.010

注：表中的水分含量是在相对湿度68%、温度20℃的数据。

二、玉米淀粉提取工艺

1. 玉米淀粉生产工艺流程

玉米淀粉生产主要包括玉米清理、玉米湿磨和脱水干燥三个主要阶段，具体工艺流程如

图 8-1 所示。

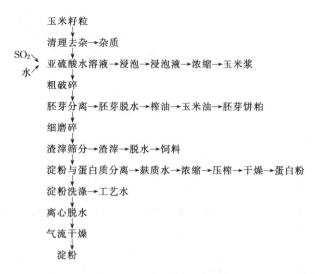

图 8-1　玉米淀粉生产工艺流程

2. 操作要点

(1) 玉米清理　由于在玉米籽粒中常混有穗轴碎块、瘦瘪小粒、土块、石块、其他植物种子以及金属杂质等。籽粒表面也附有灰尘，在浸泡前要把这些杂质清理出去。

清理杂质一般用通用的谷物清理振动筛，然后再经过密度去石机。

清理后的玉米送至浸泡罐进行浸泡。一般多用水输送法，水力输送是用开式涡轮泵，玉米与水要保持 1∶(2.5～3) 的比例。水把玉米送至罐顶上的淌筛上之后与玉米分离开又重新回到开始输送的地方，重新输送玉米，循环使用。在这一过程中适当地把含有较多泥沙的水排掉一部分，补充新水。实际上在这输送过程中，也起到了洗涤玉米的作用，洗掉玉米籽粒附着的灰尘。

(2) 玉米的湿磨分离　从玉米的浸泡到玉米淀粉的洗涤整个过程都属玉米湿磨阶段，在这个阶段中，玉米籽粒的各个部分及化学组成实现了分离，得到湿淀粉浆液及浸泡液、胚芽、麸质水、湿渣滓等。

① 玉米的浸泡　玉米淀粉的提取是利用湿磨法，也就是先进行浸泡而后在水的参与下进行磨碎。

经过浸泡可起到降低玉米籽粒的机械强度，有利于粗破碎胚乳与胚芽分离；浸泡过程可浸提出玉米籽粒小部分可溶性物质。研究表明：经过浸泡，玉米中 7%～10% 的干物质转移到浸泡水中，共中无机盐类可转移 70% 左右，可溶性碳水化合物可转移 42% 左右，可溶性蛋白质可转移 16% 左右。淀粉、脂肪、纤维素、戊聚糖的绝对量基本不变。转移到浸泡水中的干物质有一半是从胚芽中浸出去的，浸泡好的玉米含水量应达到 40% 以上。

浸泡是将玉米籽粒浸泡在 0.2%～0.3% 浓度的亚硫酸水中。

亚硫酸兼有氧化和还原的性质，利用亚硫酸浸泡具有如下的作用：亚硫酸经过玉米的半渗透，由种皮进入玉米籽粒内部，使蛋白质分子解聚，角质型胚乳的蛋白质失去自身的结晶型结构，促进了淀粉颗粒从包围着的蛋白质中释放出来；把一部分不溶解状态蛋白质转变成溶解状态；亚硫酸可钝化胚芽，使之不萌发，因为萌发对提取淀粉是不利的；亚硫酸作用于种皮，增加种皮的透性，可以加速籽粒中可溶性物质向浸泡液中渗透，可溶性物质尽可能集中于浸泡液（即玉米浆）中，经浓缩后，这些可溶性物质得到充分利用；亚硫酸还具有防腐作用，它能抑制霉菌、腐败菌及其他杂菌的生命活力。但是在浸泡过程中可引起发酵形成乳酸，其含量可达 $1.0\%\sim1.2\%$。乳酸对玉米浸泡过程有很大影响：它能促进蛋白质的软化和膨胀；乳酸不挥发，在浓缩玉米浆时仍残留下来，保持溶液中的镁离子和钙离子，有利于减少蒸发设备的结垢。但是乳酸浓度也不能过高，以避免淀粉结构发生变化。

② 亚硫酸制备　亚硫酸的制备是玉米淀粉生产必不可少的一个工序。制取亚硫酸的方法及设备很简单，将硫磺燃烧生成二氧化硫，然后用喷淋水吸收便成为亚硫酸溶液。制备亚硫酸的装置有燃烧炉、混合室和两个吸收塔。

燃烧炉也就是起到加热干硫磺使之熔化，然后燃烧形成二氧化硫。在混合室中形成的二氧化硫气体通过管道从底部进入第一吸收塔。吸收塔由耐腐蚀材料制成，内部有层层相间的半隔板，隔板上有 $7\sim13mm$ 的孔；喷淋水从上面喷淋下来，遇二氧化硫气体吸收于其中形成亚硫酸溶液。第一吸收塔形成的亚硫酸再送至第二吸收塔，再吸收一次二氧化硫，从第二吸收塔流出的亚硫酸浓度约为 0.3%。

生产 H_2SO_3 的工艺参数：燃烧炉气体 SO_2 含量$>8\%\sim12\%$；进吸收塔温度$<90\sim95℃$；吸收水温度$40℃$；SO_2 含量 $0.20\%\sim0.35\%$；尾气 SO_2 含量$<0.3\%$。图8-2是制备亚硫酸的示意。

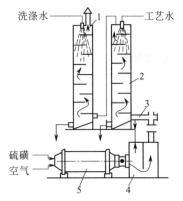

图8-2　制备亚硫酸示意
1—第一吸收塔；2—第二吸收塔；
3—二氧化硫气体管路；4—升华用；
5—硫磺燃烧炉

籽粒经过浸泡最明显的变化首先是吸水和膨胀，根据加工工艺的要求，决定浸泡适度的温度、时间和亚硫酸浓度。依据是使用原料所具有的质地状况。如粉质型玉米品种比角质型玉米吸收水分的数量和强度大；较小的和未成熟的玉米籽粒比大粒的成熟的籽粒膨胀快，吸收水分也多；含水分高的籽粒比过于干燥的玉米籽粒膨胀和浸泡的速度快；温度对膨胀速度有很大的影响，随温度的提高，其膨胀速度显著增大；pH值对膨胀程度影响较少。

③ 浸泡罐要求　通常浸泡罐要有如下的特点和功能：抗压力强、防腐，有进料出料装置，有的需要加热装置，有的需要降温装置，有的需要搅拌装置，容易清洗。

玉米浸泡罐的材质一般有铜板、不锈钢板、铝板、木板等，玉米浸泡罐用钢板的较多，但钢板内层需要涂树脂等采取防腐措施。浸泡罐是带锥形体的圆柱体，罐高与直径之比为2∶1，罐底锥形部分其锥度角不低于45°。在锥形罐底有2个孔，底部是卸料孔，侧面是浸泡液等液体排出孔。为了使玉米与浸泡液分离开排出浸泡液，锥体内表面设有假底，上面带有纵向的缝，缝宽小于玉米粒的厚度。也有安装带孔的圆筒构成假底的。

④ 浸泡条件控制　浸泡用亚硫酸浓度为 $0.1\%\sim0.3\%$，浸泡时，必须掌握浸泡液温度、浸泡时间、亚硫酸浓度及乳酸菌繁殖等4个条件，一般浸温以 $48\sim52℃$（平均$50℃$）为好，时间约 $30\sim50h$。

⑤ 浸泡结束的标准　水分吸收约 45%；浸泡水中玉米约有 $6\%\sim6.5\%$可溶性固形物被溶出，用手指压按玉米，有软化感；有乳白色汁液流出。

（3）玉米的破碎，胚芽分离与洗涤　玉米湿磨提取淀粉，就是把胚乳部分在水的参与下磨成乳浆状，然后经过筛分分离；而磨碎要经过粗磨与细磨，在粗磨之后把经过磨而与胚乳分离的胚首先分离出来。

① 玉米浸泡后与入磨前的过程　浸泡完了的玉米从罐中卸出，暂时集中到一个水泥槽后，用水力输送的方法送至破碎段。这个输送用水是循环使用的，这是整个工艺中水循环的重要部分之一。

玉米在入磨之前，首先要通过旋液分离器，然后通过一个曲筛使输送水与玉米分离。分离出的水进入贮槽中泵回至原输送玉米的水泥槽中。

这里通过旋液分离器的目的是使玉米中石块和砂子再进行一次分离，以便更好地保护下面工序中的磨不产生机械损伤。

旋液分离器是一个上半截为圆柱形下接锥形体的壳体设备，物料从上部借输送泵压力进入壳体内部。因为受压力作用，在内部呈旋转状往下移动，密度大的石块等从下部排出，密度小于石块的玉米粒从上部排出，两者得到分离。

② 玉米的粗破碎　粗破碎一般是经过两道磨。粗破碎实际上就是破瓣，所用的磨是结构比较简单的齿磨，它的性能要求是经过第一道粗磨，玉米粒被磨成8瓣左右，经过第二道粗磨之后被磨成12瓣左右。粗磨的过程除为下一工序细磨做准备之外，还有一个重要的作用是使胚比较完整地脱离下来。

玉米粒上的胚比一般谷物的都大，含脂肪、蛋白质量高，吸水能力也比胚乳大。这里所说的胚，是指盾片都连在一起的。盾片在植物学上是禾本科作物的内子叶，像一条小船，上面载着胚芽、胚轴和胚根，而另一面则覆嵌在胚乳的一侧，发芽时胚乳中养分通过盾片向胚输送。胚本身弹性较大，密度较胚乳块小，在经过粗磨时不易磨碎，以后也易于与胚乳块分离出来。进入破碎机的物料应含有一定数量的固体和液体，固液相之比约为1∶3。如果物料含液体过多，则通过磨碎机很快，磨碎效果差，降低生产效率；反之，如液体含量少，物料稠度增高，降低通过磨碎机的速度，导致胚乳过分粉碎乃至胚芽也遭到破碎。

玉米破碎工艺指标：进磨玉米水分42%~45%；玉米与水之比为1∶(1.5~2.5)；一次破碎齿盘间隙25~30mm，一次破碎整粒率<1%，6.0~7.5°Bé，干物质含量25%左右，游离胚芽率≥85%，释放淀粉率20%~25%，联结胚量≤2.5%（占过滤浆液质量）；二次破碎齿盘间隙22~25mm，二次破碎后不含整粒玉米，7~9°Bé，游离胚芽率≥95%，释放淀粉率25%~30%，破碎胚芽量≤1.5%，联结胚量≤0.3%（占过滤浆液质量）。

③ 胚芽的分离、筛分与洗涤　经过两道磨磨碎之后的物料，就成为粗淀粉乳，进入"粗混"贮罐。从粗混贮罐中将粗淀粉乳提升上来，使之通过分离胚芽用的旋流分离器（图8-3）。

一般要先后连续通过2~4个旋流分离器才能比较彻底地把粗淀粉乳里的胚芽分离出来。

老式淀粉厂生产中，胚芽分离用胚芽漂浮槽，胚芽漂浮槽是一个上口矩形底部成楔状的像轮船状的槽，有个缓慢的搅拌器，因为胚芽密度轻，浮在上面，逐步从上部溢口溢出，依次与粗淀粉乳分离。这个设备效果也不错，所以有的大淀粉厂既使用旋流分离器，又通过一次胚芽漂浮槽，达到胚芽彻底分离的目的。因为胚芽漂浮槽并不太大，设备也比较简单。

胚芽分离出来之后，要把输送胚芽的乳浆分离出来，并

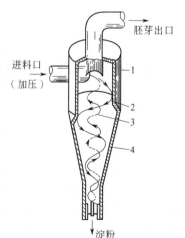

图8-3　分离玉米胚芽的旋流分离器

1—圆柱体；2—重的粒子；
3—轻的粒子；4—圆柱体

把胚芽进行洗涤，洗掉附着在胚芽上的淀粉。为此，胚芽要先经过一个淌筛分离输送的乳浆，再经过一个淌筛用水进行清洗。分离出来的乳浆使其回到第二道粗磨中参与二道磨碎工序，清洗胚芽的清洗水（澄清的麸质水）也使其返回输送玉米粒，进入粗磨之前由曲筛将输送水分离出来后，进入临时贮罐中，参与输送玉米用。如前边所说，这又是一个重要的水循环过程之一。

胚芽分离工艺指标：进入提胚旋流器压力≥0.5MPa；一级旋流器溢流口流出量占进料量的20%，二级旋流器溢流口流出量占进料量的30%；一级分离进料6.0～7.5°Bé；二级分离进料7.0～9.0°Bé；胚芽洗涤水SO_2含量0.025%～0.03%；物料温度约35℃；提胚率≥98%；胚芽洗涤后游离淀粉含量≤1.5%。

在洗涤胚芽时用水量多，当然能很好地洗掉附着在胚芽上的淀粉。但用量过大就会使下一道工序中水的含量高，稀释了淀粉悬浮液，也就影响了继续进入旋流分离器中的胚芽分离效果。如果用水不足，则胚芽洗涤不好，会损失一部分淀粉。在胚芽中游离淀粉的允许量为1.5%，结合淀粉的允许量为5%～8%。分离出的胚芽则进入胚芽利用的程序中去。

（4）浆料的细磨碎　经过破碎和分离胚芽之后，由淀粉粒、麸质、皮层和含有大量淀粉的胚乳碎粒等组成破碎浆料。在浆料中大部分淀粉与蛋白质、纤维等仍是结合状态，要经过离心式冲击磨进行精细磨碎。

这步操作的主要工艺任务是最大限度地释放出与蛋白质和纤维素相结合的淀粉，为以后这些组分的分离创造良好的条件。

冲击磨的主要工作构件是两个带有冲击部件（凸器）的转子，这些凸齿都分布在同心的圆周上，随着由中心向边缘的冲击，每后面一排的各冲击磨齿之间的间距逐渐缩小，以防没有经过凸齿捣碎的胚乳通过。见图8-4。

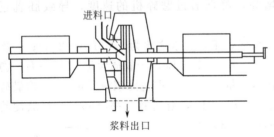

图8-4　冲击磨结构

物料进入冲击磨，玉米碎粒经过强力的冲击，使玉米淀粉释放出来，而这种冲击作用，可以使玉米皮层及纤维质部分保持相对完整，减少细渣的形成。

为了达到磨碎效果，要遵守下列工艺规程：进入冲击磨的浆料应具有30～35℃的温度，稠度120～220g/L。用符合标准的冲击磨，可经一次磨碎达到所要求的磨碎效果。其他各种冲击磨，经一次研磨往往达不到磨碎效果，要经过多次研磨。

（5）渣滓的筛分和洗涤　经过细磨磨碎后的悬浮液，其中含有淀粉、蛋白质、皮层被磨碎后的大小碎屑（即粗渣和细渣）。这个悬浮液首先要经过筛分把粗渣和细渣分离出去。这道工序是在分离筛上进行的。老的玉米淀粉厂所用的分离筛是离心分离筛，带有筛网的筛分部分呈圆锥状，工作时进行旋转，物料在其中借旋转的功能通过筛网使物料内含物进行分离。现在国内玉米淀粉生产已开始使用仿制国外使用的曲筛（图8-5、图8-6），筛分效果好、效率高。

曲筛主要由进料装置、筛面、筛箱及出料口组成。筛面是曲筛的关键部分，由呈楔形的

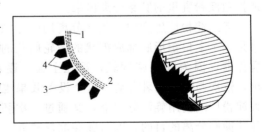

图8-5　曲筛工作示意（一）

1—进料；2—筛上物；3—筛下物；4—楔形筛条

不锈钢的筛条组成，筛条与筛条之间留有的缝隙便是筛子的粗细，细筛缝隙小，粗筛缝隙大。

筛箱是由不锈钢板制成的长方形箱体，立起来使用，筛面顺着长方形成弧形，弧度角有 45℃、50℃、120℃、300℃ 几种。筛箱下部有两个锥形出料口，一为筛上物出料，另一为筛下物出料。

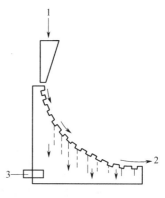

图 8-6 曲筛工作示意（二）
1—进料；2—渣；3—淀粉

玉米淀粉厂的渣滓的筛分和洗涤一般设置 6～8 台曲筛，筛孔前细后粗，物料用逆流筛分和洗涤的方法进行。最后一道筛的筛上物便是渣滓，作为副产物排出送至厂房外；筛下物经过逆流循环都由第一道和第二道筛排出口排出，即淀粉与蛋白质及细渣的混合乳浆。此混合乳浆便送至下一道工序进行离心分离。

（6）麸质分离 第一道曲筛的乳液中的干物质是淀粉、蛋白质和少量可溶性成分的混合物，干物质中有 5%～6% 的蛋白质。经过浸泡过程中 SO_2 的作用，蛋白质与淀粉已基本游离开来，利用离心机可以使淀粉与蛋白质分离。在分离过程中，淀粉乳的 pH 值应调到 3.8～4.2，稠度应调到 0.9～2.6g/L，温度在 49～54℃，最高不要超过 57℃。

离心机分离的原理是蛋白质的相对密度小于淀粉，在离心力的作用下形成清液与淀粉分离，麸质水和淀粉乳分别从离心机的溢流和底流喷嘴中排出。一次分离不彻底，还可将第一次分离的底流再经另一台离心机分离。

分离出来的麸质（蛋白质）浆液，经浓缩干燥制成蛋白粉。

如用 4 台离心机进行分离和洗涤，其底流和溢流及顶水的走向如图 8-7 所示。

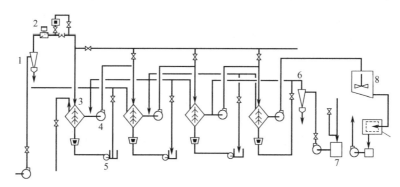

图 8-7 离心分离机工作流程
1—除砂器；2—旋转过滤器；3—碟片式离心分离机；4—消沫泵；
5—泵；6—除砂器；7—清水贮罐；8—淀粉乳贮罐

第一台离心机底流出来的淀粉进入第二台，第二台底流出来之后进入第三台，第三台出来之后进入第四台，经 4 次分离，第四台出来之后便进入精淀粉乳贮罐，准备进入下一道出成品的工序。而溢流则是从第四台出来的黄浆一部分进入第二台底流，另一部分作为第三台的顶水，顶水携带第三台分离的淀粉成为稀乳进入第四台；第三台溢流的黄浆一部分进入第一台的底流，另一部分作为第二台的顶水；第二台溢流的黄浆一部分进入粗淀粉贮罐等于重返第一台分离，另一部分作为第一台的顶水；第一台的溢流黄浆便进入了下一道工序，即黄浆水的浓缩。

（7）淀粉的清洗 分离出蛋白质的淀粉悬浮液干物质含量为 33%～35%，其中还含有

0.2%～0.3%的可溶性物质。这部分可溶性物质的存在，对淀粉质量有影响，特别是对于加工糖浆或葡萄糖来说，可溶性物质含量高，对工艺过程不利，严重影响糖浆和葡萄糖的产品质量。

为了排除可溶性物质，降低淀粉悬浮液的酸度和提高悬浮液的浓度，可利用真空过滤器或螺旋离心机进行洗涤，也可采用多级旋流分离器进行逆流清洗，清洗时的水温应控制在49～52℃。

经过上述6道工序完成了玉米的湿磨分离的过程，分离出了各种副产品，得到了纯净的淀粉乳悬浮液。如果连续生产淀粉糖等进一步转化的产品，可以在淀粉悬浮液的基础上进一步转入糖化等下道工序；而要想获得商品淀粉，则必须进行脱水干燥。

(8) 淀粉干燥　干燥因被干燥的对象不同而有许多方法，玉米淀粉的干燥用的是气流干燥法。

气流干燥就是先将玉米浆已除去大部分水分成为湿的玉米淀粉状态的时候，通过扬升器把它吹送到很高的直立的干燥管道中，同时把热空气吹入与飘浮的淀粉颗粒混合，使之受热而排除水分达到干燥的目的，然后用旋风分离器搜集后进行包装。

① 玉米淀粉干燥要考虑的基本要素　主要是干燥的温度，介质（热空气）流动速度及介质量，被干燥物质在干燥过程中经过的时间，单位时间内所供给的被干燥物质的量。当然，这一切都是为了用最小的能量消耗，得到最大的干燥效果，特别是包括保证被干燥物质的质量，这就是选择干燥工艺过程中各种参数的最佳值。

在干燥的过程中，干燥介质（空气）和淀粉的参数在变化：开始时空气中的热量传到淀粉颗粒表面，淀粉颗粒表面的水分在蒸发消耗着热量，这时空气的温度在降低而湿度增大，随着淀粉颗粒表面水分蒸发之后，淀粉颗粒温度增高，颗粒内部水分向外移动扩散，含水量降低，空气中湿度继续增大。在全过程中空气湿度不能接近饱和状态，否则，干燥的淀粉颗粒容易吸湿。使用的热空气开始温度要有控制，一般在120～130℃，温度不能过高，否则淀粉容易出现糊化现象形成大块，出现废品；淀粉颗粒在干燥管道中运动的速度约14～20m/s，以避免干燥时间过长对淀粉质量的不良影响。

② 干燥的工艺过程　从离心分离机上分离出来的淀粉乳进入贮罐，然后用泵送至干燥单元，首先进入刮刀离心机。所谓刮刀离心机，便是淀粉乳进入旋转的离心机内腔，在离心作用下，水分从内腔上装置的网壁上甩出，导回进入粗淀粉乳贮罐，淀粉挂在内腔壁上积累到一定厚度之后，被设置的刮刀刮下。

刮下后的湿淀粉含水分37%～40%，通过一个小绞龙，进入一个比较简单的疏散器，把它拨碎，然后进入扬升器，用扬升器的风力向上吹入直立的干燥管道，与此同时在附近设置有空气加热器，将被加热的空气抽入管道与湿淀粉混合通过管道，管道顶部形成一个半圆形的回转弯，回转过来后下面便接有旋风分离器，在这里已干燥的淀粉便逐渐下沉，下沉后送至包装车间。

湿淀粉干燥工艺指标：淀粉水分12%～14%；淀粉细度（100目筛上物）≤0.5%；蒸汽压力0.45～0.65MPa；热空气温度130～150℃。

国内的大小玉米淀粉厂基本上是采用这种形式的干燥体系。在这个体系中扬升器比较容易出现故障，因为湿淀粉与热空气从中通过容易引起变形。近年来，有的已经改用负压法提升淀粉进入管道，即把吸风机设在干燥管道的中间部位向上吹风，下边形成负压，借负压力量把淀粉及热空气抽上来再吹上去，这就改善了机械的工作条件。干燥的工艺过程示意如图8-8所示。

三、马铃薯淀粉生产

1. 马铃薯的原料特征

马铃薯为植物的块茎，形状为圆形或椭圆形，其结构由表皮层、形成层环、外果肉和内果肉四部分组成。马铃薯的化学组成随产地、品种及贮存条件和时间的不同而变化，其淀粉主要存在于外部果肉中，淀粉含量因品种的不同差异很大，一般在9%～25%。马铃薯含微量的龙葵素有毒物质，其含量在贮存期间受日光照射引发而急剧增加，从而会影响淀粉的含量。

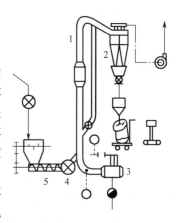

图8-8　淀粉干燥工艺过程示意
1—干燥管道；2—旋风分离器；3—空气加湿器；4—扬升器；5—进料绞龙

马铃薯含有较多的水分，但其干物质中淀粉是主体，其次是纤维素、糖、含氮物质、脂肪、矿物质（灰分）、有机酸等。

马铃薯块茎中的成分随品种、土壤、气候条件、栽培技术、贮藏条件及贮藏时间不同等有很大的差异。各种物质含量及变动范围如表8-2所示。

表8-2　马铃薯块茎中化学成分

成　　分	成分含量(对原料重)/%		成　　分	成分含量(对原料重)/%	
	最　小　值	最　大　值		最　小　值	最　大　值
水分	63.2	86.9	含氮物质(粗蛋白质)	0.7	4.6
干物质	13.91	36.8	脂肪	0.04	1.0
淀粉	8.0	29.4	矿物质(灰分)	0.4	1.9
纤维素	0.2	3.5	有机质	0.1	1.0
糖	0.1	8.0			

提取马铃薯淀粉，就是将薯块洗净、擦碎，破坏细胞壁以便使细胞内含物释放出来，并把渣滓分离出去；再把分离出渣滓后的浆液使淀粉和其他内含物分离开来，把淀粉干燥。

2. 传统生产方法

我国北方民间作坊式的生产很多，规模小，工艺粗糙，质量低，但设备简单，投资小，可以分散贮薯，减轻集中贮薯的压力。

（1）磨浆　选择含淀粉量高的品种，拣出病薯和烂薯，然后在洗涤槽内加入清水，用木棒搅动彻底洗净薯块。洗净的薯块，用磨碎机边加水边磨碎。简单的磨碎机是一个可转动的木质圆筒，圆筒外面包上一层有擦碎功能的铁皮，铁皮从里向外打有孔，孔部被打凸出的铁皮便成了较为锋利的刺，整个滚筒转动时就把马铃薯擦碎。滚筒的转动可用人工摇动，也可用机械带动。

（2）除渣　磨碎后的混合浆液叫淀粉浆，将淀粉浆装入具有过滤性质的布袋中，放入槽中用脚踩踏，淀粉乳液则从布袋中溢出，渣滓则留在袋内，加水再踏出残留的淀粉。

（3）沉淀分离淀粉　将得到的淀粉乳放入沉淀槽，充分搅拌，静置5h以上，淀粉沉淀下来，除去上层澄清液，如此反复3～4次，除去上层澄清液后，刮去表层的不纯物，除掉沉淀在最底层的土砂，即为淀粉。

（4）淀粉干燥　简易方法多采用自然干燥，将湿淀粉摊在竹筛或浅木盘中进行晾晒或阴干。

3. 工业化生产方法

马铃薯淀粉生产的主要任务是尽可能地打破大量的马铃薯块茎的细胞壁，从释放出来的淀粉颗粒中清除可溶性及不溶性的杂质。

(1) 工艺流程

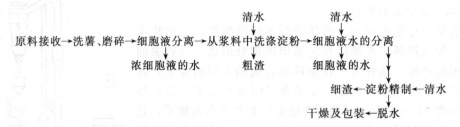

(2) 马铃薯淀粉生产工艺要点

① 原料的选择 在原料选择中重要的一点是考虑马铃薯淀粉含量，因为这直接关系到淀粉的产量。马铃薯淀粉含量与密度有很高的相关性，一般来说，密度大，淀粉含量较高。

② 原料输送与磨碎 马铃薯原料的输送主要通过流送槽用 5 倍量的水进行输送，在水力输送过程中可洗除部分杂质，彻底的清洗是在洗涤机中进行，以洗净附着在马铃薯表面的污染物。洗涤机是通过搅动轴上安装的搅动杆，在旋转过程中使马铃薯在水中翻动以洗净污物。在沙质土壤中收获的马铃薯洗涤时间可短些，为 8～10min；在黑黏土中收获的马铃薯洗涤时间要长些，为 12～15min。

清洗后的薯块送入磨碎机中磨碎。现在多用旋转的转筒上镶上锯齿形式的擦碎齿条，圆周速度很大，可达 40m/s。底部有筛网，磨碎效率很高；磨碎后的马铃薯悬浮液由破裂的和未破裂的细胞、细胞液及淀粉颗粒所组成。除磨碎机外，也可采用粉碎机进行破碎，如锤片式粉碎机等。

③ 筛分除渣 方法是用水把浆料在不同结构的筛分设备上，用不同的工艺流程进行洗涤。可选用振动筛、离心喷射筛、弧形筛等。粗渣留在筛面，筛下物包括淀粉及部分细渣的水悬浮液。

④ 分离与精制 用分离筛将渣滓分除后，分出的淀粉乳中含有淀粉和蛋白质等物质。使用碟片式离心分离机把淀粉分离出来，与玉米淀粉生产时使用的一样，几台串联起来，最后得到精制的淀粉。

⑤ 脱水与干燥 精制后的淀粉乳，如玉米淀粉生产使用的离心脱水机脱水，然后进入气流干燥机干燥。

四、甘薯淀粉生产

生产甘薯淀粉的原料有鲜甘薯和甘薯干。鲜甘薯由于不便运输，贮存困难，因而必须及时加工。用鲜甘薯加工淀粉季节性强，甘薯要在收获后两三个月内被加工，因而不能满足常年生产的需要，所以鲜甘薯淀粉的生产多属小型工业或农村传统作坊式。一般工业生产都是以薯干为原料，可实现机械化操作，淀粉的得率也较高。

1. 工艺流程

甘薯干→预处理→浸泡→破碎→筛分→流槽分离→碱处理→清洗→酸处理→清洗→离心分离→干燥→成品淀粉

2. 操作要点

(1) 预处理 甘薯干在加工和运输过程中混入了各种杂质，所以必须经过预处理。方法有干法和湿法两种，干法是采用筛选、风选及磁选等设备，湿法是用洗涤机或洗涤槽清洗除去杂质。

(2) 浸泡 为了提高淀粉出率可采用石灰水浸泡，浸泡液 pH 值为 10～11，浸泡时间约 12h，温度控制在 35～40℃，浸泡后甘薯片的含水量为 60%左右，然后用水淋洗，洗去色素和尘土。

用石灰水浸泡甘薯片的作用：使甘薯片中的纤维膨胀，以便在破碎后和淀粉分离，并减少对淀粉颗粒的破碎；使甘薯片中色素溶液渗出，留存于溶液中，可提高淀粉的白度；石灰钙可降低果胶等胶体物质的黏性，使薯糊易于筛分，提高筛分效率；保持碱性，抑制微生物活性；使淀粉乳在流槽中分离时，回收率增高，并可不被蛋白质污染。

（3）磨碎　磨碎薯干是淀粉生产的重要工序。磨碎的好坏，直接影响到产品的质量和淀粉的收回率。浸泡后的甘薯片随水进入锤片式粉碎机进行破碎。一般采用二次破碎，即甘薯片经第一次破碎后，筛分出淀粉，再将筛上薯渣进行第二次破碎，然后过筛。在破碎过程中，为降低瞬时温度上升，根据二次破碎粒度的不同，调整粉浆浓度，第一次破碎为 3～3.5°Bé，第二次破碎为 2～2.5°Bé。

（4）筛分　经过磨碎得到的甘薯糊必须进行筛分，分离出粉渣。筛分一般分粗筛和细筛二次处理。粗筛使用 80 目尼龙布，细筛使用 120 目尼龙布，在筛分过程中，由于浆液中所含有的果胶体物质易滞留在筛面上影响筛分的分离效果，因此应经常清洗筛面，保持筛面畅通。

（5）流槽分离　经筛分所得的淀粉乳，还需进一步将其中的蛋白质、可溶性糖类、色素等杂质除去，一般采用沉淀流槽。淀粉乳流经流槽，相对密度大的淀粉沉于槽底，蛋白质等胶体物质随汁水流出至黄粉槽。沉淀的淀粉用水冲洗入漂洗池。

（6）碱、酸处理和清洗　为进一步提高淀粉乳的纯度，还需对淀粉进行碱、酸处理。用碱处理的目的是除去淀粉中的碱溶性蛋白质和果胶杂质，用酸处理的目的是溶解淀粉浆中的钙镁等金属盐类，淀粉乳在碱洗过程中往往增加了这类物质，如不用酸处理，总钙量会过高，用无机酸溶解后再用水洗涤除去，便可得到灰分含量低的淀粉。

（7）离心脱水　清洗后得到的湿淀粉的水分含量达 50%～60%，用离心机脱水，使湿淀粉含水量降到 38% 左右。

（8）干燥　湿淀粉经烘房或气流干燥系统干燥至水分含量 12%～13%，即得成品淀粉。

五、淀粉制糖

以淀粉为原料，通过水解反应生产的糖品，总称为淀粉糖。淀粉糖可分为葡萄糖、果葡糖浆、淀粉糖浆及麦芽糖（含饴糖）四大类。淀粉糖甜味纯正、柔和，只有一定保湿性和防腐性，有利于胃肠吸收，所以广泛用于食品工业和医疗保健品中。例如淀粉糖浆用于果酱、蜜饯的生产还能消除"结晶"、"返砂"现象；葡萄糖主要用于医药保健中；饴糖可以被制成芝麻糖、花生糖等，并在中医学上具有补虚、润肺之功效，适合患有糖尿病、心血管病、高血压和动脉硬化等症的病人食用。所以发展淀粉制糖工业，其经济、社会意义很大。

1. 淀粉制糖基本理论

淀粉是由 D-葡萄糖分子失水以 α-糖苷键连接的高分子多糖。天然淀粉有两种结构，即直链淀粉与支链淀粉。直链淀粉是 D-葡萄糖残基以 α-1,4-糖苷键连接的长链，有 200～980 个葡萄糖残基，卷曲成螺旋形，每个螺旋含有 6 个葡萄糖残基。直链淀粉对碘呈蓝色反应。支链淀粉分子较直链淀粉大，含 600～6000 个葡萄糖残基，形状如高粱穗，小分支多，每一分支平均含有 20～30 个葡萄糖残基。支链淀粉分支也都是由 D-葡萄糖以 α-1,4-糖苷键连接成链，卷曲成螺旋状，但分支接点上则为 α-1,6-糖苷键连接，分支与分支之间间距为 11～12 个葡萄糖残基，它与碘呈紫红色反应。

淀粉在酸或淀粉酶催化下发生水解反应，其水解最终产物随所用的催化剂种类而异。在酸作用下，淀粉水解的最终产物是葡萄糖；在淀粉酶的作用下，其产物随酶的种类不同而不同。

（1）淀粉的酸水解

① 淀粉的酸水解反应 淀粉乳加入稀酸后加热，经糊化、溶解，进而葡萄糖苷键裂解，形成各种聚合度的糖类混合溶液。在稀溶液的情况下，最终全部变成葡萄糖。在此过程中，酸仅起催化作用。淀粉的酸水解反应如下。

$$(C_6H_{10}O_5)_n + nH_2O \longrightarrow nC_6H_{10}O_6$$

在淀粉的水解过程中，颗粒结晶结构被破坏。α-1,4-糖苷键和 α-1,6-糖苷键被水解生成葡萄糖，而 α-1,4-糖苷键的水解速度大于 α-1,6-糖苷键。

淀粉水解生成的葡萄糖受酸和热的催化作用，又发生复合反应和分解反应。复合反应是葡萄糖分子通过 α-1,6-糖苷键结合生成异麦芽糖、龙胆二糖、潘糖和其他具有 α-1,6-糖苷键的低聚糖类。复合糖可再次经水解转变成葡萄糖，此反应是可逆的。分解反应是葡萄糖分解成 5′-羟甲基糠醛、有机酸和有色物质等。葡萄糖的复合反应和分解反应如下所示：

淀粉 ⟶ 葡萄糖 ⇌ 龙胆二糖和其他低聚糖

5′-羟甲基糠醛 ⟶ 有色聚合物

甲酸和其他有机酸

在糖化过程中，水解、复合和分解 3 种化学反应同时发生，而水解反应是主要的。复合与分解反应是次要的，且对糖浆生产是不利的，降低了产品的得率，增加了糖液精制的困难，所以要尽可能降低这两种反应。

② 影响酸糖化的因素 主要有酸的种类和浓度、淀粉乳浓度以及温度、压力和时间等因素。

a. 酸的种类和浓度 由于各种酸的电离常数不同，虽物质的量相同，但 H^+ 浓度不同，因而水解能力不同。若以盐酸的水解力为 100，则硫酸为 50.35，草酸为 20.42，亚硫酸为 4.82，醋酸为 6.8，因此淀粉糖工业常用盐酸来水解淀粉。盐酸水解，用碳酸钠中和，生成的氯化钠存在于糖液中，若生成大量的氯化钠，就会增加灰分和咸味，且盐酸对设备的腐蚀性很大，对葡萄糖的复合反应催化作用也强。硫酸催化效率仅次于盐酸，用硫酸水解后，经石灰中和，生成的硫酸钙沉淀在过滤时大部分可除去，但它仍具有一定的溶解度。会有少量溶于糖液中，在糖液蒸发时，形成结垢，影响蒸发效率，且糖浆在贮存中，硫酸钙会慢慢析出而变混浊，因此工业上很少使用硫酸。草酸虽然催化效率不高，但生成的草酸钙不溶于水，过滤时可全部除去，而且可减少葡萄糖的复合分解反应，糖液的色泽较浅，不过草酸价格贵，因此工业上也较少采用。酸水解时，生产上常控制糖化液 pH 值为 1.5～2.5。同一种酸，浓度增大，能增进水解作用，但两者之间并不表现为等比例关系，因此酸的浓度就不宜过大，否则会引起不良后果。

b. 淀粉乳浓度 酸催化淀粉水解生成的葡萄糖，在酸和热的作用下，会发生复合和分解反应，影响葡萄糖的产率和增加糖化液精制的困难。所以生产上要尽可能降低这两种副反应，有效的方法是通过调节淀粉乳的浓度来控制，生产淀粉糖浆一般淀粉乳浓度控制在 22～24°Bé，结晶葡萄糖则为 12～14°Bé。淀粉乳浓度越高，水解糖液中葡萄糖浓度越大，葡萄糖的复合分解反应就强烈，生成龙胆二糖（苦味）和其他低聚糖也多，影响制品品质，降低葡萄糖产率；但淀粉乳浓度太低，水解糖液中葡萄糖浓度也过低，设备利用率降低，蒸发浓缩耗能大。

c. 温度、压力、时间 温度、压力、时间的增加均能增进水解作用，但过高温度、压力或过长时间，也会引起不良后果。生产上对淀粉糖浆一般控制在压力 283～303kPa、温度 142～145℃、时间 8～9min；结晶葡萄糖则采用压力 252～353kPa、温度 138～147℃、时间 16～35min。

（2）淀粉的酶法水解　酶解法是用专一性很强的淀粉酶（即糖化酶）将淀粉水解成相应的糖。在葡萄糖及淀粉糖浆生产时应用了α-淀粉酶与糖化酶（葡萄糖苷酶）的协同作用，前者将高分子的淀粉割断为短链糊精，后者迅速地把短链糊精水解成葡萄糖。

① α-淀粉酶水解　α-淀粉酶可迅速割断淀粉长链中的1,4-糖苷键，生成短链糊精或少量麦芽糖，使溶液遇碘液不呈色、黏度迅速下降，这也即所谓的液化，所以α-淀粉酶又称为糊精化酶或液化酶。

α-淀粉酶对淀粉链的作用是任意的、不规则的。但葡萄糖苷链越短，其切断速度也越慢，产糖力不及黏度那样迅速，因此最终产物中有少量葡萄糖及麦芽糖。α-淀粉酶切不断支链淀粉的分支点，而以界限糊精形式留下。α-淀粉酶较耐热，70℃时仍稳定（α-淀粉酶可耐105℃高温），在底物中有钙离子存在时，可增强其耐热力至90℃以上，因此最适液化温度为85～90℃。但α-淀粉酶对酸敏感，pH2.0，0℃下处理15min便失活，pH6.2～6.4最适宜。

② β-淀粉酶水解　β-淀粉酶能从淀粉分子链的非还原性末端，顺次将它们分解为两个葡萄糖单位，同时发生沃尔登转化作用，最终产物是β-麦芽糖。β-淀粉酶能将直链淀粉全部分解，但对支链淀粉的分支点不起作用，即不能分解支点内部的键，仍残留下界限糊精。同时β-淀粉酶要将相当长的直链一直切断到30个葡萄糖基以下是很费工夫的，所以在用其糖化时，碘液颜色消失得很缓慢。

β-淀粉酶以大麦芽及麸皮中含量最丰富。β-淀粉酶作用的最适pH值为5.0～5.4，最适温度60℃左右。

③ 糖化酶水解　糖化酶（葡萄糖淀粉酶）能从淀粉α-1,4-糖苷键结构的非还原性末端开始一个一个地分解，生成葡萄糖；对支链淀粉的分支点也能接近于完全分解程度，仅速度较慢；它同时具有麦芽糖酶的作用，广泛用于葡萄糖生产中。糖化酶最适pH值为4.0～4.8，最适温度为55～60℃。

用淀粉酶法制糖，不需高温高压，可在中性pH值下进行，作用温和，无副反应，糖化液色泽浅，糖化结束后不需中和，糖化液中无机盐含量低，不腐蚀设备，且生产出的产品纯度高，因此是淀粉制糖工业广泛应用的方法。

2. 饴糖生产工艺

饴糖是最早的淀粉糖产品，距今已有2000余年的历史，为我国自古以来的一种甜食品，以淀粉质原料——大米、玉米、高粱、薯类经糖化剂作用生产的，糖分组成主要为麦芽糖、糊精及低聚糖，营养价值较高，甜味柔和、爽口，是婴幼儿的良好食品。我国特产"麻糖"、"酥糖"、麦芽糖块、花生糖等都是饴糖的再制品。

饴糖生产根据原料形态不同，有固体糖化法与液体酶法。前者用大麦芽为糖化剂，设备简单，劳动强度大，生产效率低；后者先用α-淀粉酶对淀粉浆进行液化，再用麸皮或麦芽进行糖化。用麸皮代替大麦芽，既节约粮食，又简化工序，现已普遍使用。但用麸皮作糖化剂，用前需对麸皮的酶活力进行测定，α-淀粉酶活力低于2500U/g（麸皮）者不宜使用，否则用量过多，会增加过滤困难。

（1）饴糖液体酶法生产工艺流程　原料(大米)→清洗→浸渍→磨浆→调浆→液化→糖化→过滤→浓缩→成品。

（2）操作要点

① 原料　以淀粉含量高，蛋白质、脂肪、单宁等含量低的原料为优。蛋白质水解生成的氨基酸与还原性糖在高温下易发生羰氨反应生成红色素、黑色素；油脂过多，影响羰化作用进行；单宁氧化，使饴糖色泽加深。据此，以碎大米，去胚芽的玉米胚乳，未发芽、腐烂

的薯类为原料生产的饴糖，品质为优。

② 清洗　去除灰尘、泥沙、污物。

③ 浸渍　除薯类含水量高不需要浸泡外，碎大米须在常温下浸泡 1～2h，玉米浸泡 12～14h，以便湿磨浆。

④ 磨浆　不同的原料选用的磨浆设备不同，但要求磨浆后物料的细度能通过 60～70 目筛。

⑤ 调浆　加水调整粉浆浓度为 18～22°Bé，再加碳酸钠液调 pH 值 6.2～6.4，然后加入粉浆量 0.2%氯化钙，最后加入 α-淀粉酶制剂，用量按每克淀粉加 α-淀粉酶 80～100U 计（30℃测定），配料后充分搅匀。

⑥ 液化　将调浆后的粉浆送入高位贮浆桶内，同时在液化罐中加入少量底水，以浸没直接蒸汽加热管为止，进蒸汽加热至 85～90℃，再开动搅拌器，保持不停运转。然后开启贮浆桶下部的阀门，使粉浆形成很多细流均匀地分布在液化罐的热水中，并保持温度在 85～90℃，使糊化和酶的液化作用顺利进行。如温度低于 85℃，则黏度保持较高，应放慢进料速度，使罐内温度升至 90℃后再适当加快进料速度。待进料完毕，继续保持此温度 10～15min，并以碘液检查至不呈色时，即表明液化效果良好，液化结束。最后升温至沸腾，使酶失活并杀菌。

⑦ 糖化　液化醪迅速冷却至 65℃，送入糖化罐，加入大麦芽浆或麸皮 1%～2%（按液化醪量计，实际计量以大麦芽浆或麸皮中 β-淀粉酶 100～120U/g 淀粉为宜），搅拌均匀，在控温 60～62℃下糖化 3h 左右，检查 DE 值到 35～40 时，糖化结束。

⑧ 压滤　将糖化醪乘热送入高位桶，利用高位差产生压力，使糖化醪入板框式压滤机内压滤。初滤出的滤液较混浊，由于滤层未形成，须返回糖化醪重新压滤，直至滤出清汁才开始收集。压滤操作不宜过快，压滤初期推动力宜小，待滤布上形成一薄层滤饼后，再逐步加大压力，直至滤框内由于滤饼厚度不断增加，使过滤速度降低到极缓慢时，才提高压力过滤，待加大压力过滤而过滤速度缓慢时，应停止压滤。

⑨ 浓缩　分 2 个步骤，先开口浓缩，除去悬浮杂质，并利用高温灭菌；后真空浓缩，温度较低，糖液色泽淡，蒸发速度也快。

开口浓缩，将压滤糖汁送入敞口浓缩罐内。间接蒸汽加热至 90～95℃时，糖汁中的蛋白质凝固，与杂质等悬浮于液面，先行除去，再加热至沸腾。如有泡沫溢出，及时加入硬脂酸等消泡剂，并添加 0.02%亚硫酸钠脱色剂，浓缩至糖汁浓度达 25°Bé 停止。

真空浓缩，利用真空罐真空将 25°Bé 糖汁自吸入真空罐，维持真空度在 79993.2Pa 左右（温度为 70℃左右），进行浓缩至糖汁浓度达 42°Bé（20℃）停止，解除真空，放罐，即为成品。

3. 淀粉糖浆生产工艺

淀粉糖浆是淀粉经酸或酶水解时，控制一定的水解程度而制得的产品，其为葡萄糖、低聚糖及糊精等的混合体。可采用不同的酸法或酶法水解工艺，任意控制各种糖的比例，所以有低转化糖浆（DE 值在 20%以下）、中转化糖浆（DE 值 38%～42%）、高转化糖浆（DE 值 60%～70%）之分。中转化糖浆是应用较多的一种，也称标准糖浆，一般采用酸法制作。

（1）工艺流程　淀粉选择→调浆→糖化→中和→第一次脱色过滤→离子交换→第一次浓缩→第二次脱色过滤→第二次浓缩→成品。

（2）操作要点

① 淀粉选择　常选用纯度较高的玉米淀粉。

② 调浆　在调浆罐（桶）中先加部分水，在搅拌情况下，加入粉碎的干淀粉或湿淀粉。投料完毕，继续加入 80℃ 左右的水，使淀粉乳浓度达到 $22\sim24°Bé$，然后加入盐酸或硫酸调 pH 值为 1.8。调浆时须用软水，以免产生较多的磷酸盐使糖液混浊。

③ 糖化　调好的淀粉乳用耐酸泵送入耐酸加压糖化罐，边进料边开蒸汽。进料完毕后，升压至 $27\sim28kPa$ 蒸汽压力（$142\sim144℃$），在升压过程中每升压 9.8kPa，开排气阀约 0.5min，排出冷空气，待排出白烟时关闭，借此使糖化醪翻腾、受热均匀。至升到要求压力时保持压力 $3\sim5min$，及时取样测定其 DE 值（简易快速测定法，取样用 2% 碘液检查呈酱红色，并与标准色比）达到 $38\sim40$ 时，终止糖化。

④ 中和　糖化结束后，打开糖化罐将糖化液吹入中和桶进行中和。中和的目的是中和大部分盐酸或硫酸，调节 pH 值到蛋白质的凝固点，使蛋白质凝固，过滤除去，保持糖液澄清。

⑤ 脱色过滤　中和糖液，冷却至 $70\sim75℃$，调 pH 值至 4.5（因此值脱色效果好），加入为干物量 0.25% 的粉末活性炭，随加随搅拌约 5min，压入板框式压滤机或卧式密闭圆筒形叶滤机过滤出清糖滤液。

⑥ 离子交换　将第一次脱色滤出的清糖液通过阳-阴-阳-阴四个离子交换柱进行脱盐提纯。

⑦ 第一次浓缩　将提纯糖液调 pH 值至 $3.8\sim4.2$，用泵送入蒸发罐保持真空度 66.66kPa 以上，加热蒸汽压力不超过 9.8kPa，浓缩到 $28\sim31°Bé$；出料，进行第二次脱色。

⑧ 第二次脱色过滤　第二次脱色与第一次相同。二次脱色糖浆必须反复回流过滤至无活性炭粒为止，再调 pH 值至 $3.8\sim4.2$。

⑨ 第二次浓缩　此次浓缩与第一次同，只是在浓缩前加入亚硫酸氢钠，使糖液中二氧化硫含量为 $0.0015\%\sim0.004\%$，以起漂白及护色作用。蒸发浓缩至 $36\sim38°Bé$ 出料，即为成品。

二次脱色、过滤、浓缩工序，主要是针对甲级产品而言，乙级产品只需一次脱色即可。

4. 果葡糖浆生产工艺

制备果葡糖浆（高果糖浆）时，先将淀粉经 α-淀粉酶液化、葡萄糖淀粉酶糖化，得到葡萄糖液，再用葡萄糖异构酶转化，将一部分葡萄糖转变成含有一定数量果糖的糖浆，其糖浓度为 71%。糖分组成：果糖 42%，葡萄糖 52%，低聚糖 6%。甜度与蔗糖相等。这样的产品称第一代产品，又称 42 型高果糖浆。为了提高果糖含量，20 世纪 70 年代末国外研究将 42 型高果糖浆通过液体色层分离法分离出果糖与葡萄糖，其果糖含量达 90%，称 90 型高果糖浆。将 90 型和 42 型按比例配制成含果糖 55% 的糖浆，称为 55 型高果糖浆。55 型和 90 型高果糖浆称为第二代产品。

果葡糖浆广泛用于医药行业取代葡萄糖，它还以味纯、清爽、甜度大、渗透压高、不易结晶等特性，广泛用于糖果、糕点、饮料、罐头等食品中代替蔗糖，可提高制品品质。

（1）异构化机理　葡萄糖和果糖都是单糖，分子式为 $C_6H_{12}O_6$，两者是同分异构体，通过异构化反应能相互转化。在碱性条件下，此反应是可逆的，而葡萄糖异构酶为专一性酶，仅能使葡萄糖转化为果糖。

（2）固定化葡萄糖异构酶的制备

① 产酶菌种及培养条件　葡萄糖异构酶存在于假单胞杆菌、产气杆菌、芽孢杆菌、链霉菌、乳酸杆菌、短杆菌等微生物中，工业上应用较多的是链霉菌中的白色链霉菌、玫瑰暗色链霉菌以及凝结芽孢杆菌。

异构酶属胞内酶，能使葡萄糖进行异构化反应，在温度 $55\sim65℃$、pH7.0～8.5 的最适条件下，其转化率可达 50%。但不同种的异构酶转化能力不同，所以须选用产酶量高、转化力强的菌种。

白色链霉菌培养条件：麸皮 3%，玉米浆 2%，$CaCl_2 \cdot 6H_2O$ 0.024%，pH7.0，30℃

下，通气培养 25~30h，产酶量最高。

玫瑰暗色链霉菌培养条件：麸皮 4%，玉米粉 1%，豆饼粉 1.2%，硫酸镁 0.1%，磷酸氢二钾 0.1%，二氯化钴 0.01%，pH7.0，29~30℃下，通气培养 30h 产酶量最高。

② 固定化异构酶的制备　葡萄糖异构酶为水溶性酶，在异构化反应过程中，与底物和产物混在一起，反应结束后，即使酶仍有较高的活力，也难以回收。这种一次性使用酶的方式，不仅成本高，而且难以连续化生产。葡萄糖异构酶固定化后成水不溶性酶，称固相酶，可以连续使用直至失活，而且酶的热稳定及 pH 适应性在微环境中均有提高。固定方法有包埋、吸附、共价交联等，所用的载体有明胶、树脂、纤维素、多孔陶瓷以及多孔高分子有机化合物等。

（3）果葡糖浆生产工艺

① 工艺流程

$\qquad\qquad\qquad$ α- 淀粉酶 $\qquad\qquad\qquad$ 葡萄糖淀粉酶

淀粉→调浆→液化（液化液 DE15%~20%）→糖化（DE96%~98%）→脱色→压滤→离子交换→初浓缩（42%~45%）→异构化→脱色离子交换→再浓缩→高果糖浆（果糖 42%，葡萄糖 53%）

$\qquad\quad$ 葡萄糖异构酶

② 液化　液化工序与饴糖同。

③ 糖化　液化液调 pH4.0~4.5，加入葡萄糖淀粉酶 80~100U/g 淀粉，控温 60℃，糖化 48~72h；当 DE 值达 96%~98% 时，糖化结束。加热至 90℃，10min，破坏糖化酶活性，糖化反应终止。

④ 脱色、压滤、离子交换、浓缩　脱色、压滤、离子交换、浓缩等工序与淀粉糖浆同。

⑤ 异构化　精制葡萄糖液至浓度 42%~45%（干物质计），透光率 90% 以上，电离系数小于 100μS。然后添加 $MgSO_4$ 2.5 × 10^{-3} mol/L（每吨葡萄糖液约用 0.62kg），$NaHSO_3$ 5×10^{-3}mol/L（每吨葡萄糖液约用 0.25kg），用 NaOH 调整 pH 值至 7.5~8.5。配制温度 60~65℃。

异构化在反应器中进行，有分批法与连续法两种异构化反应。

a. 分批法反应　糖液与固相酶混合盛于保温反应桶中，控温 60℃ 左右，在搅拌条件下使糖液与固定化异构酶充分接触产生反应。一般约经 20h，异构化率可达 45%。反应结束后，停止搅拌，让酶自行沉淀，放出清异构糖液。反应桶中另加新糖液异构化。此法生产周期长、生产率低。

b. 连续反应法　连续反应法又有酶层法和酶柱法。

酶层法：选用叶片式过滤机，可将 3 个过滤机串联。先将固相酶混于糖液中过滤，使酶沉淀在叶片滤布表面（厚 3~7cm），然后将配制的葡萄糖液通过酶层发生异构化反应。此法糖接触的酶量多，反应速度快，酶层较薄，过滤阻力小。

酶柱法：将固相酶经糖液膨润后，装于直立保温反应塔中，犹如离子交换树脂柱。可 3 个塔串联。配制的葡萄糖液由塔底进料，流经酶柱，发生异构化反应，由塔顶出料，连续操作，反应速度快、时间短，副反应的程度也低。

在连续反应中，酶活力逐渐降低，需相应降低进料速度，以保持一定的异构化率。

用连续酶柱法时必须保持糖液均匀地分布于酶柱反应塔的整个横断面流经酶柱。但操作时，pH 值、温度的变化可引起酶颗粒的膨胀和收缩变形，导致酶柱产生"沟路"，影响糖液与酶的接触，从而影响异构效率。

⑥ 异构糖的精制、浓缩及保存　经异构反应放出的糖液，含有颜色及在贮存过程中产生颜色的物质、灰分等杂质，需经脱色、离子交换除去，然后再用盐酸或柠檬酸调 pH4.0，真空浓缩至浓度 71%，即成 42 型高果糖浆。42 型高果糖浆贮存于 30℃ 左右，以免葡萄糖

结晶，但不可超过 32℃，否则颜色加深。

第二节 变 性 淀 粉

变性淀粉的生产和应用虽然近年来发展迅速，但却已有 100 年以上的历史。1821 年英国一家纺织工厂发生火灾，贮存的一些马铃薯淀粉受热变棕色，被发现能溶于水成黏稠胶体，黏合力强，工业上便开始生产作为胶黏剂，取名为英国胶，为热解糊精的一种。这个意外的发现是变性淀粉的开始。自 20 世纪 70 年代起，变性淀粉的生产和应用大为发展，产品种类不断增加，在食品、造纸、纺织、黏合剂、化工、医药和其他工业中的应用愈来愈广。例如，美国造纸工业 1979 年生产纸张和纸板约 6500 万吨，消耗淀粉约 64 万吨，其中约 70％为变性淀粉，其余 30％为原淀粉，但一部分原淀粉还是经纸厂自行变性处理后才应用。1982 年美国变性淀粉产量约 180 万吨，约为淀粉产量的 1/3。变性淀粉在其他国家发展也很快，欧洲 1983 年不同工业总计耗用原淀粉 104.53 万吨，变性淀粉 65.53 万吨，变性淀粉用量约为总淀粉耗用量的 38.5％。不同工业应用原淀粉和变性淀粉的数量和比例列于表 8-3 中。

表 8-3　欧洲不同工业耗用淀粉量（1983 年）

工　业	原　淀　粉		变　性　淀　粉		淀粉总用量 /10⁴t	变性淀粉占淀粉总量百分比/％
	数量/10⁴t	比例/％	数量/10⁴t	比例/％		
食品	28.56	27.3	9.91	14.6	38.44	26
饲料	8.68	8.30	5.98	8.80	14.46	41
造纸和纸板	44.66	42.7	28.88	42.60	73.54	39
纺织	1.38	1.3	4.82	7.10	6.20	78
胶黏剂	1.78	1.70	4.82	10.40	6.60	73
化工药品	2.91	2.80	2.31	3.40	5.52	44
非食品添加剂	7.01	6.70	5.11	7.50	12.12	42
其他	9.54	9.30	3.70	5.50	13.24	30
总　　计	104.52	100	65.53	100	170.05	38.50

从表 8-3 中数据可以看出，造纸和纸板工业用淀粉量最多，分别为原淀粉和变性淀粉用量的 42.7％和 42.60％；纺织和胶黏剂工业应用变性淀粉的比例较高，分别为该工业用淀粉总量的 78％和 73％。

变性淀粉科学技术已发展到很高水平，几乎能生产出适合任何应用的产品，具有优良性质，应用效果好。关于变性淀粉的科研工作仍在高速发展中，人们将会推出性质更优良、应用效果更好的变性淀粉品种，并开辟更多新的用途。变性淀粉具有广阔的发展前景。

天然淀粉的可利用性取决于淀粉颗粒的结构和淀粉中直链淀粉和支链淀粉的含量。不同种类的淀粉其分子结构和直链淀粉、支链淀粉的含量都不相同，因此不同来源的淀粉原料具有不同的可利用性。如薯类淀粉，颗粒大而松，易让水分子进去，糊化温度低，黏度高，分子大且直链淀粉少，不易分子重排。另外含 0.07％～0.09％的磷，吸水性强，不易回生。谷类淀粉，颗粒小而紧，水分子难进去，糊化温度高，黏度低，分子小且直链淀粉多，易重排，另外还含有脂肪，脂肪与直链淀粉结合不易吸收，故易胶凝回生，透明性差。天然淀粉在现代工业中的应用，特别是在广泛采用新工艺、新技术、新设备的情况下应用是有限的。大多数的天然淀粉都不具备有效的能被很好利用的性能，为此根据淀粉的结构及理化性质开发了淀粉的变性技术。

原淀粉经变性处理，经进一步加工，改变性质，使其更适合于应用的要求，这种产品统称为"变性淀粉"，意思是改变了性质的淀粉。变性的方法有物理方法和化学方法两大类，化学方法是主要的。通过化学反应使淀粉的化学结构发生变化，改变其性质，这种方法生产的变性淀粉又称为淀粉衍生物。

1. 淀粉变性的目的

为了适应各种工业应用的要求，淀粉需要变性。如高温技术（罐头杀菌）要求淀粉高温黏度稳定性好，冷冻食品要求淀粉冻融稳定性好，果冻食品要求透明性好、成膜性好等。为了开辟淀粉的新用途，扩大应用范围，如纺织上使用淀粉，羟乙基淀粉、羟丙基淀粉代替血浆，高交联淀粉代替外科手套用滑石粉等。

以上绝大部分新应用是天然淀粉所不能满足或不能同时满足的，因此要变性，且变性目的主要是改变糊的性质，如糊化温度、热黏度及其稳定性、冰融稳定性、凝胶力、成膜性、透明性等。

2. 变性淀粉的分类

目前，变性淀粉的品种、规格达2000多种，变性淀粉简单分类如图8-9所示。

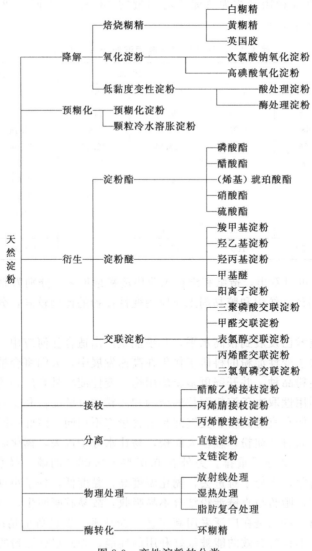

图8-9 变性淀粉的分类

3. 淀粉变性的基本原理

除个别场合使用颗粒状淀粉外，绝大多数情况下都是使用淀粉糊溶液。淀粉使用时会受到高温、机械剪切、低 pH 值、盐类、低温等因素的影响。因此，不同的使用场合，要求淀粉具有不同的特性，淀粉只有适应这些应用要求，才能得到广泛应用。淀粉变性的方法有：降解、交联、稳定化、阳离子化、接枝共聚等。

（1）反应点　淀粉的化学反应点主要为羟基（—OH）和糖苷键（C—O—C）两个区域。在羟基上产生取代反应，糖苷键产生断裂。糖苷键上 3 个羟基，分别在 C2、C3 和 C6 的位置，表明淀粉的反应如同醇，但不能仅仅把淀粉看作一种醇，因为淀粉具有天然高分子的特性。

羧基上亲质子氧与葡萄糖链上亲质子氧的竞争，表明淀粉呈现的酸性大于碱性。氧的质子化作用易于发生在葡萄糖链上。因而反应由打开 O—H 键开始，而不是由打开 C—O 键开始。所以，淀粉不能转变为醇酸卤化物，也不能形成醚或烯。

（2）催化剂　水解和乙酰化反应用质子催化，通常使用淀粉量的 $0.05\% \sim 0.5\%$。在酯化和醚化取代反应中，淀粉分子首先被激活，使 O—H 键亲质子化并促进形成 St—O$^-$。用作激起反应的催化剂，NaOH、KOH 等碱性试剂比较适用。一些酐类和氯衍生物参与的反应，消耗部分碱，这时碱用量必须能保证淀粉的激活反应。

（3）反应机理　SN$_1$ 机理：试剂 R—X 释放出 R$^+$ 攻击亲质子淀粉 St—O$^-$。

$$St—O^- + R^+ + X^- \longrightarrow St—O—R + X^-$$

这个机理可以用来解释乙酰化反应和某些酯化反应、三苯甲基化、氰乙基化等。

SN$_2$ 机理：是双分子型。这意味着中间复合物形成。

$$St—O^- + RX \longrightarrow St—O^- —R^+ + X^- \longrightarrow St—O—R + X^-$$

这个机理可以用来解释酯化反应、甲基化反应、羧甲基化反应等。

4. 变性条件与方法

（1）浓度　干法生产一般水分控制在 $5\% \sim 25\%$；湿法生产淀粉乳含量一般为 $35\% \sim 40\%$（干基）。

（2）温度　按淀粉的品种以及变性要求不同而不同，一般为 $20 \sim 60℃$，反应温度一般低于淀粉的糊化温度（糊精、酶法除外）。

（3）pH 值　除酸水解外，pH 值控制在 $7 \sim 12$。pH 值的调节，酸一般采用稀 HCl 或稀 H_2SO_4；碱一般采用 $3\%NaOH$、Na_2CO_3 或 $Ca(OH)_2$。在反应过程中为避免 O_2 对淀粉产生的降解作用，可考虑通入 N_2。

（4）试剂用量　取决于取代度（DS）要求和残留量等卫生指标。不同试剂用量可生产不同取代度的系列产品。

（5）反应介质　一般生产低取代度的产品采用水作为反应介质，成本低；高取代度的产品采用有机溶剂作为反应介质，但成本高。另外可添加少量盐（如 NaCl、Na_2SO_4 等），其作用主要为：避免淀粉糊化；避免试剂分解，如 $POCl_3$；遇水分解，加入 NaCl 可避免其在水中分解；盐可以破坏水化层，使试剂容易进入，从而提高反应效率。

（6）产品提纯　干法改性，一般不提纯，但用于食品的产品必须经过洗涤，使产品中残留试剂符合食品卫生质量指标；湿法改性。根据产品质量要求，反应完毕用水或溶剂洗涤 $2 \sim 3$ 次。

（7）干燥　脱水后的淀粉水分含量一般在 40% 左右，高水分含量的淀粉不便于贮藏和运输，因此在它们作为最终产品之前必须进行干燥，使水分含量降到安全水分以下。

目前一般工业生产采用气流干燥，一些中小型工厂也有采用烘房干燥或带式干燥机干燥的。

5. 变性淀粉的生产方法

目前，变性淀粉生产的方法主要有湿法、干法、滚筒干燥法和挤压法等几种，其中最主要的生产方法还是湿法。

（1）湿法生产工艺流程　不同的变性淀粉品种、不同的生产规模、不同的生产设备，其生产工艺流程也有较大的区别。生产规模越大，生产品种越多，自动化水平越高，工艺流程越复杂。反之则可以不同程度地简化。湿法变性淀粉生产工艺及生产工艺流程如图 8-10 和图 8-11 所示。

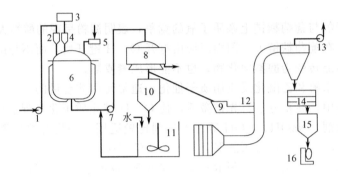

图 8-10　湿法变性淀粉生产工艺

1，7—泵；2，4—计量器；3—高位罐；5—计量泵；6—反应罐；8—自动卸料离心机；9—螺旋
输送机；10，11—洗涤罐；12—风机；13—气流；14—粉筛；15—贮罐；16—包装机

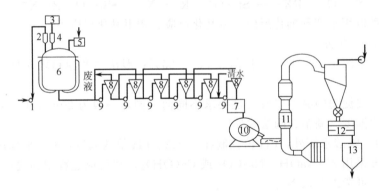

图 8-11　湿法变性淀粉生产工艺流程

1，9—泵；2，4—计量器；3—高位罐；5—计量泵；6—反应罐；7，13—贮罐；8—旋流器；
10—卧式刮刀离心机；11—气流干燥器；12—成品筛

① **淀粉的变性**　淀粉浆用泵通过热交换器送入反应器。反应时用冷水或热水通过热交换器冷却或加热淀粉乳至所需温度，调节好 pH 值，根据产品要求加入一定量的化学试剂反应，反应持续时间根据所需变性淀粉的黏度、取代度和交联度来决定。一般 1～24h 不等。生产过程中，通过测试检查反应结果，达到要求后，立即停止反应，浆料送入放料桶。

② **淀粉的提纯**　浆液由放料桶用泵送到水洗工段，通过多级旋流或分离机串联对淀粉乳进行逆流清洗，淀粉乳经水洗后，过筛送入精浆筒内进入下道工序。

③ **淀粉的脱水干燥**　精浆桶淀粉乳进入一个水平转轴的脱水机或三足式离心机内脱水，脱水后湿淀粉经气流干燥器干燥，再经筛分和包装，即为成品。若性能未达到要求，可添加部分化学试剂解决，但需要增加混合器。

（2）干法（挤压法）生产工艺流程　见图 8-12。

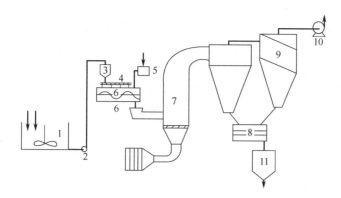

图 8-12　干法生产工艺流程

1—试剂贮罐；2—泵；3—计量器；4—分配系统；5—计量泵；6—混合器；
7—沸腾反应器；8—成品筛；9—分离器；10—风机；11—贮罐

① 淀粉和化学品的准备　袋装或贮罐中的淀粉用气力输送或手工操作送到计量桶中计量；化学试剂预先按一定比例在带有搅拌装置的桶中溶解，并被引射至高速混合器中，于是化学试剂被逐步地分散在淀粉中，继而直接进入干法反应器中。

② 淀粉的变性反应　淀粉借重力或输送器进入反应器中，反应器可以是真空状态，壳体和搅拌器均为传热体，从而使得热载体和产品之间的温度差为最小。若要降低淀粉黏度也可以加入气体氯化氢来进行酸化分解。一旦达到降解黏度，热载体就被冷却。淀粉也随之冷却后倾出。产品经冷却后增湿、混合和包装。

（3）滚筒干燥法生产工艺

① 淀粉的准备　袋装或贮罐中的淀粉用气力输送或手工输送到计量桶中计量，配成 $19\sim21°Bé$ 的淀粉乳，过筛除去杂质，以防损伤滚筒。过筛的精制淀粉乳预热去下道工段。

② 淀粉的 α 化　首先用蒸汽将滚筒表面加热至 $130\sim150℃$，然后用泵输入预先加热的精制淀粉乳，淀粉乳液在滚筒表面立即被糊化，经小滚筒调节间隙，使滚筒表面形成厚薄一致的薄膜，用液压操作刮刀将滚筒表面淀粉薄膜刮下来。预糊化后的产品粗碎、细碎、筛选、混合、包装。

6. 食品加工对变性淀粉的要求

① 糕饼类要求变性淀粉保湿性好，能改善制品质地及良好的冻融稳定性。

② 面糊和面包粉类要易黏着、胶凝，不会掩盖食物原味，易成型。

③ 饮料要求高稠度，低甜度，不易吸潮，易溶解，味清淡。对婴儿奶粉及成人营养食品除上述外还要求易消化。

④ 糖果类硬糖要求能调节糖的结晶体，调节糖的黏性；果冻及胶质糖要求是胶凝性好、透明度好，凝胶不易析水，保湿性好；果丹皮类蜜饯制品中要求成型性好，能控制糖分结晶；巧克力则要求有助于降低脂含量，控制糖表面结晶。

⑤ 色拉酱及涂抹食品（如人造黄油、花生酱、色拉酱）要求部分替代油脂后仍具有滑爽的口感和良好的稠度，易成型且耐酸、耐热、耐剪切。

⑥ 冷冻甜食如冰淇淋要求有助于降低脂肪含量，吸水性好，能有效地抑制冰晶长大，能提高制品的抗融性。

⑦ 肉类加工要求具有很高的持水性，黏性低，耐盐性好。

⑧ 布丁和派要求有高的光泽度、良好的冻融稳定性，对温度波动和酸碱变化不敏感，

口感润滑，具有奶油状的质地，耐剪切，有助于其他成分的分散。

7. 变性淀粉在食品中的应用

（1）在面制品中的应用 变性淀粉在新鲜面中的应用研究证明，加入面粉量 1% 的酯化糯玉米淀粉或羟丙基玉米淀粉，可降低淀粉的回生程度，使放置贮藏后的湿面仍具有较柔软的口感，面条的品质、溶出率等都得到改善。因变性淀粉的亲水性比小麦淀粉大，易吸水膨胀，能与面筋蛋白、小麦淀粉相互结合形成均匀致密的网络结构。加入量过大对面团有不利的影响。

在油炸方便面中，一般面粉中马铃薯交联淀粉醋酸酯或木薯交联淀粉醋酸酯用量为 10%～15%，可以提高成品面条强度和产品复水性，使其耐泡而不糊汤，降低断条率，提高成品率；另外还可以降低油炸方便面油耗 2%～4%。

（2）在焙烤食品中的应用 阻抗淀粉的膳食纤维含量大于 40%，而且耐热性能高，吸水能力仅有 1.4g 水/g 淀粉，颗粒细小，适用于中等含水量的焙烤食品、低含水量的谷物制品和休闲食品中。在华夫饼干、发面饼干和曲奇饼干中，能产生酥脆的质构、优异的色泽和良好的口感；在面制食品和面条中，也能增加制品的坚实性和耐煮性。

（3）在甜食中的应用 在冰淇淋中使用变性淀粉可代替部分脂肪提高结合水量和有稳定气泡作用，使产品具有类似脂肪的组织结构，降低生产成本，这种变性淀粉主要是淀粉基脂肪替代品。使用羟丙基交联淀粉取代 25% 卡拉胶制作果冻，能很好地满足其透明性和凝胶性的要求。

（4）在休闲食品中的应用 直链淀粉和支链淀粉对淀粉膨胀有显著的影响，对于膨化休闲食品来说，产品的最终质构可通过调节直链淀粉与支链淀粉的比率来实现。

（5）在冷冻食品中的应用 在大多数冷冻食品中，淀粉的作用是增稠、改善质构、抗老化和提高感官质量。汤圆经冷冻后皮易裂，更不能反复冷冻融化。可以在制作汤圆的糯米粉中添加 5% 左右的醚化淀粉起黏结和润湿作用，从而避免皮的破裂和淀粉回生，减少蒸煮时汤内固形物量。

（6）在微波食品中的应用 淀粉是微波食品的一种十分重要的配料，起增调和稳定作用，并且可以控制水分在食品内部的迁移，改善食品的质构和口感。作为涂层的淀粉可以控制在微波加热过程中水分的蒸发，提高食物表皮的脆性。

（7）在饮料中的应用 在搅拌、均质处理或压力下，亲脂性淀粉会形成非常微小、稳定性极佳的乳胶体，可作为乳化液稳定剂，取代干酪素、明胶和阿拉伯胶在食品中应用。如用在橘子汁饮料、可乐饮料和冷冻果汁饮料中。除了能形成稳定的乳化液外，亲脂性淀粉还具有优异的成膜性质，可作为胶囊剂广泛应用于产品中，包括饮料乳浊液、香精、维生素微胶囊剂、饮料混浊剂、乳脂肪球上浮促进剂、喷雾干燥香精和各种液体乳化剂。

（8）在肉制品中的应用 在午餐肉和火腿肠中，原来大多使用玉米淀粉，由于玉米淀粉的回生，使贮藏后的肉制品质地松散而不柔软，严重的则变得口感粗糙。用交联酯化淀粉部分或全部替代玉米淀粉，可以改善肉制品的吸水量，增加其黏结性，同时，可以利用这类淀粉的回生程度大大下降的特性，而使贮藏后的肉制品仍具有细腻的口感。一般肉制品中变性淀粉用量在 3%～8%；在西式火腿肠中加入 24% 的交联淀粉，可完全取代卡拉胶和部分大豆蛋白。

（9）在糖果中的应用 糖果中使用的变性淀粉主要有两大类；一类是凝胶剂，如牛皮糖中用的酸解淀粉；另一类是填充料并起黏结剂的作用，如口香糖中使用的预糊化淀粉或变性预糊化淀粉。

本章小结

本章主要阐述了玉米、薯类等淀粉的工业提取工艺原理、工艺流程和操作要点；阐述了饴糖、淀粉糖浆、果葡糖浆的生产工艺及操作要点；阐述了变性淀粉制备的工艺原理、工艺方法、操作要点及在食品加工中的应用。

玉米淀粉生产包括3个主要阶段：玉米清理、玉米湿磨和淀粉的脱水干燥。工艺流程中，大致可分为4个部分：玉米的清理去杂；玉米的湿磨分离；淀粉的脱水干燥；副产品的回收利用。其中玉米湿磨分离是工艺流程的主要部分。马铃薯淀粉生产分为民间传统方法和马铃薯淀粉的工业化生产。

淀粉制糖中，原淀粉经变性处理，经进一步加工，改变性质，使其更适合于应用的要求，这种产品统称为"变性淀粉"。变性的方法有物理方法和化学方法，化学方法是主要的。其生产的方法主要有湿法、干法、滚筒干燥法和挤压法等几种，其中最主要的生产方法还是湿法。湿法生产包括：淀粉的变性、淀粉的提纯、淀粉的脱水干燥。变性淀粉包括：预糊化淀粉、酸变性淀粉、氧化淀粉、交联淀粉、淀粉磷酸酯、阳离子淀粉、醋酸淀粉、接枝淀粉等。这些种类的变性淀粉为在食品生产中的应用提供了更加广阔的前景。

复习思考题

1. 淀粉生产的原料主要有哪些？淀粉的脱水为什么采用气流干燥法？
2. 影响淀粉酸水解的因素主要有哪些？
3. 玉米淀粉生产过程中，浸泡的作用是什么？玉米逆流浸泡的优点有哪些？
4. 利用曲筛筛洗皮渣的优点有哪些？
5. 如何制作果葡糖浆？果葡糖浆的异构化都有哪几种？
6. 淀粉变性的目的何在？变性淀粉有哪些种类？
7. 变性淀粉在食品加工中的应用如何？

实验实训项目

实验实训一　实验室制作淀粉

【实训目的】

通过实训使学生能进一步了解淀粉制作的工艺及操作要点，并能较好掌握不同原料中的淀粉提取工艺。

【材料及用具】

淀粉在植物体中是和蛋白质、脂肪、纤维素、无机盐及其他物质结合在一起的，要研究淀粉细微结构的物理化学性质，必须在实验室中小心地制备没有经受任何偶然改性的纯净淀粉，而不能用已经遭受化学改性的工业淀粉。下面是从大麦、燕麦、黑麦、小麦和玉米中分离淀粉的步骤。

【方法步骤】

1. 基本方法

① 浸泡　将原料浸泡在 pH6.5 的醋酸盐缓冲液中，其中含 0.01mol/L 的氯化汞（抑制微生物和酶）以软化籽粒，并抑制淀粉酶的降解作用。麦类在 6℃浸泡 30h，玉米 40℃浸泡 40~50h。

② 磨碎　马铃薯在锯齿形擦碎机上磨碎。

③ 水中打浆　胶体磨内打浆，淀粉乳的浓度 7%～8%，淀粉乳内细渣滓含量不超过 8%。

④ 乳浆依次过筛　（150μm，75μm），除去纤维杂质。

⑤ 重复磨浆、打浆、过筛，至筛上物无淀粉为止，得粗淀粉乳。

⑥ 去除蛋白质　粗淀粉乳悬浮液与甲苯（体积比为 7:1）混合、振荡，以除去蛋白质（变性蛋白质在液体分界面被除去），重复此步骤至达到所要求的纯度（蛋白质质量分数小于 0.25%），但必须小心地从弃去的甲苯层中回收全部淀粉粒。

2. 不同淀粉原料的制备方法

(1) 马铃薯、甘薯、木薯和山药等薯类淀粉　这类含淀粉原料的特点是蛋白质含量低，颗粒大，沉降性好，可以比较简单地采用沉降法加以分离，但此类原料中多酚氧化酶活性强，因此破碎组织后不能让淀粉颗粒暴露于空气，要尽可能使其沉淀在水中。为抑制淀粉酶活性，将磨碎物浸在含有微量氯化汞的水中，用沉降法去除杂质。

(2) 小麦淀粉　以小麦粉为原料，加水，充分揉匀使之成湿面团。放置数小时使面筋的网状组织发展起来后，将面团在流动的水中揉洗，收集流出的淀粉，用沉降法去除杂质。

小麦淀粉蛋白质含量高，可通过发酵去除蛋白质，也可将淀粉悬浮在 0.2% 的碱液中，则蛋白质溶解，取出蛋白质，然后反复进行水洗、沉降操作，直至淀粉完全没有碱反应为止。

用小麦制小麦淀粉期间，有一部分淀粉颗粒受损伤，因此在要求很高准确性的场合，可用含有氧化汞的缓冲液（pH6.5）在低温下使小麦粒吸水润胀，以抑制淀粉酶的作用，然后将其磨碎制成浆，再用上述方法分离精制淀粉。

(3) 大米淀粉　大米淀粉是各种淀粉中与蛋白质结合最牢固的一种淀粉，仅用水洗不能将其分离，通常采用碱法，即用 0.2% 的碱液浸泡米粉，使蛋白质溶解，从而通过水洗将蛋白质除去（类似小麦操作）。另外也有采用表面活性剂法分离大米淀粉，即利用表面活性剂与蛋白质结合而使淀粉分离（如烷基苯磺酸钠可使蛋白质变性，并形成配合物）。其步骤为：在米粉（过 50 目筛，尽可能去除米糠）中加入 0.2% 烷基（C_6～C_{12}）苯磺酸钠，振荡约 2h，利用米粉的颗粒粗，大米淀粉颗粒小这一性质，用 150～200 目的筛分离淀粉与米粉，往分离出的米粉部分加入新的表面活性剂再次进行抽提。将收集的淀粉用蒸馏水反复洗涤，除去表面活性剂，即分离得到大米淀粉。也可采用甲苯法分离大米淀粉和蛋白质，即将试样加入水与甲苯（体积比为 1:8）的混合液中，振荡，使蛋白质变性，并使之集于水-甲苯的分界面分离。

【实训作业】

1. 对提取的淀粉产品进行感官评定。

2. 分析本次实验存在的问题，并提出相应的建议。

实验实训二　酸水解法制饴糖

【实训目的】

通过实训，使学生能较好掌握酸水解制饴糖的方法及操作要点。

【材料及用具】

材料：淀粉 100kg，盐酸（硫酸或草酸）300g，碘液，70%～80% 乙醇溶液，活性炭，碱适量。

设备：糖化罐，压滤机，离子交换树脂，浓缩罐。

【方法步骤】

1. 工艺流程

淀粉→加酸淀粉乳→加热加压→糖化→中和→过滤→浓缩→脱色→过滤→离子交换→浓

缩→饴糖

2. 操作要点

① 原料为纯净淀粉，以含蛋白质等杂质较少为好，可得到较高的糖化率。先将淀粉制成浓度为 480g/L 左右的淀粉乳。

② 添加对原料淀粉质量比例为 0.3% 左右的盐酸（硫酸或草酸），混合均匀后在加压糖化罐中以蒸汽加热，在 0.2～0.3MPa 下，经 30～45min 达到糖化终点。糖化终点可用碘色法加以检验。取糖化液试样少许加入几滴碘液，如试样不显蓝色而呈红褐色，即表示已达糖化终点。也可添加 70%～80% 乙醇溶液于糖化液中，若无白色沉淀，表明已达到终点。

不同种类饴糖制品，要求糖液中葡萄糖与糊精的比例不同。因此糖化的工艺条件也不同，原料纯度以及温度压力等，对分解速度的影响都比较敏感。

③ 糖化液冷却后，用碱中和；用盐酸糖化者，用氢氧化钠或碳酸钠进行中和；用硫酸或草酸糖化者，则用碳酸钙中和。中和温度约 80℃，中和的终点要保持微酸性，以 pH5.6 左右为宜，否则制品会增加苦味。

④ 中和生成的硫酸钙或草酸钙沉淀，用压滤机过滤除去，得到的澄清液浓度 13～15°Bé，浓缩至 28°Bé 后用活性炭脱色、过滤，再经离子交换树脂塔处理，除去钠盐及余酸等。最后蒸发浓缩至 42～43°Bé 即为制成品。其含水量约 16%，黏度较大。为降低黏稠度便于使用，可做成含水量在 25% 的饴糖制品。

淀粉水解时用不同的酸，工艺效果也不相同。盐酸价廉，连续化酸水解用得较多，但中和后形成的钠盐不沉淀，需用较多量的离子交换树脂方能除去，无形中又增加了成本。用酸量小，则要增加水解时间。硫酸在中和之后形成硫酸钙虽能生成沉淀，但仍有一部分溶解在糖液中，浓缩时逐渐析出，甚至形成罐垢，也会导致产品混浊，所以在浓缩后还要仔细过滤，在中和后还要添加适量碳酸钡，使之形成硫酸钡沉淀除去。使用草酸水解生成的草酸钙沉淀粒子大，溶解度又极小，故易于滤除，离子交换树脂塔负荷小，从技术上看，使用草酸最好。

产品特点：色泽浅黄，质地黏稠，甜味纯正。水分 22%，DE 值≥34，浓度≥42°Bé。

【实训作业】

1. 对提取的淀粉产品进行感官评定。

2. 分析本次实验存在的问题，并提出相应的建议。

第九章 休闲食品加工

学习目标

通过本章的学习，使学生对休闲食品的分类、特点及发展方向有一定了解；能掌握膨化食品的制作原理及方法；掌握薯类膨化休闲食品和坚果类休闲食品的一般制作方法和技术要点；对休闲食品生产中涉及的设备构造和使用有一定了解；通过对生活中常见的休闲食品实例的学习，学生能动手制作。

第一节 休闲食品概况

一、休闲食品的概念及种类

1. 休闲食品的概念

20 世纪 90 年代以来，在食品工业中逐步形成的一个新型加工食品类——休闲食品，被国内外食品专家们誉为 20 世纪后期食品的重要创新，也是 21 世纪食品工业的重点发展方向之一。休闲食品是近年来的新提法，过去把它归属在小食品类中，近年来由于这一类食品的品种有较大发展，在消费上有了新的认识和定位，因此，人们从消费概念上定名这类产品为休闲食品。

休闲食品既有传统的民间手工产品，又有新兴的现代机械化产品。因此，凡是以糖和各种果仁、谷物、水果的果实以及鱼、肉类为主要原料，配之各种香料及调味品而生产的具有不同风味的食品，都称为休闲食品。小食品和休闲食品没有绝对的界限，互相包含，消费对象完全相同，只是产品特点、消费用途和观念有所不同。

休闲食品的特点是风味鲜美，热值低，无饱腹感，清淡爽口，能伴随人们解除休闲时的寂寞，是闲情逸趣的伴侣。它是一种享受型的食品，是增添口福的零食，使人们在休闲时能够获得更为舒适的感觉。因而也就成为人类社会在满足基本营养要求以后的自发的选择结果，是顺应人类社会由温饱型逐渐朝着享受型转轨的时尚食品。

2. 休闲食品的种类

休闲食品的产品细小繁多，花色复杂。这些产品投资少，见效快，可手工生产、半机械化和机械化生产，产品易于更新换代。休闲食品的最大特点是食用方便，并且保存期一般较长，深受广大人民群众的喜爱。目前休闲食品还没有统一的、规范的分类方法。

通常可按其原料加工制作的特点进行分类。

（1）果仁类休闲食品 以果仁和糖或盐制成的甜、咸制品。分油炸的和非油炸的。这类制品的特点是坚、脆、酥、香，如鱼皮花生、椒盐杏仁、开心果、五香豆。

（2）谷物膨化休闲食品 以谷物及薯类作原料，经直接膨化或间接膨化，也可经过油炸或烘烤加工成的膨化休闲食品。有一部分是我国传统的产品，如爆米花，更多的是近年来传入的外来食品，如用现代工艺制作的日本米果。

（3）瓜子类炒货休闲食品 以各种瓜子为原料，辅以各种调味料经炒制而成，是我国历史最为悠久的、最具传统特色的休闲食品。

（4）糖制休闲食品 以蔗糖为原料制成的小食品应归类于休闲食品，这类制品由于加工方法和辅料不同，其各品种在外观口味上有独特风味。如豆酥糖、桑塔糖等。

（5）果蔬休闲食品 以水果、蔬菜为主要原料经糖渍、糖煮、烘干而成的制品，如杏脯、果蔬脆片、话梅等。

（6）鱼肉类制休闲食品 以鱼、肉为主要原料，用其他调味料进行调味，经煮、浸、烘等工序而生产出的熟制品，如各种肉干、烤鱼片、五香鱼脯等。

二、休闲食品的存在问题及发展方向

目前全世界休闲食品市场的年销售额超过 500 亿美元，在发达国家，一些提高人体免疫力、预防疾病和降低脂肪的休闲食品普遍受到欢迎。在全球休闲食品市场称霸的主要是立体脆、乐事和品客三大知名品牌。在中国市场，生产休闲食品的企业也达数十家之多，其中上好佳、恰恰、康师傅、旺旺、乐事、卡迪娜、品客等一系列休闲食品品牌各占有一席之地。据统计，目前中国休闲食品销量在 200 亿～300 亿元，市场上的销售量越来越大，每年以 12%～15% 的增长率快速增长。

据近年市场调查，休闲食品在主要超市、重点商场食品经营比重中已占到 10% 以上，名列第一，销售额已占到 5% 以上，名列第三，仅次于冷冻食品和保健滋补品。

在中国，休闲食品现在已经成为很多年轻人和儿童生活中不可缺少的一种消费品。

1. 休闲食品存在的问题

（1）产品类别太单一，薯类、谷类占据大半江山 目前中国的休闲食品进入了严重的同质化时期，大部分休闲食品从概念到实体都没有实质的差异性，同质的代价是销售费用的爬升。

（2）没有很好的处理传统与现代，民族与洋化的关系 在国内厂家拼命洋化的时候，以肯德基为代表的洋休闲却将眼睛瞄准了我们的民族精粹，将传统技术进行再加工和再传播，融入许多新的消费元素。比如借鉴北京烤鸭的技术推出"老北京鸡肉卷"，创造出了地道的差异化，其贴身战法还有"皮蛋瘦肉粥"。

其实，在 WTO 一体的世界里，造成原来概念的基础和市场矛盾早已消失或转化，所以在休闲食品界里传统的和现代的、民族的和洋化的早已经没有了界限，一种东西接受时间长了就成了传统，与它对立的就是反传统。

（3）休闲食品的安全性问题 休闲食品的安全性在取得快速发展的同时，休闲食品的安全性问题却依然存在。2005 年，国家质检总局产品质量监督司对北京等 8 省市的 42 种休闲食品进行了抽查，抽查结果表明油炸和膨化食品的合格率仅为 76.2%；其中，微生物指标超过国家标准和不合格使用食品添加剂是产品不合格的主要原因。

此前，瑞典食品安全机构研究发现，炸薯片、炸薯条、汉堡包等油煎油炸食品中含致癌物质，对健康有潜在危害。在这种情况下，传统的休闲产品要向开发健康休闲产品转变。

2. 休闲食品今后的发展主流方向

① 越来越贴近人的饮食习惯和心理，要适口、满足求新心态、健康。

休闲食品的产品设计越来越强调对人体健康的有益影响。根据美国天然食品市场调查公司 SPINS 的资料，健康休闲产品如脆片产品、脆饼产品在健康食品销售店的销售额增长很快，而在超级市场及量贩店中的销售额更是暴增。健康食品在便利商店等其他销售点的销售成绩甚至比传统这些商店赖以获利的酒类及香烟类产品都要来的畅销。

② 从人的购买和消费习惯与心理来看，要赏心悦目、满足购买心理欲求。即"食、色、性"。

伴随着经济发展和人民生活水平的不断提高，人们的饮食习惯和食品结构也开始发生变化，各式各样的休闲食品凭借良好的口感、炫目的包装、独特便捷的食用方法赢得许多人的青睐，俨然成为食品消费的重要内容。上海零点的最新调查显示，时尚化已成为食品产业争夺消费者的重要策略并帮助领导食品品牌在市场上取得成功。

分析显示，成人尤其是年轻女性已成为目前休闲食品的主流消费人群。51.9％的受访者认为口味时尚是食品之所以时尚的首要元素；其次，品牌形象的时尚性对缔造时尚食品也颇具影响力；而食品的健康营养状况也是人们比较关注的时尚要素。为迎合这样的消费心理，目前休闲食品的生产厂商纷纷在口味、包装、名称、广告上大做文章。

第二节　膨化休闲食品的制作原理及方法

一、膨化休闲食品的制作原理

当把粮食置于膨化器以后，随着加温、加压的进行，粮粒中的水分呈过热状态，粮粒本身变得柔软，当到达一定高压而启开膨化器盖时，高压迅速变成常压，这时粮粒内呈过热状态的水分便在瞬间汽化而发生强烈爆炸，水分子可膨胀约2000倍，巨大的膨胀压力不仅破坏了粮粒的外部形态，而且也拉断了粮粒内在的分子结构，将不溶性长链淀粉切断成水溶性短链淀粉、糊精和糖，于是膨化食品中的不溶性物质减少了，水溶性物质增多了。

膨化后除水溶性物质增加以外，一部分淀粉变成了糊精和糖。膨化过程改变了原料的物质状态和性质，并产生了新的物质，也就是说运用膨化这种物理手段，使制品发生了化学性质的变化，这种现象给食品加工理论研究提出了一个新的课题。

把食品中的淀粉分解为糊精和糖的过程，一般是在人们的消化器官中发生的，即当人们把食物吃进口腔后，借助唾液中淀粉酶的作用，才能使淀粉裂解，变成糊精、麦芽糖，最后变成葡萄糖被人体吸收。而膨化技术起到了淀粉酶的作用，即当食物还没有进入口腔前，就使淀粉发生了裂解过程，从这个意义上讲，膨化设备等于延长了人们的消化道。这就增加了人体对食物的消化过程，提高了膨化食品的消化吸收率。因此，可以认为膨化技术是一种很科学、理想的食品加工技术。

膨化技术的另一特点是它可以使淀粉彻底 α 化。以前使食品成熟的热加工技术如烘烤、蒸煮等，也可以使食品的生淀粉即 β 淀粉变成 α- 淀粉，即所谓 α 化。但是这些制品经放置一段时间后，已经展开的 α 淀粉，又收缩恢复为 β 淀粉，也就是所谓"回生"或"老化"。这是所有含淀粉的食品普遍存在的现象。这些食品经"老化"后，体形变硬，食味变劣，消化率降低。这是由于淀粉 α 化不彻底的原因。

膨化技术可以使淀粉彻底 α 化，已经变成的 α 淀粉，经放置后也不能复原成 β 淀粉，于是食品保持了柔软、良好风味和较高的消化率，这是膨化技术优越于其他物理加工方法的又一特征，它为粗粮细作开辟了一个新的加工领域。

二、膨化休闲食品的制作方法

按膨化加工的工艺过程分类，食品的膨化方法有直接膨化法和间接膨化法。

1. 直接膨化法

直接膨化法是指把原料放入加工设备（目前主要是膨化设备）中，通过加热、加压再降温减压而使原料膨胀化。

原料经挤压机模具挤出后，直接达到产品所需的膨化度、熟化度和产品造型，产品只需依据其不同的特点及需求，在挤压膨化后进行调味和喷涂，而不需要其他后期加工。

这类产品的膨化率较高，密度较低、质地较轻，但质构不太均匀，产品中局部有较大的气室，也有密实部分，形状也比较简单。

（1）直接膨化的工艺流程　原辅料混合及输送→（挤压）膨化→切断→干燥→包装→成品。

（2）操作要点

① 原辅料混合及输送　通常用螺旋叶片式混合机进行混合，首先按原料配比称取干物料加入混合机搅拌混匀，接着加入水和液体物料进行搅拌混合，混合时间一般为5～20min，使水分含量分布均匀，若原料中水分含量不均匀，挤出的产品质量不稳定，甚至会产生劣质产品或堵塞机器，物料水分调整后的含水量一般为13%～20%。

当采用双螺杆挤压机时，可不进行预润湿处理，水能直接计量进入挤压机内，而不需把水加进干的混合物中。双螺杆会产生充分的混合效果，使水分均匀分布。

润湿过的干物料从混合机输送至进料斗，输送过程通常采用螺旋输送器、斗式提升机或真空输送装置。混合装置也能置于进料斗之上而省去输送器。

湿润的干物料通过计量被喂进挤压机的入口，一种是物料靠自重通过管子进入挤压机，要求料斗设计合理，能使物料能毫无阻碍地在料斗中流动，这种类型的计量被称为填塞进料式挤压机；另一种是由进料器和泵来计量料流的，挤压机以一定速率进料但低于它所能带走的量，这种进料方式称为不足进料式挤压机，有利于物料的高剪切、低压缩。

② 膨化　物料在挤压膨化机中的膨化过程大致可分为如下两个阶段。

a. 挤压剪切阶段　物料进入挤压剪切阶段后，由于螺杆与螺套的间隙进一步变小，故物料继续受挤压；当空隙完全被填满之后，物料便受到剪切作用；强大的剪切应力使物料团块断裂产生回流，回流越大，则压力越大，压力可达1500kPa左右。在此阶段物料的物理性质和化学性质由于强大的剪切作用而发生变化。

b. 挤压膨化阶段　物料经挤压剪切阶段的升温进入挤压膨化阶段。由于螺杆与螺套的间隙进一步缩小，剪切应力也急剧增大，物料的晶体结构遭到破坏，产生纹理组织。

由于压力和温度也相应急剧增大，物料成为带有流动性的凝胶状态。此时物料从模具孔中被排出到正常气压下，物料中的水分在瞬间蒸发膨胀并冷却，使物料中的凝胶化淀粉也随之膨化，形成了无数细微多孔的海绵体。

脱水后，胶化淀粉的组织结构发生明显的变化，淀粉被充分糊化（α化），具有很好的水溶性，便于溶解、吸收与消化，淀粉体积膨大几倍到十几倍。

影响膨化产品密度和质地的挤压操作参数有：物料含水量、进料速率、套筒温度、螺杆转速和模板阻力（模孔数量或形状）。挤压温度一般控制在150～200℃，在其他条件相同的情况下，温度高，膨化率大。

③ 切割　挤压机对谷物进行挤压蒸煮，呈塑性熔融体的物料在压力作用下从模孔中挤出，物料膨化形成一定的形状，切割装置将连续的出料切成所需大小的产品。

④ 干燥　含水量为15%～20%的原料，挤压后产品的含水量降至8%～12%，一般需进行干燥，使水分降到5%以下，以形成松脆的质地和延长货架保质期。由于膨化产品密度小，较短的干燥时间就可达到干燥要求。

⑤ 喷涂　干燥过的膨化产品，在外层喷涂一层调味品，或包被一层巧克力等浆料，即成为不同风味的直接膨化型谷物休闲食品。

2. 间接膨化法

间接膨化法要先用一定的工艺方法制成半熟的食品毛坯，工艺方法有挤压法，一般是挤压未膨胀的半成品；也可以不用挤压法，而用其他的成型工艺方法制成半熟的食品毛坯。

半成品经干燥后的膨化方法主要是除挤压膨化以外的膨化方法，如微波、油炸、焙烤、炒制等方法。

(1) 间接膨化法工艺流程　进料混合→挤压成坯→干燥→膨化（油炸或烘烤）→喷涂→包装→膨化食品。

(2) 操作要点

① 进料混合　原辅料计量称重后，在螺旋桨叶混合机中混合，或者通过连续计量在连续式预调质器中混合。一些装置能在此阶段产生蒸煮效应，而在下一阶段仅需一台低剪切成型挤压机，就可以进行挤压成型加工。

② 挤压成坯　含水量在30%~40%的物料在高剪切挤压机中蒸煮预糊化后，在温度低于100℃的低剪切成型机中挤压成型，由于不产生膨化或仅产生少许膨化，挤出物基本保持模板的形状，物料离开模板后被安装在模板表面的切割装置切成所需的形状。

物料被挤成连续的面带，再通过切割器切成矩形和三角形等不同的形状。

③ 干燥　成型后的产品含水量在18%~20%，需干燥至含水12%以下，由于产品结构密实，需在95℃以下连续干燥1~8h。

④ 膨化（微波或油炸）

a. 微波膨化　微波加热速度快，物料内部气体（空气）温度急剧上升，由于传质速率慢，受热气体处于高度受压状态而有膨胀的趋势，达到一定压强时，物料就会发生膨化。以淀粉、蛋白质为主的小食品，切面和荞麦面、蔬菜类都可采用。

微波膨化要求有极高的传热速率来均匀地膨化产品，烤炉的传热系数应在140~220W/(m²·K)的范围内，微波炉需采用高功率的微波发射元件，而普通的焙烤炉则无法用来完成这类产品的正常膨化。

b. 油炸膨化　油炸膨化食品最先起源于马来西亚，是在许多东南亚国家颇受欢迎的一种酥脆型食品。油炸膨化时淀粉在糊化老化过程中结构两次发生变化，先α化再β化，使淀粉粒包住水分，经切片、干燥脱去部分多余水分后，在高温油中过热水分急剧汽化喷射出来，产生爆炸，使制品体积膨胀许多倍，内部组织形成多孔、疏松海绵状结构，从而形成膨化食品。

油炸温度通常为170~210℃，油炸时间约10~60s。

影响油炸膨化产品质量的因素如下。

糊化：淀粉粒在适当温度下（60~80℃），在水中溶胀，分裂，形成均匀糊状溶液的作用称为糊化作用。只有充分糊化但又没有解体的淀粉，分子间氢键大量断开，充分吸水，为下一步老化时淀粉粒高度晶化包住水分，从而为造成可观的膨化度奠定基础。

老化：膨化后的α-淀粉在2~4℃下放置1.5~2d变成不透明的淀粉。在老化过程中，糊化时吸收的水分被包入淀粉的微晶结构，在高温油炸时，造成淀粉微晶粒中水分急剧汽化喷出，使淀粉组织膨胀，形成多孔、疏松结构，达到膨化的目的。

干燥：产品中水分含量直接影响到产品膨化度的大小。因此干燥水分含量的控制是非常重要的。如果干燥后制品中水分含量过多，油炸膨化时，很难在短时间内将水分排出，造成制品膨化不起来、口感发软、不脆，破坏了产品的特色。若水分含量太低，油炸时又很难在短时内形成足够的喷射蒸汽将食品组织膨胀起来，也会降低产品的膨化度。因此，干燥时间选择7h，水分含量最为适宜。

⑤ 喷涂及包装　膨化后的产品含水量在1%~2%，通常在一个涂料转鼓中进行喷涂调料，或包被一层巧克力浆料即为成品。

3. 膨化机类型及操作技术要点

(1) 膨化机类型　挤压蒸煮型膨化机通常是采用外加热量与摩擦损耗产热相结合。它根据螺杆头数的不同分为单螺杆挤压膨化机和双螺杆挤压膨化机。

① 单螺杆挤压膨化机 单螺杆挤压膨化机包括机架、皮带轮、机体、机筒、衬圈、螺杆、模板与出料装置、分汽包、剪切螺栓等。其构造见图9-1。

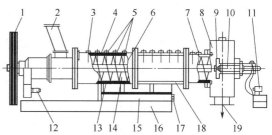

图9-1 单螺杆挤压膨化机结构

1—皮带轮；2—进料斗；3—剪切螺栓；4—壳体；5—喷气螺栓；6—主轴；7—温度表；8—固定牙槽；9—锥形塞；10—活塞；11—液压泵；12—轴承润滑泵；13—衬圈；14—螺旋叶；15—分汽包；16—机架；17—蒸汽进口；18—加热蒸汽夹套；19—下料斗

单螺杆挤压膨化机的特点是设计简单，制造容易，价格便宜，动力匹配较小，可以生产各种膨化食品、速食食品以及用于植物蛋白等的膨化，因而得以广泛应用。但其在性能上还存在以下不足之处：靠机械挤压自热或电能加热物料；温度和压力不易控制；只能膨化脂肪含量低并具有一定颗粒度的谷物，膨化时易产生倒粉现象；膨化前不易调味，必须在膨化产品的表面喷洒调味液或调味料；物料充填系数低；物料易黏附在螺杆上，造成堵塞；设备使用一段时间后要更换易损件；停车后重新开机需清理机腔，并且工作时所输送的物料受压缩时有向后滑流的倾向。

随着食品加工业的发展，对许多产品加工的要求越来越高，单螺杆挤压膨化机已很难满足加工的要求，其使用局限性具体体现在如下几个方面。

螺旋输送：螺杆旋转将物料推向前方时，物料与套筒内壁产生摩擦阻力，而一定的摩擦阻力是物料在螺旋内流动的必需条件。为此对机筒内壁采取各种技术措施以增大摩擦阻力，但在黏着力很强的物料填满螺旋的情况下，物料将与螺杆一起旋转而不向前运动，为防止此种现象的发生，必须限制物料的种类、水分和脂肪含量，难以满足某些原料的加工要求。

温度和压力：膨化过程中的温度和压力等条件难以按工艺条件要求严格控制。

单螺杆挤压膨化机按不同用途可分为高剪切蒸煮型、中剪切蒸煮型及低剪切蒸煮型。

② 双螺杆挤压膨化机 由主电机、支架、减速器、分配器、推力机构、挤压机构、送料机构、切割机构和润滑冷却系统组成，如图9-2所示。

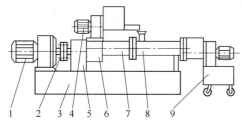

图9-2 双螺杆挤压膨化机

1—主电机；2—联轴器；3—支架；4—送料机构；5—减速器；6—分配器；7—推力机构；8—挤压机构；9—切割机构

双螺杆配合采用完全啮合型，物料不会堆积在两螺旋之间造成阻塞，当物料中断或停车后不用清理，仍能继续运行。其旋转方向有同向和异向两种，通常采用同向。同向旋转可以提高物料运转速度，使物料均衡分布。双螺杆挤压膨化机对物料的剪切效果好，其压力、温度的建立主要依靠外界加热，故机器的磨损较小。它除了单螺杆挤压膨化机加工的品种都可加工以外，特别适于处理含水、含油较高的物料以及胶黏性原料。

双螺杆挤压膨化机的特点是双螺杆挤压膨化机具有两个相互啮合并同方向旋转的螺杆，共同起着输送、摩擦挤压和加热物料的作用。这两个螺杆不是整体结构，而是用花键轴分段组成，各段的螺距、螺杆与套筒的间隙都是可调的。双螺杆挤压机靠正位移原理输入物料，进行强制输送，很少形成压力回流。物料在控温条件下的输送、压缩、混合、混炼、剪切、熔融、杀菌、膨化、成型等加工在极短的时间内全部完成。

主要特点：靠机械挤压和电能加热物料；可以控制温度和压力；可以膨化各种谷物粉，并可加入 6% 的油脂，不产生倒粉现象；可以在膨化前或膨化过程中加入奶粉、蛋粉、糖粉及调味液等，一次加工成型，还可进行成分分离；物料充填系数大；零部件不易损坏；自身有排清的功能。

③ 共挤出膨化机　这是一种专为夹馅食品设计的共挤出膨化机，结构如图 9-3 所示。

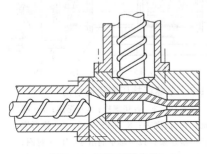

在生产过程中，用一台膨化机使膨化物的外壳熟化和成型，用另一台螺旋输送器把馅料泵入第一台膨化机的型模中部，连续地填入已成型膨化物的外壳内。在机外进行剪切和卷曲成型可生产内夹巧克力、果酱夹馅蛋卷类点心。

图 9-3　共挤出膨化机

（2）挤压膨化机的操作与维护　挤压膨化机在操作时应注意以下几方面的问题。

① 挤压膨化机生产前的检查和准备　新机和使用后的挤压机运转结束后均须拆下模头等零件对内部进行清理。开机前要按生产产品的要求配以相应的螺杆、筒体和模头，并检查机器的各部分是否正常。

② 挤压膨化机的启动　挤压膨化机与一般设备不同，不是一开车就能进入正常运行状态的，而需大约 20min～1h 的启动调整过程，一个非常熟练的优秀操作工也至少需要 10～20min 才能使挤压膨化机生产进入正常状态。挤压膨化机的启动时间应尽可能短些，但根据实际经验，启动的时间又不能过短，过短很容易使机器在未达到正常状态就发生异常，以致被迫停机。目前挤压膨化机的启动和停机都需要依赖操作者的经验。有外加热的机器在启动前应先加热，使筒体温度达到正常工作状态值。自热式挤压膨化机有时用喷灯对筒体和模头进行预热以减少启动时间。

主机启动后应立即把物料送入挤压机中去，避免螺杆与筒体发生长时间的直接摩擦，等到螺杆把物料向前推进充满筒体，并从模孔中挤出之后，喂料量才能逐渐增加。喂料量每隔 1～2min 少量缓慢地增加，同时相应调节加水量，逐步达到最终产品要求的正常运行状态。由于要达到热平衡需要一个较长的时间，操作工在调节温度、喂料量、转速等参数时要逐步进行，不可操之过急，因为它们的变化有一个滞后的过程。在达到预定要求时还要观察产品的组织结构、口感等是否符合要求，进行检查并及时进行微调。

③ 稳定运行　由于挤压膨化机启动时间长，所以在稳定运行后连续生产时间尽量长些为好，以提高其实际生产量。当生产进入稳定运行状态后，各种变化相对比较缓慢，但操作工仍要注意观察各参数的变化。如发现参数变化须及时调整有关的自变量，调整时切记不能进行快速大幅度调整，防止挤压膨化机出现工作状态失控，造成运行困难和被迫停机。

④ 故障处理　通常的工作故障是由自变量的变化引起的，如喂料量、加水量、加热量等，或者是尚未达到正常工作状态及热平衡状态。例如，如果喂料斗中结拱，就会造成喂料量减少或断料，导致挤压膨化机工作波动。再如，物料组分在输送过程中离析或粒度发生变化也会影响机器的正常工作和产品质量。当发现传动功率迅速增加时，可采取将喂料量稍微减少或加水量稍微增加的方法。当发现膨化率下降、膨化质量差时，可增加挤压温度或适当降低物料含水量。当发现膨化过度时，可降低挤压温度或增加物料含水量。产品形状不规则大多是因为物料与水分混合不均匀或模孔设计布置不合理，造成各模孔处的压力不等，导致通过模孔的流速不同所致。要消除这种现象，模孔各处的压力和流速必须相同，原料加水混合均匀，否则就很难避免。

对于"蒸汽反喷"的处理，一般在正常工作状态时，高温挤压过程产生的蒸汽不会从喂料口逸出。一旦蒸汽沿螺杆由进料口逸出，这种现象就叫"蒸汽反喷"。这种蒸汽流动干扰了螺旋槽内被挤压物料的前进，会造成短时间内出料减少或不出料。处理方法是冷却筒体，特别是降低出料端筒体的温度或增加喂料量，这种现象可能就会停止下来，使机器逐渐回复到正常运行状态。有时挤压机加工条件发生急剧变化，为了避免机械损坏和造成难以清理的局面，需要采取果断而强烈的措施，最有效的方法是加大原料水分。因为原料水分过小会引起阻塞或电机过载，在这种情况下操作人员应迅速加水，不要让机器阻塞。

⑤ 停机和清理　停机时先向物料中加进过量的水，或者用特配的高水分物料更换原来的物料，停止外加热的热源，降低出料温度到100℃以下再终止喂料，但挤压机仍需继续低速运转直到模孔不出料为止。挤压机停转后须拆下模头（操作者须戴隔热手套，并注意机体温度和机内压力，以免烫伤或伤人），然后再低速启动螺杆，在敞开出料端情况下把机筒内剩余物料全部排出为止。对于单螺杆挤压机，由于其本身没有自洁能力，物料不可能自己排净，还必须分段拆下筒体与螺杆进行清洗。

挤压膨化机的维护：根据不同型号和不同产品，维修的内容和时间也不一样，应注意以下几点。

① 定期检查传动系统、润滑冷却系统的油位和密封情况，以保证传动箱的润滑和冷却效果，同时保证润滑油和物料两者的隔离，不允许相互污染。

② 螺杆与筒体在工作中随时都要发生磨损，这是不可避免的。当零件磨损后，挤压量减少，生产能力下降，并会引起各参数的波动，影响挤压机的使用。磨损后可采用堆焊的方法修补后再加工到要求尺寸，这种修复方法至多可用3～5次。

③ 模头的磨损表现在模孔尺寸变大，也会出现各模孔磨损程度不同的情况，磨损严重的模头无法修理，只能更换新模头。

④ 切割器的切刀磨损后会变钝，维修方法是换上新刀片，磨钝的刀片可以磨锐备用。

⑤ 挤压膨化机要有足够的备件，特别是生产多种产品的挤压膨化机。

第三节　谷物膨化休闲食品制作

谷物膨化休闲食品是以谷物类原料玉米、小麦、大米、燕麦、荞麦、黑麦、高粱等，通过挤压、调味、烘焙而成，同时由于调味时可调出原味、烧烤味、牛肉味、鸡汁味、鲜虾味等各种口味，挤压时可制作成各种形状，如片状、豌豆状、条状、球状，使得这类产品用同一条生产线可生产出几十个品种，因而具有极大的发展潜力。

谷物膨化休闲食品的特点是风味鲜美、轻质疏松、香脆可口、营养丰富、无饱腹感，易于消化，能伴随人们解除休闲时的寂寞。因而也就成为人们在满足基本营养要求以后的自发的选择结果，是顺应人类社会由温饱型逐渐朝着享受型转轨的时尚食品。同时，由于工作生活的紧张繁忙，人们坐下来享受进餐的时间越来越少，而变得经常吃快餐或休闲食品。谷物膨化休闲食品被认为是21世纪的市场热点产品，作为儿童零食的需要、成年人休闲时的要求，以及老年人闲趣的必需品都将使它的消费量有所增加。因此在今后食品市场上，谷物膨化休闲食品将占据重要之地。

一、鸡味圈

1. 原料配方

鸡味圈的原料主要包括谷物粉，不同口味的调味料，现介绍一种参考原料配方：玉米粉2%，小米粉5%，大米粉60%，糖粉12%，奶粉2%，面粉5%，全蛋粉1%，油1%。

2. 主要设备

单螺杆挤压膨化机、加湿机、切割机、烤炉、调味机、粉碎机、水分测定仪、立式充气自动包装机。

3. 工艺流程

谷物粉→粉碎成40目大小的颗粒→混合→调理→挤压、膨化→切割→调味→冷却→包装

4. 操作要点

(1) 原料要求 由谷物制成的全粉（如大米粉、玉米粉等）。谷物粉的含水量一般应掌握在7%～16%，混合后含水量在13%～18%为宜，水分过高，膨化食品外皮表面粗糙或形成蜂窝状，水分太低则半成品呈焦黄色，且有苦味。

(2) 混合与调理 将原料与适量的水混合并搅拌均匀；根据产品要求进行调理。

(3) 挤压、膨化 挤压、膨化是整个工艺过程的关键，直接影响到最终产品的质量和口感。影响挤压、膨化质量的因素较多，物料的水分、螺杆的电机转速以及原料的类型和比例，都有可能影响到膨化食品的质量，所以在挤压膨化过程中应注意控制进料速度，水分过高，进料速度应慢些，反之，进料速度可适当加快。

(4) 切割、烘烤 将膨化好的半成品按要求切割，并送入烘烤炉，在200～300℃烘烤2～3min。喷油，撒上不同口味的调味料。

(5) 调味 是膨化食品生产的一个很重要的环节，满足不同客户的不同口味要求。

(6) 冷却，包装 将调好味的产品冷却后按一定的质量包装即可。

二、日式米果

日式米果以大米为原料，在日式米制休闲食品中占有重要地位。其含糖量低，仅1.5%～2%，基本不含油脂，口感松脆清淡，米香浓郁。因其低糖低脂十分迎合当今休闲食品的健康时尚要求，近年来在我国市场上也出现了不少日式米果产品，如仙贝、雪饼、米饼干、米糕、煎饼等，虽名称各异，但同属米制休闲食品。

1. 米果的分类

按原料分可以将米果分为粳米米果和糯米米果。以粳米为原料的米果又叫煎饼或米饼干，以糯米为原料的米果又叫阿拉来（块形较小）和片饼（块形较大）。按质地分可以将米果分为疏松型、紧密型和处于两者之间的中间型。

疏松型米果的口感松脆，制品的比体积较大，以粳米为原料的疏松型米果的比体积在4.0mL/g以上，以糯米为原料的疏松型米果的比体积在3.5～4.5mL/g。紧密型米果的口感较硬，以粳米为原料的紧密型米果的比体积在2.0～2.5mL/g。中间型米果主要是用糯米为原料加工的，比体积在2.5～3.5mL/g。

2. 米果制作工艺

(1) 糯米米果的制作工艺 糯米→淘洗→浸米→沥水→蒸煮→捣制→冷却→成型→干燥→烘烤→调制→成品。

① 淘洗、浸米 先用洗米机把大米充分淘洗干净，在水中浸米6～12h，浸好的米倒在金属丝网上沥水大约1h，沥水后米粒水分在30%～34%。

② 蒸煮、捣制、冷却 使用蒸笼或蒸米机，在96～100℃下蒸米15～25min，蒸好的米饭存放数分钟，稍加冷却后用捣饭机捣制成粉团状。将粉团急冷至2～5℃放置2～3d硬化（老化），硬化后的粉团水分在40%左右。

③ 成型、干燥 粉团老化后经成型机压片、切块、切条，制成米果坯，米果坯通过带式热风干燥机干燥，热风温度控制在30℃左右，干燥后米果坯的水分降至20%左右。

④ 烘烤、调制 将干燥后的米果坯放入燃气烤炉中，炉温200～260℃，焙烤至表面色

泽变深，并产生独特芳香。将预先调制好的调味液经调味机喷涂在米果表面，必要时还需再进行干燥。

另外，还有一种改良品种，选用粳米作原料，按照糯米米果的工艺流程加工，只是干燥后米果坯的水分控制在 10%～12%。

（2）粳米米果的制作工艺　粳米→淘洗→浸米→沥水→制粉→蒸捏→冷却→成型→干燥→烘烤→调味→成品。

① 淘洗、浸米　粳米淘洗后在水中浸米 6～12h，浸好的米在金属丝网上沥水大约 1h，米粒水分在 20%～30%。

② 制粉、蒸捏　沥水后的粳米进入粉碎机粉碎至 60～250 目，如加工疏松型的制品可粗一些，加工紧密型的制品则应细一些。选用带搅拌桨叶的蒸捏机先在米粉中加水调和，再通蒸汽加热，蒸煮捏合，110℃下蒸捏 5～10min，使米粉糊化，水分含量达到 40%～45%。将糊化后的米粉团经螺旋输送机送入长槽中，槽外通以 20℃的冷却水进行冷却，将米粉团冷却至 60～65℃。

③ 干燥　冷却后的米粉团经成型机压片、切块、切条制成米果坯，米果坯通过带式热风干燥机进行第一次干燥，热风温度为 70～75℃，干燥后米果坯的水分控制在 20% 左右，然后在室温下放置 10h 左右，粳米果坯内部的水分转移，达到平衡后再进行第二次干燥，仍用 70～75℃热风，干燥后米果坯的水分在 10%～12%。

④ 烘烤、调味　二次干燥后的米果坯放入燃气炉中焙烤，炉温 200～260℃下烤制成熟。将调味液经调味机喷涂在米果上，必要时还需进行干燥。另外，还可选用糯米作原料，按照粳米米果的工艺流程加工，区别在于干燥后米果坯的水分控制在 20% 左右。

3. 锅巴

锅巴是用大米淀粉、棕榈油等为主要原料，经科学方法精制而成。它香酥可口，营养丰富，余味深长，既可作为下酒小吃，又可烹调菜肴，老少皆宜，深受少年儿童的欢迎。

（1）锅巴的原辅料配方　大米 500g，棕榈油 150g，淀粉 62.5g，氢化油（或起酥油）10g。

（2）不同风味的调味料配方　牛肉风味：牛肉精 0.6%，五香粉 0.3%，味精 0.3%，糖 0.3%，盐 1.5%。咖喱风味：盐 1.5%，咖喱粉 1%，味精 0.3%，丁香 0.05%，五香粉 0.3%。

（3）工艺流程　淘米→煮米→蒸米→拌油→拌淀粉→压片→切片→油炸→喷调料→包装。

（4）操作要点

① 淘米、煮米　用清水将米淘洗干净，去掉杂质和砂石。将清洗干净的米放入锅中煮成半熟，捞出。

② 蒸米、拌油　将煮成半熟的米放入蒸锅中蒸熟。加入大米原料量 2%～3% 的氢化油或起酥油，搅拌均匀。

③ 拌淀粉　淀粉和蒸米的比例为 1:（6～8）。拌淀粉温度为 15～20℃，搅拌均匀。

④ 压片、切片　用压片机将拌好的料压成 1～1.5mm 厚的米片，压 2～4 次即成。将米片切成长 3cm、宽 2cm 的片。

⑤ 油炸、喷调料、包装　油温控制在 240℃左右，时间 3～6min，炸成浅黄色捞出，控去多余的油。调料按上述配方配好，调料要干燥，粉碎细度为 60～80 目，喷撒要均匀。每袋装 75～80g，用热合机封合。

（5）质量标准　外观整齐，颜色浅黄色，无焦煳状和炸不透的产品。香酥，不粘牙。产品表面调味料喷撒均匀。

第四节　薯类膨化休闲食品制作

一、薯类休闲食品加工设备

1. 清洗机械

马铃薯块茎与甘薯块根加工前需将其表面的泥土清洗干净，常见的清洗设备有振动喷洗机、转筒式清洗机和螺旋输送式清洗机等。

（1）振动喷洗机（图9-4）　工作时，原料由筛盘3的上端投入，在振动器的作用下，原料在筛盘上振动翻滚，并向出口处移动，与此同时，位于筛盘上方的喷淋管4中喷出高压水流，使原料得以充分洗涤，同时向筛盘的较低端出口处移动，直至排出。洗涤水与洗下的泥沙、杂质便由筛子漏下。

振动喷洗机由于有振动和喷射的双重作用，故清洗效果很好，适用于多种原料的洗涤。筛盘孔眼的大小、振动力等都易于进行调节和更换，在中小型企业比较适用。

（2）转筒式清洗机　转筒式清洗机的主要工作部分是转筒，借助转筒的旋转，使原料不断地翻转，筒壁成栅栏状，转筒下部浸没在水中，原料随转筒的转动并与栅栏板条相摩擦，从而达到清洗的目的。

图9-5所示为转筒式清洗机。主要由转筒、水槽、传动装置、机架等组成。水槽成长方形。固定在机架上，而转筒轴线与水平面成3°～5°倾角，以利原料的移动。有的转筒内壁上还装有若干金属板或螺旋隔板，使原料更易移动。转筒壁用若干板条围成栅栏状，转筒由转动装置带动旋转。工作时先注满水，再开动电动机，使转筒转动，随后将原料从转筒的一端进入，随转筒转动并与栅栏板条相摩擦，将原料表面附着的泥砂、杂质洗净。一边洗涤，一边向转筒较低的出料口处滚动，由此而完成洗涤过程。

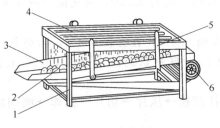

图9-4　振动喷洗机

1—机架；2—物料；3—筛盘；4—喷淋管；
5—吊杆；6—电动机

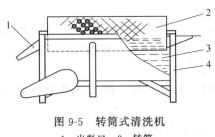

图9-5　转筒式清洗机

1—出料口；2—转筒；
3—水槽；4—机架

2. 去皮机械

薯类块茎块根的去皮方法一般有三种，即机械去皮、蒸汽去皮和碱液去皮。

（1）机械去皮　机械去皮是在圆筒形容器中，依靠带有金钢砂磨料的圆盘、滚轮或依靠特制橡胶辊在中速或高速旋转中磨蚀薯类表皮，摩擦下来的皮屑被清水冲走而达到去皮的目的。

机械式去皮机运用于加工大小比较一致、卵圆形、无伤痕且芽眼较浅的薯块。适于加工油炸薯片等直接炸制的薯食品。

（2）蒸汽去皮　在高压容器内，通入高压蒸汽使薯块表面受热，然后打开容器盖，突然释放压力，薯块表皮和果肉即自行分离。容器内通入的蒸汽压力一般为490～580kPa，温度为158℃，工作周期为15～30s。使用蒸汽去皮，优点是薯块外表光滑，果肉损失率较小；缺点是机械结构复杂，薯块表层留下蒸煮层，不适宜用来加工直接油炸制品。

（3）碱液去皮 是利用碱液的腐蚀性来使薯块表面中胶层溶解，从而使薯块皮分离。碱液去皮常用氢氧化钠，腐蚀性强且价廉，常在碱液中加入表面活性剂如2-乙基己基磺酸钠，使碱液分布均匀以帮助去皮。

碱液浓度提高、处理时间长及温度高都会增加皮层的松离及腐蚀程度。经碱液处理后的薯块必须立即在冷水中浸泡、清洗、反复换水直至表面无腻感，口感无碱味为止。漂洗必须充分，否则可能导致pH值上升，杀菌不足，产品败坏。

碱液浓度一般为15%～25%的氢氧化钠溶液，加入薯块后的碱液温度保持在70℃左右，经过2～6min的碱液浸泡处理后，捞出薯块，再用高压水反复冲洗，直到表面无残留皮屑为止。

碱液去皮的优点是对不同大小、不同形状的薯块适应性好，去皮快。缺点是冲洗薯块需要大量清水，皮屑不能利用，排出的废液污染环境。

3. 切割机械

切割机械一般应具有多种功能，可以切割成不同规格的片、条和丁等，还可以切割成波纹片或波形条等。其工作原理是薯块加入圆筒，被底部旋转圆盘带动做高速转动，由于离心力的作用，薯块被甩到圆盘外侧与圆筒内壁之间的缝隙处，在圆筒的缺口处，固定有刀片，当薯块通过固定刀片时，被切成片或条，调整刀片的间隙和更换刀片，可以切成不同厚度和不同形状的薯片或薯条规格。

4. 蒸煮机械

常用的蒸煮机械有连续式链带蒸煮机和螺旋蒸煮机等，也可以用高压蒸煮锅或笼屉进行间歇式蒸煮。

5. 成泥机械

成泥机械类似电动绞肉机械，在挤压切碎成泥过程中，需及时冷却降温，以降低薯泥的黏度。

6. 成型机械

采用薯类干制品作原料加工油炸制品等，需要将干料与水、增黏剂和调味料等搅和，先挤压成带状长条，然后再切成片或条等。

7. 干燥机械

常见的干燥机械有滚筒式干燥机、流化床干燥机和隧道式干燥机等。也可以采用冷冻脱水法进行干燥，解冻后的薯片投入一种类似螺旋榨油机的装置中，在榨出水分的同时还能通过模头系统挤压成型，从而达到脱水和造型的双重功能。

二、薯类休闲食品加工实例

1. 油炸马铃薯片

油炸马铃薯片是风靡世界的休闲食品之一，产品口感酥脆，具有色、香、味俱佳的特点，是一种老幼皆宜的休闲食品。按油炸方式有两种加工方法生产的马铃薯片，一种为普通常压油炸工艺，一种为真空低温油炸工艺。

（1）一般油炸工艺 原料→清洗→去皮→修整→切片→漂烫→油炸→调味→包装。

操作要点如下。

① 原料要求 块茎大小适中，直径在4～6cm，以保证切片后外形整齐美观；还原糖含量应低于0.5%，干物质含量在22%～25%为宜，无黑斑、无发芽等质变。

② 清洗 在滚筒清洗机或斜式螺旋输送清洗机中，用清水洗去块茎表面的泥土等。

③ 去皮和修整　多采用摩擦去皮，薯块上少量未去皮的部分在分级输送带上进行修整，并检出有损伤的马铃薯。

④ 切片　使用切片机将块茎切成 1～1.7mm 厚的薄片，刀片必须锋利，因为钝刀会损坏薯片表面细胞，从而在薯片洗涤时造成干物质的大量损失。

⑤ 淋洗和漂烫　切好的薯片应立即进行淋洗和漂烫，以免在空气中发生氧化变色现象。淋洗的目的是除去薯片表面因切割时细胞破裂而产生的游离淀粉和可溶性物质，以免薯片在油炸时互相粘连。漂烫是将淋洗后的薯片在 70～95℃的水中热烫 3～5min，这样可以全部或部分地破坏氧化酶和杀死微生物，并排除薯片内部空气使油炸工艺顺利进行。

⑥ 油炸　使用连续油炸锅和自动输送、自动油炸装置油炸薯片，油温控制在 176～191℃范围内，油炸时间 20～30s。油炸后要沥去片外多余的油。成品含油率为 25%～30%，最高达 45%。

⑦ 调味　油炸后的薯片，需趁热在调味机上进行喷涂调味，调味料加入量约为薯片重的 1.5%～2.0%。

⑧ 包装　调味后的薯片经冷却、计量后，进行包装，包装袋应使用密封性能好的材料，并充以气体，以防止产品在运输过程中破碎。

(2) 真空低温油炸工艺　原料→清洗→去皮→修整→切片→漂烫→预处理→冷冻→真空油炸→脱油→称量→调味→包装。

操作要点如下。

① 预处理　漂烫之前的工序同上述方法。漂烫后的原料浸泡在由糖和盐等调味料组成的浸泡液中，浸泡时间为 3～4h，浸泡温度为 20～25℃，为防止薯片在冷冻时发生褐变，可在预处理的浸泡液中加入 0.2%～0.5%的柠檬酸，与溶液中的铜离子、铁离子配合从而减轻酶促反应。浸泡过程中，浸泡液中的调味料充分渗入薯片中，使之具有各种不同的风味，同时薯片中的一部分游离水由于反渗透作用被转移到细胞外，对油炸工艺中缩短油炸时间十分有利。浸泡结束后，经离心甩干机离心脱水处理，甩掉薯片表面吸附的一部分水分，以免薯片在冷冻时发生粘连现象。

② 冷冻　采用低温快速冷冻，理想的冷冻温度为 -30～-18℃，冷冻后的品温应控制在 -15℃以下，通过最大冰晶生成区的时间最好在 30min 以内。目的是防止薯片在油炸时变形和表面形成不规则小泡，采用冷冻工艺后，薯片表面变得很平整，产品质量显著提高。

③ 真空油炸　将油预热到 92～95℃，将解冻后的薯片放入炸锅中的炸筐内，把炸筐在提起的支架上放好，关闭炸锅门，开启真空泵使锅内真空度升至 0.090MPa，放下炸筐开始油炸，油炸过程中的真空度应大于 0.095MPa，油炸后期温度升至 95～98℃，至锅内基本无泡上翻时，停止油炸，整个油炸过程约持续 0.5～1.0h。

油炸后提起支架，在维持原真空度的条件下，以 200r/min 的转速离心脱油，时间为 5～10min。产品含油量可降至 15%～20%。关闭真空泵，破真空后取出产品送往包装车间。

④ 包装　包装应在装有空调的干燥包装室内进行，包装材料采用铝箔塑料复合薄膜袋，包装工艺采用先抽真空，再充入氮气，防止产品在运输中挤压破碎和氧化变质。

速冻处理和真空低温油炸是本工艺的技术关键，不仅使产品含油量降至 15%～20%，而且薯片外形整洁美观，口感细腻酥脆。

2. 成型马铃薯片

将马铃薯先制成泥，再配入玉米粉、面粉、干马铃薯泥或马铃薯全粉等，重新成型，切片油炸或烘焙，从而加工出形状、大小统一，色泽一致的成型马铃薯片。

（1）产品配方　鲜马铃薯泥40％，马铃薯全粉60％；或鲜马铃薯泥40％，干马铃薯泥20％，面粉40％；并添加单甘酯、磷酸盐、亚硫酸钠及化学膨松剂等添加剂，还可加入食盐、味精、色素等调味料。

（2）挤压成型焙烤工艺　将原辅料混合后，放在低剪切挤压成型机中，加热到120℃挤压成型，然后放在烤炉中，在110℃条件下烘焙20min，烘焙后喷涂油脂及调味料，即为风味、形状俱佳的成型马铃薯片。

（3）预压成型油炸工艺　选料→清洗→去皮修整→捣碎成鲜马铃薯泥→配料→预压成饼→切片→检查→油炸→调味→成型马铃薯片。

混合均匀的马铃薯泥辊压成片状，再用模子辊切割成圆形、椭圆形、菱形或三角形等形状，然后在180℃的油中炸制，经调味包装后即为大小形状一致的成型马铃薯片。

3. 微波膨化马铃薯片

将马铃薯切片、护色及调味后，经微波膨化制成营养脆片，产品颜色金黄、松脆、味香、无油，是老幼皆宜的新潮休闲食品。

（1）产品配方　马铃薯96.5％；食盐（一级）2.5％；明胶（食用级）1％。

（2）加工工艺

明胶、食盐、水
↓
原料→去皮→切片→护色、浸胶、调味→微波膨化→包装→成品

（3）操作要点

① 去皮切片　选择无芽、无变质的马铃薯块茎，去皮后切成1～1.5mm厚的薄片。

② 浸泡液配制　称取2.5％的食盐和1％的明胶于水中，加热至100℃将明胶全部溶解。按此方法配制同样的溶液2份，1份加热沸腾，1份冷却至室温。

③ 护色及调味　将薯片放入沸腾溶液中漂烫2min，马上捞出放入冷溶液中，在室温下浸泡30min。

④ 微波膨化　薯片护色调味后放入微波炉内膨化，调整功率750W，2min后翻个，再次微波焙烤2min，然后调整功率至75W持续1min左右，产品呈金黄色，无焦黄，内部产生细密而均匀的气泡，口感松脆。

⑤ 包装　采用充惰性气体包装或真空包装，低温避光贮存。

（4）产品质量　采用微波膨化可有效地避免维生素C损失，产品无油，口感松脆诱人。

4. 马铃薯全粉油炸薯条

以马铃薯全粉为基料，利用挤压成型工艺生产新型油炸薯条，操作简单，产品风味口感接近用鲜薯制作的油炸薯条，且不受用鲜薯生产的季节性限制。

（1）产品配方　马铃薯全粉100kg，淀粉15kg，奶粉10kg。

（2）加工工艺　原料→计量调配→搅拌混合→静置调质→成型→油炸。

（3）操作要点

① 添加适量淀粉可改善面团的成型性，原因是淀粉具有较好的黏性，在面团中可以起黏合剂的作用。

② 马铃薯全粉粒度在40目以上较好，这样细胞破碎率较小，大部分细胞组织未受到损伤，加水复水后能更好地恢复新鲜薯泥的性状，具有鲜薯的香味和沙性，因此炸制的薯条质地和口感较好。

③ 面团含水量以62％为宜，若水分较低，挤压成型困难，挤出的薯条不光滑；若水分过高，挤出薯条变软，易变形，且油炸时会因水分高而延长油炸时间，造成表面色泽变差及

成品含油率上升。

④ 适当添加一定量奶粉，可提高产品的口感。

（4）产品质量　产品含油率在33％左右，形状整齐，色泽风味好，口感酥脆。

5. 甘薯枣

甘薯枣是我国传统特产之一，主要产于山东省胶东地区，薯面透明发亮，外干内嫩，独具特色，已畅销国外。

（1）原料选择　制作甘薯枣应选择块大整齐，含糖量高，水分较大，薯肉为杏黄色、黄色或橘红色的品种。

（2）加工工艺　将薯块上的泥土洗净，把虫眼、病斑剔出后，放在锅上蒸，蒸至八九成熟时，出笼稍凉后，趁热撕去外皮，将凉透的薯块切成条状或块状，摊在竹帘上，在日光下晒，或在烤箱、烤房中烘烤，至薯块含水量在35％左右，再用整形机进行整形，压扁呈椭圆形，再进行烘烤，直至含水量降至25％为止，即可包装。

6. 香酥薯干

传统薯干有粗粒感，本工艺通过乙醇处理后，制成的薯干质地酥软，口感细腻不粗糙，无异味。

（1）原料选择　选用块大，无虫蛀，表面光滑平整易清洗的新鲜甘薯，最好用白色质地的甘薯为原料。

（2）加工工艺　鲜薯→洗涤→去皮→切条蒸煮→干燥→薯干→洗涤→浸泡→风晾→油炸→甩油→冷却→香酥薯干。

（3）操作要点

① 甘薯干制备　鲜甘薯洗净去皮后，切成条蒸煮至八九成熟，晒干或烘烤干燥至薯干干硬，扒动发出的响声清脆为止，采用烘烤干燥时要注意防止薯干焦煳。

② 浸泡　将60％食用白酒稀释1倍，把甘薯干放入其中浸泡45～60min。若乙醇浓度过高，香酥薯干成品粗硬，口感粗糙有颗粒感，产品较脆；若乙醇浓度过低，油炸时膨化效果差，薯味较重。浸泡程度掌握在基本泡软，断面无硬心即可。若浸泡时间过长，浸出物增加，成品率低，成品有酒精味且口味淡薄；若浸泡时间过短，则成品有薯味，油炸时膨化效果差。

③ 风晾　浸泡合适后，沥干水分，摊开晾在自然通风的阴凉环境中，晾10～16h，至薯干浸泡吸收的水分及乙醇扩散均匀，里外干湿一致为止。

④ 油炸　风晾处理后的薯干投入140～160℃的精炼植物油中，炸至薯干浮出油面，立即捞出沥干其表面附着的油脂，再用甩油机进行离心甩油1min，使甘薯干表面的油脂脱尽。

⑤ 包装　甩油冷却后，立即计量包装，即为成品。

⑥ 产品质量　香酥薯干质地酥软，膨化2～3倍，无酒精味，无薯味，无异味，无焦煳现象，滋味醇厚，香气纯正。

7. 多味薯干

采用冷冻油炸工艺生产的多味薯干，质地酥松，外观平整，口味独特，是一种颇得消费者宠爱的休闲食品。

（1）原料选择　选择无黑斑、无霉变、无冻伤、无虫蚀的新鲜甘薯为原料。

调味料按清香味、麻辣味及咖喱味等选用以下配方：清香味为食盐60％，味精20％，五香粉18％，香料2％；麻辣味为辣椒45％，花椒15％，食盐28％，味精12％；咖喱味为咖喱粉55％，盐33％，味精11％。

（2）加工工艺　甘薯→洗涤→去皮→切块→护色→预煮→冷冻→油炸→甩油→调味→

包装。

（3）操作要点

① 去皮切块　经去皮后的甘薯切成 4.5mm×4.5mm×80mm 的条块。

② 护色　用 1.5％的 NaCl 和 0.1％的柠檬酸混合液浸泡 1h。

③ 预煮　放于 1.2％的 NaCl 溶液中预煮 8～10min，然后用水冲洗。

④ 冷冻　冲净的薯块放入－18℃以下的冷库中冷冻 24h，使 95％以上的水冻结。

⑤ 油炸　180℃左右油温油炸快速脱水，油炸后经甩油机甩 1～2min，去掉大部分的附着油。

⑥ 调味包装　经滚筒调味后，采用聚乙烯、聚酯复合膜真空包装。

⑦ 产品质量　色泽为金黄色且有光泽，表面平整质地酥松，有独特的香味，无异味。产品水分＜12％，可溶性固形物＞65％，总糖＜40％。

第五节　豆类与坚果类休闲食品

食用豆类的果实为荚果，荚果成熟时果皮（荚壳）沿背腹两条缝线裂开，果内有数粒种子，种子着生在果皮上。荚果有软荚和硬荚两类，豌豆、菜豆、小扁豆等为软荚类；绿豆、小豆、饭豆等为硬荚类。软荚果的嫩荚可以作为蔬菜。我国栽培的食用豆类主要有蚕豆、豌豆、绿豆、小豆、豇豆、菜豆、小扁豆和饭豆等，大豆和花生虽属豆类，但因其含油量高，主要用于制油，因此通常将它们归入油料。

坚果一般指果皮坚硬、生长在非豆科作物树上的种子。坚果的蛋白质含量与豆类大致相同，平均约为 20％，在一般可食坚果中，不仅脂肪含量高，而且含有 77％以上的不饱和脂肪酸，坚果的碳水化合物为谷物和豆类的 1/4～1/3，坚果还是钙、磷、铁、锌等矿质元素与 B 族维生素的丰富来源。世界上生产利用的坚果主要有杏仁、核桃、腰果、板栗、椰子、榛子、松子等。在许多地方，坚果是从野生树上采集的。花生和葵花籽从严格的意义上讲不属于坚果，但在加工利用上，世界各国大都将其作为最重要的坚果作物对待。

坚果大多经简单的焙炒调味后即可作为休闲食品食用，并能作为糖果、甜食和冰淇淋等装饰料使用。

一、豆类与坚果类休闲食品加工设备

1. 焙炒设备

我国传统的焙炒设备主要有平底炒锅和卧式回转炒锅等，两者均使用直接火炒制。制作瓜子时，大多使用砂粒拌炒，砂粒一般以直径约 2～3mm 的圆形砂粒为佳，使用时先将砂粒在流水中洗净，拣去块，筛去细砂，然后晒干备用。我国目前生产的电动平底炒锅搅拌轴转速为 40～70r/min，卧式回转炒锅的主体部分是卧式回转筒体，在焙炒过程中物料翻动良好，不易产生死角而炒焦。

目前我国已有一些厂家推出了以燃气或电为热源的焙炒设备，如多功能转炉和远红外燃气多用炒货机等，适用于各种带壳的果仁，如花生、瓜子等的炒制。具有焙炒温度均匀、生产效率高等特点。炒出的产品色、香、味俱佳。

2. 滚鱼皮机

锅体为扁球形，并与轴心成 40°～50°角，转动速度为 35～42r/min，转动平稳，滚制曲线合理，并在入口处装有一把电吹风，可吹热风或冷风，以供加热干燥和冷却用。

3. 滚筒调味机

调味是增加品种口味和花样的非常便利的手段，常用的有单滚筒式调味机和双滚筒式调味机两种。

单滚筒调味系统如图9-6所示，它主要由上料输送带、喷油泵、油罐、滚筒、干粉喷射器和成品输送带等组成。其工作过程和原理是：需要进行调味处理的食品通过上料输送带被均匀地输送到滚筒内，同时油泵将油罐中的食用油抽出，加压送到喷嘴喷入滚筒内，在滚筒的转动下，食品物料表面被喷涂上一层油，滚筒内部装有螺旋导向叶片，物料随滚筒翻滚时沿螺旋导向叶片向滚筒出口处移动，当物料移动到滚筒中部时，与从干粉喷射器喷入的调味料相接触，粘在食品表面上；在滚筒的不断翻滚作用下，均匀粘有调味料的成品从滚筒出口端出来，落入成品输送带上被输送到包装车间。

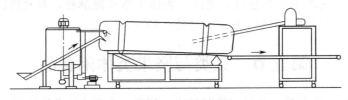

图9-6 单滚筒调味系统

双滚筒调味系统比单滚筒调味系统多了一个滚筒和输送带，并增加了一个撒粉器。把筒内喷粉改为筒外撒粉，因而克服了单滚筒喷粉粉尘飞出、浪费较大的缺点。双滚筒调味系统如图9-7所示。

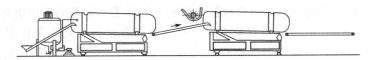

图9-7 双滚筒调味系统

其工作过程是：物料用输送带送到第一个滚筒内，泵将油加压到喷嘴喷入到该滚筒内，将食品物料喷上油层，然后通过筒内的螺旋导向叶片作用把均匀喷上油层的食品物料送到筒外的输送带上，由输送带把它们送入第二个滚筒内，物料进入第二个滚筒前要从撒粉器下面经过，调味粉经撒粉器落到有油层的食品表面，粘有调味粉的物料再在第二个滚筒内滚动使调味分布均匀，然后在筒内导向板的引导下送出滚筒，由输送带送往包装车间。

撒粉器的工作原理示意见图9-8。它的主要结构是一个半圆弧形的筛网，用不锈钢板制成，上面开有许多小孔，调味粉便从这些小孔当中通过落在食品上。为使这些小孔能正常漏粉，在漏网上面装有一缓慢转动的毛刷，以确保调味粉不断从孔中漏出，撒在表面上。

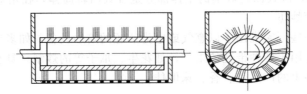

图9-8 撒粉器的工作原理示意

4. 炒货专用煮锅

该产品主要用于炒货加工工艺中的蒸煮。采用全不锈钢材料制造，热源可采用蒸汽加热、导热油加热、电加热等方式，该产品具有节能、高效、卫生、操作简便和使用寿命长等优点。炒货专用煮锅见图9-9。

5. 涂衣机

涂衣机的作用是在食品表面涂上一层薄薄的巧克力等，其基本工作过程是把准备涂衣的休闲食品平放在水平输送网带上，这个由细的不锈钢丝编成的网带的间隙要尽可能大些，要求被涂衣的物料不会从上落出。输送网带的正下方是巧克力贮缸，巧克力在贮缸内被加热成熔融状态，利用泵将熔融的巧克力送到涂料槽内，涂料槽正下方有一长条窄缝，巧克力从这个窄缝处以瀑布形式流下，而不锈钢网带垂直于这个涂料瀑布前进，网带

图9-9 炒货专用煮锅

上的食品便被涂上一层巧克力，而多余的巧克力浆从网带缝隙中流回到巧克力贮缸中。涂上一层巧克力的食品立即被送到冷却输送带上，在冷风的吹拂下降温、巧克力涂层变硬，从冷风隧道中出来后即为符合包装的成品。

二、豆类与坚果类休闲食品加工实例

1. 糖衣栗子

板栗是一种具有较高营养价值的干果，板栗果肉平均含蛋白质5.7%～10.7%，脂肪2%～7.4%，淀粉51%～61%，并含有多种维生素和矿物质，本工艺生产的糖衣栗子的风味似传统的糖炒栗子，但产品卫生和方便营销优于前者。

（1）原料选择 选择饱满新鲜，每枚果重在6g以上的板栗果实，剔除虫蛀果，并按大小分成二级。

（2）加工工艺 板栗挑选→去壳→护色→预煮→漂洗→真空浸糖→被糖衣→干燥→被膜→包装。

（3）操作要点

① 去壳护色 手工或机械去壳均可，再用摩擦法磨去栗衣，边磨边冲水。去掉栗衣后的栗果立即投入含有0.2%的食盐和0.2%柠檬酸的混合水溶液中，浸泡护色。

② 预煮漂洗 用0.25%的乙二胺四乙酸二钠（EDTA-Na$_2$）、0.2%的明矾和0.15%柠檬酸配成预煮液，在80～90℃下煮40～55min，预煮时的料液比为1:3。使用该预煮液可防止浑汤，并保持栗果光洁、平滑。

预煮后，栗果先在50～60℃热水中漂洗10min，再在40～50℃热水中漂洗10min。

③ 真空浸糖 采用真空分段式浸糖工艺，糖液的浓度为30%、50%和70%，依次递增，真空度为53.5kPa，料液比为1:2，浸渍温度为室温，浸渍时间约2～3h。

④ 包糖衣 浸糖后，将栗果置于浓的白糖煮沸液中，浸一下便出锅，使其表面包被一层糖衣，可在糖衣液中加少许风味剂，如桂花或玫瑰等，随后进行干燥，干燥分为2个阶段，先在40～50℃下使栗果中水分缓慢蒸发，再升温至60℃左右，烘至栗果含水量为22%～25%。

⑤ 被膜 干燥后的栗子在转锅内加1:10的桃胶乙醇液被膜，包被一层桃胶后立即吹干即为成品。桃胶属天然被膜剂，无异味、色泽浅，容易溶解于乙醇溶液中。被膜的目的是防止栗果水分蒸发使其表面发黏，保证产品质量稳定，同时也使栗果外表产生明亮的光泽。

⑥ 包装 采用复合薄膜袋真空包装。

（4）产品质量 栗果光洁，平滑，色泽明亮，似传统糖炒栗子风味。

2. 鱼皮花生

鱼皮花生为传统休闲食品之一，产品咸甜，酥脆，味美可口，具有特有的花生香味。

（1）产品配方　花生仁 25kg，标准粉 11kg，大米粉 11kg，调味料（盐和味精等）1kg，白糖 5kg。

（2）加工工艺　花生仁→焙烤→冷却→涂衣→焙烤→冷却→包装。

（3）操作要点

① 花生仁焙烤　粒大皮薄，整齐饱满，红衣无皱完整的花生仁置于 140～150℃烤炉中，烤熟后冷却至室温备用。

② 黏附糖浆的配制　砂糖和清水按 5∶1 的比例混合，加热熬成糖浆，冷却至室温备用。也可加入适量糊精，以增加糖浆的黏附性。

③ 涂衣混合粉的配制　将 48% 的标准粉、48% 的大米粉、4% 的盐及味精等调味料混合均匀，并加以干燥，如添加适量泡打粉，可使涂衣后的鱼皮更加松脆。

④ 涂衣　烤熟的花生仁倒入翻滚的糖衣锅中，倒入适量黏附糖浆，均匀地涂在花生仁表面，再撒入适量的涂衣混合粉，让花生仁以翻滚方式均匀地粘上一层涂衣，开启热风，使其干燥。将此涂衣过程重复 6～7 次，形成多层涂衣。

⑤ 焙烤　将多层涂衣的花生放入带振动筛的焙烤炉中，在 150～160℃下焙烤，直到制品的颜色呈浅棕色为止。在焙烤中加以振动，可以防止鱼皮花生产生棱角，确保产品形状均匀。

⑥ 冷却包装　烤好的鱼皮花生出炉冷却后，采用小袋复合薄膜包装。

（4）产品质量　颜色棕红，外表光滑，咸甜适口，咀嚼松脆。既可消闲，又可佐酒。

3. 香酥黄豆

将充分浸泡的黄豆，通过热风快速干燥和文火烘烤，使其膨胀的体积不被破坏，从而得到酥脆的黄豆制品。

（1）原料选择　选择粒大饱满有光泽的大豆为原料，加水浸泡去皮后分成两瓣备用。

（2）加工工艺　脱皮黄豆瓣→浸泡→二次浸泡→沥水→一次烘烤干燥→二次烘烤干燥→三次烘烤干燥→调味→包装。

（3）操作要点

① 浸泡　将脱皮黄豆瓣置于 70～85℃ 的水中浸泡 10～15min 使其含水量达到 40%～50%，接着在 85～100℃ 的水中二次浸泡 15～20min，使豆瓣含水量达到 50%～65%，豆瓣体积膨胀 2～3 倍，同时大豆中的脂肪氧化酶、尿素酶和胰蛋白酶抑制素等失活，从而脱除了豆腥味。

② 干燥和烘烤　采用三段烘烤干燥，第一干燥床的入口温度约 250℃，出口温度约 90℃，第二干燥床的入口温度约 220℃，出口温度约 115℃，第三干燥床的入口温度约 160℃，出口温度约 100℃。

豆瓣通过三个干燥段的时间均为 12～13min。由于浸泡后的豆瓣先在至少 250℃ 的高温热空气中快速干燥脱水，在豆瓣表面形成硬挺的固化层，然后再置于较低温度下继续烘烤干燥，以去除其内部的水分，这样豆瓣不皱缩，形成了较好的多孔酥脆质构。

③ 调味　采用滚筒调味机调味或巧克力涂衣机涂层。

（4）产品质量　产品具有令人愉快的浅黄色外观，酥脆的口感，水分含量在 1%～4%，产品松密度为 350～450g/L，密度为 600～800g/L。而含水 10%～13% 的脱皮豆瓣的松密度为 750～800g/L，密度约为 1200g/L。

4. 开口松子

松子为松树的种子。由种皮、胚和胚乳组成，其中胚和胚乳为食用部分，称为松仁。使用一定浓度的碱溶液，使种皮外层溶解，发芽孔便直接外露，外壳就能从发芽孔处沿种脐方向开裂，即成为开口松子。

（1）原料选择 选用松子仁饱满、无空粒、无变质、大小尽可能均匀的松子为原料，以便加工条件能一致。

（2）加工工艺 松子→碱浸泡→冲洗→第一次稀酸中和→去外皮→第二次稀酸中和→翻炒→冷却→包装。

（3）操作要点

① 碱液浸泡 在90℃、1.5％NaOH溶液，松子与碱液之比为1∶0.5的条件下，浸泡20～40min，炒制的松子开口率可达到99％以上。

② 冲洗 浸泡后的松子表面黏附着碱液及半纤维素的水解产物等，外表发黑，需用水冲洗，并用低浓度的稀酸如柠檬酸或稀盐酸初步中和。

③ 摩擦去除外皮 经碱浸泡后的松子外皮并未完全脱落下来，采用简单的摩擦机械或在冲洗的同时与水一起离心片刻就可以除去外皮。

④ 第二次中和浸泡 去除外皮后，黏附于外皮与外壳间的NaOH游离出来，使pH值上升，故需进行第二次中和。这次中和后需浸泡一段时间，以完全除去NaOH，否则，松子有涩味。若浸泡时加入一定量的食盐及其他调味料，可以使松子口味更好。

⑤ 翻炒 处理后的松子发芽孔已经外露，这时用手沿种脐方向轻轻一捏，松子就会开裂。在炒制过程中，外壳失水收缩，种脐开裂成为开口松子。同时，经焙炒处理后，种仁内部高分子化合物发生一系列的化学与生物化学变化，松子散发出一种特有的香气。

⑥ 冷却包装 冷却包装前喷撒不同的香精，可使松子风味更佳。采用普通塑料膜包装后，可在室温下存放1年，不发生哈喇。

（4）产品质量 松子开口率大于99％，沿开裂处可以轻易地把外壳分为两半。

5. 兰花豆

将蚕豆用开水浸泡晾干后，用旺火油炸到顶端开花，豆壳由黄变红时取出冷却即成，是一种深受我国人民喜爱的传统休闲食品。

（1）原料选择 选用颗粒饱满，大小均匀，无虫蛀粒，无瘪粒，无杂质的蚕豆粒作原料。

（2）加工工艺 蚕豆→浸泡→去壳→二次浸泡→晾干→油炸→冷却→包装。

（3）操作要点

① 浸泡 干蚕豆倒入清水里淘洗干净，加水至高出豆粒面13cm左右浸泡。

② 去壳 在浸泡过程中，豆壳的吸水速度快于豆瓣，当种皮由皱缩逐渐变成光滑时，种皮已充分吸足水分，而豆瓣尚未吸足水分，种皮和豆瓣之间有微小的空隙，此时用手剥壳较为容易，加工兰花豆时一般在种脐一头剥去1/5～1/4的豆壳，加工兰花片时则要豆壳全部剥尽。一般在夏季浸泡5～6h即可剥壳，有的豆粒外壳非常坚韧致密，须用开水浸烫约0.5h，使种皮迅速吸水膨胀，以利及时剥壳。

③ 二次浸泡 豆粒剥壳后，要随即用清洁的冷水进行第二次浸泡，浸至水面漂浮一层水泡为止，一般春秋两季约1.5d左右，冬季约为2.5d左右，为缩短浸泡时间，也可用热水浸泡。

④ 晾干 豆粒经过第二次浸泡后，用清水冲洗干净后摊开晾干，至豆粒表面无水分即可下锅油炸，若晾晒过度，会使成品变硬，影响质量。

⑤ 油炸 先把油温烧至180～200℃，然后把盛有豆粒的铁丝篮放到油锅里油炸，至豆粒浮出油面、豆瓣呈奶油色时，即可把铁丝篮提出油面，完成炸制。

⑥ 冷却包装 炸好的兰花豆经冷却后需及时包装，否则会吸潮变软，不仅口感变得不再松脆，时间一长还会变质。

(4) 产品质量 松脆可口，呈奶油色，无油渍粒，破碎粒<2%。

6. 怪味豆

怪味豆酸、甜、香、酥、麻、辣六味俱全，风味独特，是一种很受欢迎的休闲食品。

(1) 配料 蚕豆100kg，白砂糖10kg，饴糖10kg，甜面酱5kg，熟芝麻5kg，盐0.2kg，味精0.3kg，辣椒粉0.5kg，花椒粉0.5kg，五香粉0.2kg，白矾1kg，植物油、酱油适量。

(2) 加工工艺 蚕豆→浸泡→去皮→浸泡→油炸→拌调味料→拌糖浆→成品。

(3) 操作要点

① 浸泡去皮 蚕豆放入冷水中浸泡1d取出，剥去外壳，再放入白矾水中浸泡10h左右，取出用清水漂净，沥干水分。

② 油炸 180℃左右炸10～15min，至蚕豆上浮时捞出。

③ 拌调味料 用少量油将面酱炸熟，约3min，铲入盆内冷却后加进熟芝麻、辣椒粉、花椒粉、五香粉、味精、盐和酱油等，再倒入炸好的蚕豆，搅拌均匀。

④ 挂糖浆 30kg白糖中加水6kg，加热煮沸后，加入饴糖，熬至115℃，然后将糖浆慢慢浇在拌好调料的蚕豆上，拌匀即成。

(4) 产品质量 呈茶黄色，酥脆，颗粒完整，碎瓣在2%以下，上糖均匀，水分含量在5%以下，具有香甜、麻辣、咸鲜风味。用黄豆、花生米也可制作。

7. 五香瓜子

(1) 配方 西瓜子100kg，生姜150g，小茴香65g，八角250g，花椒32g，桂皮25g，牛肉精粉100g，白糖2kg，食盐5kg，植物油1.2kg。

(2) 工艺流程 西瓜子→石灰液浸泡→漂洗→加香煮制→拌香料→烘烤→摊晾→包装→成品。

(3) 操作要点

① 瓜子筛土，去除杂质，剔去劣质和不能加工的瓜子。将水灌入储槽中，再把石灰投入水中，充分搅拌溶解，待多余的石灰沉淀后，取澄清的石灰液抽入另一贮槽，再将筛选过的瓜子倒入石灰液中浸泡24h。经浸泡的瓜子捞出盛入粗铁筛内，用饮用水冲洗干净，并除去杂质和劣质的瓜子。

② 称取生姜、小茴香、八角、花椒、桂皮，封入二层纱布袋内，纱袋要宽松，给辛香料吸水膨胀时留出空隙。辛香料需要封装若干袋，以备集中煮制瓜子使用。

③ 将浸泡清洗过的瓜子倒入夹层锅内，再倒入为瓜子量4倍的水，煮沸1h捞出。

④ 锅中加入150L水，加入10%水量的食盐，并加入辛香料、牛肉精粉，倒入煮后的瓜子。加热煮沸2h。需要经常补充水至原体积。然后捞出沥干。

⑤ 将煮出的瓜子趁热拌入5kg食盐和2kg白糖，搅拌均匀。取洁净的竹箅，上面铺塑料编织网，将瓜子均匀地撒在上面，每箅上放瓜子约1kg，将装有瓜子的竹箅送入烘房。烘房的温度一般在70～80℃，烘烤约4h。烘烤时应经常启动排气机排潮，间隔30min排1次，每次1～2min。

⑥ 取出的瓜子要集中拌入植物油，用量为原料的1%左右。拌植物油时要用油刷充分搅拌均匀。然后送入保温库均匀摊开。晾至表面略干，即可进行包装。

本章小结

本章介绍了休闲食品的分类、特点及发展方向；重点介绍了膨化食品的制作原理、制作方法及技术要点，其制作方法有直接膨化法和间接膨化法，介绍了单螺杆挤压膨化机和双螺杆挤压膨化机的特点、使用和维修；同时介绍了薯类膨化休闲食品和坚果类休闲食品的一些制作实例。

复习思考题

1. 休闲食品的特点及发展方向如何？
2. 膨化食品的制作原理是什么？制作方法有什么？工艺和技术要点各是什么？
3. 如何使用挤压膨化机？对挤压膨化机应如何进行维修？
4. 如何制作普通油炸马铃薯片？
5. 如何制作开口松子和糖衣栗子？

实验实训项目

实验实训一 高温膨化休闲食品生产

【实训目的】

通过实验，了解高温膨化（油炸或焙烤）食品的特点和膨化机理，掌握高温膨化休闲食品生产技术。

【材料及用具】

1. 蒸煮设备：搅拌蒸煮锅，辊压机。
2. 冷却设备：20℃环境，冷却架。
3. 切割成型装置。
4. 烘干机。
5. 膨化设备：油炸装置或焙烤设备。
6. 原辅材料：淀粉、小麦粉、风味物质、虾粉、鸡粉等；膨松剂、棕榈油、调味料等。

【方法步骤】

1. 工艺流程

原料→蒸煮→辊压→冷却老化→切割→一次烘干→半成品→存放→二次烘干→油炸/焙烤→调味→包装→成品

2. 操作要点

（1）原料配比 淀粉40%～60%，面粉30%～50%，风味物质8%～12%，膨松剂1%～3%。

（2）蒸煮 加水搅拌蒸煮6min，蒸煮后水分控制在40%左右，面团均匀，淀粉完全糊化。

（3）辊压 蒸煮好的面团经辊压形成1～3mm厚的面皮。

（4）老化 置于20℃环境中冷却老化12～24h。

（5）切割 将老化后的面皮按所需规格在成型机上或手工压纹切割成型。

（6）烘干 两次烘干。第一次烘干在40～70℃烘1.5～2h，一次烘干后水分降至12%～15%；第二次烘干于80℃烘6～8h，二次烘干后水分控制在8%左右。两次烘干之间应存放24h以上，使半成品内部水分渗透出来，以利于第二次烘干和膨化均匀。

(7) 油炸/焙烤膨化 油炸一般用棕榈油，油温 180～190℃，时间 8～10s，焙烤应以食盐或专用砂粒作为传热介质，温度 200～300℃，焙烤 15～30s。

【实训作业】

1. 对实训产品进行分析，写出实训中存在的问题并提出改进措施。

2. 计算出品率及成本。

实验实训二 微波膨化或油炸马铃薯脆片

【实训目的】

通过实验，了解微波焙烤的原理和特点，掌握微波膨化马铃薯脆片生产技术。

【材料及用具】

1. 马铃薯、明胶、食盐等。

2. 微波炉（2450MHz，功率 750W）、切片机、浸泡容器、炸油锅等。

【方法步骤】

1. 工艺流程

马铃薯→洗涤→去皮、切片→护色、浸胶、调味→微波膨化（油炸膨化）→包装→成品

2. 操作要点

(1) 浸泡护色液配制 量取一定量水（以能全部浸没原料为准），加入 2.5% 的食盐和 1% 的明胶，加热至 100℃ 使明胶全部溶解，分成两份，一份冷却至室温，另一份保持沸腾备用。

(2) 护色及调味 将马铃薯去皮切片，片厚 1～1.5mm 且厚薄均匀一致；将薯片放入沸腾溶液中漂烫 2min，马上捞出放入冷却溶液中，在室温下浸泡 30min。

(3) 微波膨化或油炸膨化 薯片捞出后马上放入微波炉中膨化，调整功率 750W，2min 后翻个，再次进入功率 750W 微波炉中焙烤 2min，然后调整功率至 75W 继续焙烤 1min 左右，至产品呈金黄色、口感松脆，即可出炉冷却后包装；如果没有微波炉，可用炸油锅膨化，当油锅冒烟较多，温度接近 120～150℃ 即可放入薯片油炸。注意每次放的量不要太多。以免油温降低，达不到膨化的要求，当产品呈金黄色时可出锅冷却后包装。

【实训作业】

1. 对实训产品进行分析，写出实训中存在的问题并提出改进措施。

2. 计算出品率及成本。

实验实训三 微波膨化花生休闲食品生产

【实训目的】

通过实验，了解微波加热的原理与特点，掌握花生焙烤生产技术。

【材料及用具】

1. 远红外烤炉、微波炉、糖衣机。

2. 花生仁、米粉（以碎米为原料粉碎成粉状）、面粉、糖浆。

【方法步骤】

1. 工艺流程

花生仁→微波干燥→包裹面粉→烘烤→包裹米粉→微波烘烤→冷却→包装→成品

2. 操作要点

① 将花生仁放在微波炉中干燥 2min，吹去花生红衣。

② 将花生表面喷洒一些糖浆，裹上一层面粉。

③ 将裹好面粉的花生放入远红外烤炉中，在 240℃下烘烤 20min。

④ 将烤好的花生表面喷洒一定浓度的糖浆与调味液，然后放入糖衣机中包裹一层米粉，重复包粉 2～3 次，使花生表面裹有 2mm 左右厚的米粉即可。

⑤ 将包裹好的花生放入微波炉中，在 500W 功率下烘烤 15min，达到膨化与干燥灭菌的效果，冷却后包装即为成品。

【实训作业】

1. 对实训产品进行分析，写出实训中存在的问题并提出改进措施。

2. 计算出品率及成本。

第十章　副产物的综合利用和饲料加工

学习目标

通过本章的学习，使学生领会副产物综合利用的重要意义，熟悉大宗粮食加工副产品综合利用的基本途径。了解各类粮食加工副产品作为饲料加工的优缺点，掌握饲料加工的基本原理和基本工艺流程。

第一节　副产物的综合利用

在粮食作物加工过程中，会随之产生许多副产品，如稻壳、米糠、碎米、麦麸、豆粕等，其中米糠、麦麸是我国最大宗的粮食加工副产品。副产品综合利用就是将各种副产品通过机械、化学、生物等加工方法制取各种新的产品。通过副产品的综合利用，可以充分合理地利用副产品资源，物尽其用，提高经济效益，创造出更多的财富。

一、碎米的综合利用

碎米和米粞是稻谷加工过程的副产品，富含有淀粉、蛋白质等营养成分。可以利用碎米和米粞酿酒、制饴糖、提取高蛋白米粉、制作煮粥米等。

1. 碎米酿酒

碎米中的淀粉可以通过糖化作用变成糖分，再经过酵母发酵作用由糖分变成酒。

（1）工艺流程　碎米→浸泡→蒸料→摊凉、加曲→糖化→发酵→蒸馏→白酒。

上述工艺属于小曲酒的生产范畴，该工艺边糖化边发酵，主要利用小曲中根霉菌的糖化作用，酒化作用，再配合酵母的发酵作用，生成白酒。曲中如添加香药草粉，可以生产出颇具风格的小曲酒。

（2）操作要点

① 浸泡　加入碎米质量30％的稻壳，同时泼入其质量50％的水。翻拌均匀，堆成堆，闷12h左右，使米料浸泡达到手搓即成粉的程度。

② 蒸料　把浸泡过的碎米装入蒸甑，蒸1.5h，米结成饭块，饭粒软而有弹性，随即挖出一部分摊放在席上，翻动甑内和席上的米饭，泼入60～70℃热水（相当于碎米50％的量），翻动后将摊放在席上的米饭装回甑内，在上面撒一层稻壳，进行复蒸。复蒸时火要旺，1.5h后，稻壳已被蒸湿，碎米已软且透明，呈疏松状。用木锨拍打时，弹性很大，即可出甑。

③ 摊晾、加曲　碎米蒸透出甑后，取出摊在席上，翻动2～3次，当温度降为36～37℃（冬季）或28～32℃（夏季）时，再翻动一次，随后撒曲，搅拌均匀，用曲量为1％。拌曲后入箱糖化，温度控制在21～22℃。

④ 糖化　入箱糖化12h后，碎米温度逐渐升高，到拌曲入箱后24h，温度可达37～40℃，米结成块，色黄，有光亮油质感，并有甜香味，即可出箱。通常糖化时间25～26h。

⑤ 发酵　醅糟温度23℃，夏天醅糟品温高时，可加水降温，水量为原料加入量的

30％。如糖化不好，可掺入一部分酒尾。

酒糟配量，秋天为1：2.8，夏天为1：4，发酵24h，温度为26～27℃，24h后为33～34℃，24h后升至38～40℃，最后降至32～34℃就可蒸馏。通常发酵5d便进行蒸馏。

2. 饴糖制取

用碎米制饴糖主要是利用碎米中的淀粉，通过淀粉酶的作用将淀粉转化为糖类（麦芽糖等），即得饴糖。饴糖是糖果、糕点的必需原料。饴糖还具有黏稠性和还原性，可作为铸造、制革、纺织、医药工业的原料。

基本工艺：碎米→清洗→蒸煮→摊凉→拌曲（麦芽）→糖化→压榨→浓缩→饴糖。

3. 米粉及高蛋白米粉的制取

（1）米粉的制取　见本书第四章第三节三、米粉的生产。

（2）高蛋白米粉　其工艺流程如下。

碎米→米粉→米粉浆→糊化→酶解→过滤、离心→滤渣→高蛋白米粉

　　　　　　　　　　酶←滤液←超滤→麦芽糖、糊精

其工艺条件为：糊化温度100℃，米粉浆pH值调至6.5，再用α-淀粉酶液化；酶浓度控制在0.01～0.05mg/L，酶解时间10～60h，然后离心分离30min，使未消化淀粉和蛋白质沉淀下来，经过干燥即得高蛋白米粉。

4. 制麦芽糖醇

麦芽糖醇是一种麦芽糖经氢化还原而得到的一种双糖醇，它具有的甜味与蔗糖几乎一样，甜味纯正。此外它还具有非发酵性（可防蛀牙）、低热值（可防发胖）、黏度大（可作增稠剂）、耐热耐酸性好（可作稳定剂）、保湿性好（可作湿润调整剂）等特点，被广泛应用于食品、医药、化工等领域。

（1）生产工艺流程　碎米→淘洗→浸泡→磨浆→调乳→液化→灭酶→糖化→灭酶→过滤→脱色→压滤→离子交换→氢化→过滤沉淀→脱色→离子交换→浓缩→中和→成品。

（2）操作要点

① 淘洗、浸泡　按配方取100kg碎米用水淘洗，去除杂质后浸米2～3h。

② 磨浆、调乳　磨浆要掌握细度和浓度。浓度要考虑液化时的流动性及蒸发量。磨好的浆无粒状，将0.5kgCaCl₂溶解后倒入调浆罐内并启动搅拌，用纯碱调pH值，按工艺加入耐高温α-淀粉酶。

③ 液化　液化的目的是将米淀粉初步水解成糊精，降低黏度，以促使部分蛋白质凝固。液化后的料液外观要求水渣分离，即取样滴下液澄清、透明、黏度小，碘蓝反应为紫红色。然后升温到100℃，灭酶。

④ 糖化　液化浆冷却至60℃左右，加入异淀粉酶，搅拌，保温数十小时。在糖化24h后，检测其DE值几乎不变时，糖化结束，此时碘蓝反应为无色，糖化液外观像豆腐花一样，然后升温、灭酶。

⑤ 压滤　利用位差滤出滤液，再用等电点法除去蛋白质和添加的酶液。

⑥ 脱色过滤　先将糖化液加热至60℃，加入米重1％的活性炭，搅拌升温，保温数十分钟，静置15～20min后过滤。

⑦ 精制离子交换　用阴、阳离子树脂交换除去糖液中的金属离子、无机盐类、少量的氨基酸及离子型色素。阳离子树脂可用732强酸性苯乙烯系树脂，阴离子树脂可用709大孔弱碱性苯乙烯系交换树脂。

⑧ 氢化　在压力7.0～8.5MPa、温度130～135℃、pH值为微碱性时，加H₂进行氢化。

⑨ 脱色、离子交换、浓缩、中和　脱色、离子交换方法与前面相同，主要除去氢化过程中进入的杂质和焦糖色素。浓缩浓度为 71%（体积分数）后，即可排料，在各锅内调整 pH 值为 5.5～6.0，即可成品装桶。

成品应为无色或微黄透明液体。麦芽糖醇干基含量不小于 75%。

二、米糠的综合利用

米糠是糙米碾制过程中的碾下物，它包含了稻谷颖果中的大部分的果皮、种皮、外胚乳和糊粉层及少量的胚乳。其数量一般占糙米的 4%～7%，是我国大宗农副产品之一。米糠中含有丰富的蛋白质、脂肪、维生素和纤维素等多种化学成分（见表 10-1）。

表 10-1　米糠的化学成分　　　　　　　　　　　　　　　　%

项　目	水　分	粗蛋白	粗脂肪	糖　类	粗纤维	灰　分
米　糠	10～14	12～16	15～20	35～41	6～8	8～10

米糠可以用来榨米糠油，糠饼可以提取植酸钙，进一步加工可以作为医用肌醇等，毛糠油精炼可以制食用油，皂脚可制谷维素、肥皂等。米糠可以生产的产品见图 10-1。

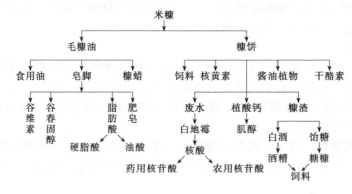

图 10-1　米糠综合利用途径

1. 毛糠油的制取和精炼

米糠中的脂肪含量为 15%～20%，米糠的出油率一般为 8%～16%。米糠油是一种营养价值较高的植物油，含有丰富的亚油酸、油酸、亚麻酸等。其中亚油酸高达 26%～35%。

亚油酸能降低人体中胆固醇，同时具有降低血压、加速血液循环、刺激人体内激素分泌、促进人体发育的作用，有利于心血管疾病的防治。

（1）毛糠油的制取　毛糠油的制取方法有压榨法和浸出法两种。

压榨法通过油压机、水压机、螺旋榨油机等产生的压力压榨米糠，取得毛糠油。其工艺过程如下：米糠→清理去杂→蒸炒→压榨→毛油→过滤或沉淀→米糠油。

① 清理去杂　通过圆筒筛、振动筛处理米糠，除去米粞、糠片、灰土等。

② 蒸炒　蒸炒起软化米糠的作用。蒸炒温度控制在 125～130℃。在料坯炒至深黄色，手抓不粘手、不成团时，拌入毛油中沉淀下来的油渣，要尽量均匀不结团。拌渣后再炒几分钟，即可出锅。米糠出锅时的温度 100～105℃，水分 9.5%～11%。

③ 压榨　分预压和压榨两个过程。预压是指将熟料坯预压成饼形，以便搬运、装垛和压榨。压榨时，为了缩短压榨时间，提高出油率，可在米糠中掺入 5%～15% 的稻壳，并翻拌均匀。

浸出法是利用有机溶剂（如己烷），将米糠中的油脂浸出。溶剂可以反复回收，循环利用。浸出法出油率高，但设备复杂，技术要求高。

（2）毛糠油的精炼　毛糠油中常会有许多杂质，如水分、糠蜡、磷脂、色素、有臭物质和较多的游离脂肪酸，不仅影响食用价值，而且保存时容易变质。因此，在食用前必须进一步提纯精炼。毛糠油精炼主要包括脱酸、脱色、脱臭、脱蜡四个工序，根据需要，也可增加脱胶、脱脂两个工序。其工艺过程如下：

```
        杂质              皂脚  废水
         ↑                ↑    ↑
毛糠油→去杂→碱炼脱酸→静置沉淀→水洗→干燥脱色→过滤→真空脱臭→冷滤脱蜡→食用米糠油
                                            ↓         ↓
                                          滤渣        蜡
```

① 脱酸　将毛糠油送入碱炼罐内升温至 35～40℃，把 18～20°Be′ 的稀碱液均匀地喷入糠油中。持续搅拌 1h，搅拌速度为 60r/min，直至皂粒生成并与油呈分离状态为止。然后通蒸汽升温，每分钟升高 1℃，当温度升至 70～80℃ 时，搅拌速度降到 40r/min，并注入浓度为 3%～5% 的热盐水，皂粒呈黑色并下沉时，停止加盐水，再继续搅拌 10min，静置，待皂脚全部沉底，油呈稀稠状时，可放出皂脚。

② 水洗　将碱炼后的糠油，升温至 80～90℃，边搅拌边加入占油质量 10%～15% 的沸水，搅拌 15min 后，静置 1～2h。当废水的 pH 值接近 7 时，即可放掉；若废水用酚酞指示剂显示红色，尚需继续洗涤几次，直到酚酞指示剂不显红色为止。

③ 脱色　糠油进入脱色罐内。加热至 95～100℃，边搅拌边加入干燥的活性炭或酸性白土，加入量约为糠油的 2% 左右。搅拌 20～30min 后，取样观察，质量符合标准后，就可进入下一道工序，否则仍需重复脱色几次，直到油呈黄色、透明时为止。

④ 脱臭　将脱色的糠油吸至脱臭罐内，在真空（60mmHg，1mmHg＝133.322Pa）状态下通入蒸汽，使油温上升到 220℃ 以上，处理 4～6h，在油温降至 40～60℃ 时，转入冷却油罐内，自然冷却。

⑤ 脱蜡　脱蜡后成品米糠油色泽应为橙黄色、透明、无酸败和异味，水分 0.2% 以下，杂质水分 0.2% 以下，酸价为 3 以下。脱蜡工艺如下：米糠油→热滤→冷滤→水化→压榨→皂化→脱色→精制蜡。

经过 90℃ 下的热滤和 20℃ 的冷滤，粗糠蜡被分离出来，然后再经过水化、压榨、皂化、脱色，最终得到精制糠蜡。

糠蜡有较高的工业价值，可制造蜡纸、地板蜡、水果保鲜剂、胶姆糖等。

2. 米糠、米糠饼酿酒

（1）米糠酿酒　米糠含有 35%～41% 的糖类物质，是酿酒的良好原料。其工艺流程如下：米糠→润料→蒸糠→拌曲糖化→发酵→蒸馏→白酒。

① 备料　米糠中拌入 20% 的稻壳，充分拌匀。

② 润料　先向米糠堆泼水，边拌边泼，两堆并成一堆，反复拌匀，使米糠与稻壳手捏成团，但不结块，拌匀后，湿润 90min 左右。

③ 蒸糠　蒸 2h 出甑。出甑时，米糠应该黏而无硬心，有香味。

④ 糖化　降温至 36～38℃，均匀撒入小曲（用量占原料的 2%），拌匀，刮平，待温度降至 30℃ 时，打堆，26～27℃ 入箱，入箱后温度控制在 25℃ 左右；8～10h 开始升温，18～20h 温升至 46～48℃ 时，出箱。此时经过糖化的米糠应有香气，不带酸味，铲时不起硬饼，摊凉至 27～28℃。

⑤ 发酵　配糟数量为原料的 2 倍。温度 25～26℃，把配糟与糖化的红糟混合均匀，在料温 26～27℃ 时装桶，再加温水（占原料的 30%），然后封泥。装桶后料温升高，24h 后可升高 4～5℃，48h 可升至 29～30℃，以后逐渐降温，发酵 7d，然后准备蒸馏。

⑥ 蒸馏　取出发酵后的原料，用蒸桶进行蒸馏。

(2) 米糠饼酿酒　经过榨油后的米糠饼内含 15％～17％粗蛋白、5％～8％粗脂肪、6.75％～11％粗纤维、40％～52％无氮浸出物，而无氮浸出物可以利用糖化酶使淀粉糖化，再经酵母发酵制造白酒。其生产工艺流程为：糠饼→粉碎→配料→润料→蒸料→配料→接种→上池→发酵→蒸馏→白酒。

① 粉碎　将糠饼用粉碎机粉碎并通过 56～60 孔/50mm 筛，除去粗粒。

② 配料　糠饼粉拌入 5％的粗糠并配糟 1：2。

③ 润料　加原料 40％的水搅拌均匀，防止成团。

④ 蒸料　原料经湿润后，放入甑中蒸料。加盖蒸 1h，蒸汽要足，要求料坯熟透。

⑤ 配糟　在料坯出甑前将新鲜酒糟扬翻，使酒糟中水分及时挥发，当酒糟温度略高于室温时摊平，然后将蒸好的料坯均匀覆在酒糟上面摊凉，使料坯迅速降温到接种温度为止。酒糟配量一般为 1：2。

⑥ 接种　接种酒曲 2％，酵母液 3％，加水 10％，接种温度 30℃以下，料坯水分、曲酒母一定要搅拌均匀。

⑦ 上池　100％配糟的上缸料温为 22～23℃，200％配糟的上缸料温为 25℃，上缸后要拧紧，随即加盖封好，不漏气。

⑧ 发酵　下池 24h，料温上升至 36～37℃，即应开启缸盖，压紧料坯，48h 后温度下降 1～2℃，此时不宜再启封。发酵期为 96h。

⑨ 蒸馏　经过发酵酒坯出缸后，迅速蒸馏，防止气不均匀和跑气现象。

米糠除了上述综合利用的途径以外，还可以用来制作米糠蛋白、饴糖等。国外比较重视米糠疗效食品的开发和利用。米糠含丰富的纤维素，可以防止尿路结石，具有治疗老年性便秘、降低胆固醇等功效。

三、米胚芽的综合利用

稻谷含胚量较高，一般在 2％～2.2％，取胚容易。米胚芽含有丰富的营养成分，含蛋白质和脂肪类均在 20％以上。蛋白质中氨基酸组成较为平衡，脂类中富含天然维生素 E。饱和脂肪酸占 70％以上，并含丰富微量元素和矿物质。

米胚芽作为营养全面的大米加工副产品，从糠秕中分离出来，再制取米胚芽油，可广泛用于食品、化工、医药等行业。对于充分利用加工副产品，提高稻谷加工的经济效益，效果显著。

1. 米胚芽的提取

在大米加工过程中，脱落的胚芽混入米糠和米秕中。从米糠、米秕中分离提纯米胚芽的方法主要是干法分离，其基本原理是根据胚芽和米秕、米糠在密度、悬浮速度之间的差异，用风选和筛选相结合的办法来提取胚芽的。其工艺流程如下：

$$米秕→风选→混合物→振动筛→\begin{matrix}混合物\\胚芽\\米秕\end{matrix}$$

2. 米胚芽油的制取

米胚芽油是天然维生素 E 含量最高的油品，胚芽油中的天然维生素 E 由于与少量植物甾醇共存，其复合状态的作用效果更明显，它可延缓衰老，延长生命；可以防止体内脂质氧化，因此被广泛用作食用油、食品的天然抗氧化剂、医药品、化妆品等。

米胚芽的生产过程与米糠油的制取类似，没有大的区别。所不同的是在预处理工序多一道轧胚的操作。其工艺过程如下：原料胚芽→清洗→软化→轧胚→蒸炒→压榨（或浸出）。

轧胚的目的是使胚芽通过轧辊的碾压和细胞间的相互挤压作用，变成薄片，从而使部分细胞壁受到破坏，缩短了油路。要求轧胚后料坯薄而均匀、少成粉、不露油，其厚度一般不超过 0.4mm。浸出生产时胚芽的水分应低一些，水分高时维生素 E 进入油中的量会减少。胚芽油的精炼一般也采取脱胶、脱酸、脱色、脱臭、脱蜡等工序。

3. 胚芽食品

胚芽含有丰富的营养成分，目前已广泛应用胚芽来发展营养食品，目前主要应用于如下几方面。

（1）炒胚芽片　将除去铁质后的胚芽炒 1h（以不焦为度），熟胚芽经冷却后加入蜂蜜及红糖液，拌匀，流化床干燥，包装后即为成品。该产品为儿童、老人和脑力劳动者所欢迎。

（2）营养专用粉　提油后的胚芽粕粉碎后，加入蜂蜜、糖、磷脂等，拌匀烘干即为成品。它是一种健儿粉和食品的营养添加剂。

（3）制谷芽乳　将 50g 生谷芽粉与 200mL 的水混合，得到一种 pH6.0、总固形物 9.67%、蛋白质 2.99% 的谷芽乳。其色淡黄，具有稻谷味，用它冲泡成的饮料，味道可口。

（4）作为营养添加剂　添加到面包、饼干、面条、炒菜等食品中。

四、麸皮的综合利用

麸皮又称麦皮，是小麦制粉的副产物，其量为小麦质量的 15% 左右。麸皮中不仅含有丰富的粗淀粉（无氮浸出物），同时也含有丰富的蛋白质。因此，麸皮不仅能配制混合饲料，而且还可以用于制取面筋淀粉，酿制白酒，生产醋、味精和酱油等。

1. 面筋和淀粉的提取

（1）生产工艺流程

　　　　　　　　　　　水面筋

麸皮→拌水搅拌→水洗除皮→渣浆→分离→麦皮和淀粉→澄清沉淀→湿淀粉、麦皮、黄浆水（作饲料）

（2）操作要点　将 0.5% 食盐溶于水后加入麸皮中，充分搅拌约 20～30min，至水全部被麸皮吸收成为麸皮筋团为止。然后用水洗涤麸筋面团 2～3 次，使麸筋团中的麦皮和淀粉全部洗去即得水面筋。

将洗出的淀粉和麦皮混合物用箩筐进行过滤，把麦皮从洗涤液中分离出来，再将滤液静置 1h 左右，使淀粉沉淀，然后倒去上层的清水，将剩下的淀粉水进行过滤，除去残留的渣滓，剩下的是淀粉溶液。

将洗涤出来的淀粉溶液加入食盐均匀搅拌 5～7min，然后静置 1 周，溶液即分层：上层是清水，中层是黄浆水，下层是湿淀粉。

2. 麸曲酒的酿造

（1）生产工艺流程　麸皮、水、鲜酒糟→浸料→蒸料→摊凉→拌曲→糖化→发酵→蒸馏→白酒。

（2）操作要点　先将鲜酒糟、麸皮和水混合在一起，使之湿润。然后将湿润好的原料放入蒸锅里蒸 1～1.5h，直至蒸透、蒸匀。

取出蒸透的原料，铺在洁净的场地上摊凉。当温度降到 30℃ 时，均匀撒上酒曲，然后加入适量的水，进行搅拌、静置、糖化。

将搅拌均匀的原料放入发酵缸里进行发酵。发酵温度掌握在 35～38℃，发酵时间 4～5d。

取出发酵好的原料，放在蒸桶里进行蒸馏。蒸馏时要防止漏气，以保证酒的质量，提高出酒率。

3. 酿醋（作为辅料）

（1）生产工艺流程　大米、水→浸泡→蒸料→降温→拌黑曲糖化、加入酵母酒化→拌入麸皮醋酸发酵→加盐→成熟醋醅→淋醋→陈酿→澄清→杀菌→成品醋。

(2) 操作要点　先将大米等淀粉质原料进行破碎，然后加水浸润，再将原料入锅蒸熟，取出原料，降温至30℃。

原料降温后，加入黑曲和酵母。温度控制在28～34℃进行糖化及酒精发酵，每天搅拌2～3次。5～7d后经化验含酒精6°左右，即完成酒精发酵。

酒精发酵好的原料加入麸皮和水，翻拌均匀后进行醋酸发酵。温度控制在35℃左右，时间30d左右，最后加入食盐水即制成半成品醋醅。

经过封存陈酿30～60d。澄清后，调整其浓度、成分，再经热交换器80℃杀菌，经检验合格后，即为成品醋。

4. 生产酱油

(1) 生产工艺流程　豆粕→粉碎→加水浸润→加入麸皮→入锅蒸熟→降温、接种→保温保养→成曲→发酵→浸淋→成品酱油→加热灭菌→入库

(2) 操作要点　将豆粕破碎后，加水浸润，使豆粕充分吸水，然后与干麸皮同时装入蒸料锅内，在1.5～2kg/cm的蒸煮压力下，蒸煮20～30min，即可蒸熟。

原料蒸熟后，出锅降温至35～40℃进行接种。接种后装入池内，在30～35℃下进行保温培养，以适应曲霉的生长和繁殖。入池11～12h，进行第一次翻曲；4～5h后，再进行第二次翻曲，从入池到曲料成熟一般需要28h即可出曲。

成曲加拌盐水装入发酵池内，进行发酵。控制发酵温度在40～45℃，约20d后即得成熟酱醅。

将成熟酱醅倒入淋油池内，先用80℃以上的二油（第二次淋出的酱油）浸泡酱醅4～6h，再用80℃以上的热水浸泡2～3h后即得成品酱油。调整其浓度、成分后，酱油成品经化验合格，加热杀菌后即为食用酱油。

第二节　饲料加工

粮食加工的副产品一般富含淀粉、蛋白质、脂肪、纤维素等物质，是饲料加工的重要原料。饲料加工的工艺流程是由饲料生产的产品来决定的，饲料种类的不同，加工工艺流程也会存在差别，但一般包括原料接收、清理、粉碎、配料计量、混合、制粒、成品打包等工序。

一、饲料加工的一般工艺流程

1. 原料接收

原料的进厂接收是饲料加工的第一道工序，其接收方式取决于饲料厂的规模、包装形式、各地区运输条件以及原料的主要来源等因素。原料的包装形式主要有袋装、散装之分，所对应的接收形式也有人工接收、机械接收、气力输送、液体原料管道输送等形式。

2. 原料的清理

饲料原料中混入的杂质，如不事先清理，就会影响生产设备的正常运转，影响禽畜的饲喂安全。因此原料清理的主要目的就是保证饲料产品的纯度，提高产品质量，保护加工设备，实现安全生产。

清理方法主要有风选、筛选和磁选三种。三种方法有时单独采用，有时联合使用。

3. 粉碎

由于生产饲料原料不同，有的块状原料加工时必须加以粉碎，同时粉碎后的原料便于制粒、膨化等后续工序的开展。原料经粉碎后表面积增大，从而有利于饲养动物的吸收和消化，有利于各种饲料组分的均匀分散。

粉碎方法主要有击碎、磨碎、压碎、切碎等。原料经过一次或两次粉碎操作后，可以进

入后续工序。

4. 配料

配料是按照饲料配方的要求,采用特定的计量系统,对多种不同饲料原料进行准确计量的过程。配料的目的在于保证饲料配方的实现,是饲料加工的核心环节。饲料配方的科学性是饲料品质的关键,饲料配方的设计,要充分考虑饲料饲养的对象、生理状态、进食量、采食时间、饲料加工原料的营养组成等综合因素。

5. 混合

混合在生产配合饲料过程中,是将配合后的两种或两种以上的物料搅拌均匀的一道关键工序。它是确保配合饲料质量和提高饲料效果的主要环节。混合有不同的方法,在技术上广泛采用搅拌混合,回转混合筒,喷射混合,通过压缩空气、蒸汽或液体实现混合,借助振动、超声波等效应完成混合等。前三种方法为机械式,第四种为气动式,最后一种是涡流式或冲动式。

6. 制粒

利用机械将粉状饲料压密并挤出模孔形成圆柱颗粒的过程叫作制粒。制粒过程经历了高温及高压的过程,饲料中的淀粉、蛋白质、纤维素等更有利于畜禽的吸收和消化,同时,饲料中的有害微生物得以杀灭,饲料更耐贮藏。另外,制粒后的饲料密度变高,可以缩短畜禽的采食时间,还可以降低仓库容量,流动性好,便于管理。

颗粒饲料主要有硬颗粒、软颗粒、膨化饲料和块状饲料。不同形状的饲料用于不同的饲养对象。硬饲料可以用于饲养禽类、畜类、鱼类等;软颗粒饲料主要用于饲养仔猪和幼鱼;块状饲料主要用于体型较大的牲畜。

7. 膨化

在饲料加工过程中,有时需要将饲料进行膨化。膨化就是将物料加温、加压、调质处理,并挤出模孔或突然喷出压力容器,使之骤然降压而实现体积增大、密度降低的一种工艺操作。

膨化饲料具有颗粒料的特点,如适口性好,避免饲料自动分级,便于运输和喂料,减少采食浪费。另外,膨化饲料由于多孔,能在水中漂浮,不易流失,适用于中上层鱼类的饲养。膨化饲料表面喷涂脂肪,其吸收量大,有利于改善饲料的品质和适口性。

8. 成型后饲料的处理

(1)后熟处理 由于一些特殊饲养对象如鱼、对虾等,对饲料要求较高,用普通制粒的方法无法满足其基本要求(对虾饲料需要在水中保持更长的时间),在生产对虾饵料工艺中,除需要超微粉碎设备和制粒前加强调质外,还需要对制粒后的颗粒饲料进行后熟处理,以确保淀粉充分糊化,并延长饲料在水中的保存时间。后熟处理一般用稳定器,其作用主要是利用加温进一步糊化淀粉,增强饲料的稳定性。

(2)喷涂 禽类饲料需要添加的油脂数量较高,一般高达 9%,为此常在制粒后进行表面喷涂油脂的操作。这样既增加了油脂的添加量,又不使颗粒变软,有效地提高了饲料的能量、抗水性、适口性。高能量饲料如禽类饲料、水貂饲料都需要喷涂油脂的操作。喷涂操作在喷涂机中完成。

二、副产物在饲料加工中的利用

1. 豆粕

豆饼是目前加工饲料最好的植物蛋白源,其蛋白质含量高达 45% 左右,其中含赖氨酸 3.02%、蛋氨酸 0.66%,富含核黄素和尼克酸,并含 5% 脂肪、6% 粗纤维,含磷也较多。因此,豆粕的营养价值较高。

豆粕中富含的多种氨基酸对家禽和猪摄入营养很有好处。实验表明，在不需额外加入动物性蛋白的情况下，仅豆粕中含有的氨基酸就足以平衡家禽和猪的食谱，从而促进它们的营养吸收。在生猪饲料中，有时也会加入动物性蛋白作为额外的蛋白质添加剂，但总体看来，豆粕得到了最大限度的利用。只有当其他粕类单位蛋白成本远低于豆粕时，人们才会考虑使用其他粕类作为替代品。

在奶牛的饲养中，味道鲜美、易于消化的豆粕能够提高出奶量。在肉用牛的饲养中，豆粕也是最重要的油籽粕之一。但是，在牛的饲养过程中，有些时候并不需要高质量的豆粕，用其他粕类可以达到同样的喂养效果，因此，豆粕在牛饲养的地位要略逊于生猪饲养中的地位。

最近几年来，豆粕也被广泛应用于水产养殖业中。豆粕中含有的多种氨基酸，例如蛋氨酸和胱氨酸能够充分满足鱼类对氨基酸的特殊需要。由于鱼粉用鱼捕捞过度原因，造成世界鱼粉减产，供给的短缺使鱼粉价格居高不下，因此，具有高蛋白质的豆粕已经开始取代鱼粉。在水产养殖业中发挥越来越重要的作用。

此外，豆粕还被用于制成宠物食品。简单的玉米、豆粕混合食物同使用高动物蛋白制成的食品对宠物来说，具有相同的价值。

豆饼中含有抗胰蛋白酶、产生甲状腺肿的物质、皂素和血素等有害物质，此类物质可降低饲料中蛋白质的消化吸收率，需要加热煮熟方可分解有害物质成分。豆饼经蒸煮后可增强适口性，提高消化率，蛋白质消化率可从83%提高到90%以上。

2. 麸皮

麸皮是小麦加工成面粉时的副产品，其粗蛋白含量可达12%～17%，质量高于小麦，含赖氨酸0.67%、蛋氨酸0.11%，B族维生素较丰富。但麸皮含磷量多，约为1.09%，含钙量少，约为0.2%，能量也较低。因价格相对低廉而被养殖户广泛用作畜禽饲料。但是，麸皮中粗纤维含量较低，且粗蛋白质中的必需氨基酸含量不平衡，加之麸皮中钙、磷比例严重失衡，如用麸皮饲料喂畜禽，使用量不合理，不仅不能充分利用其饲用价值，反而会造成饲料浪费和产生不良的饲喂后果。

在使用麸皮饲喂畜禽或加工饲料时，必须认真核算饲料中必需氨基酸的含量，应与高能量的饲料如玉米、高粱等一起配合使用，并适量加入蛋氨酸和赖氨酸平衡。麸皮中的钙、磷比例严重失调，在使用时，必须注意钙质如骨粉、贝壳粉、蛋壳粉的补充，使畜禽饲料中的钙、磷比例达到1.5：2.1。忌用麸皮干喂畜禽。麸皮质地蓬松，吸水性强，如长期大量干喂，加上饮水不足，易导致家禽便秘。试验表明，麸皮在总喂量中所占的比例，喂猪低于20%，喂牛、羊20%～25%，喂小鸡低于15%，喂肉鸡2%～8%较为适宜。

鉴于麸皮作为饲料的上述缺点，不宜作为单一饲料长期喂养，应配合其他饲料或作为原料进行再加工，生产出营养全面，配方科学合理的配合饲料。

3. 米糠

米糠系糙米加工厂过程中脱除的果皮层、种皮层及胚芽等的混合物，其中亦混有少量的稻壳、碎米等。米糠含粗蛋白11.5%～14.5%、油脂10%～18%，且富含B族维生素和锰、钾、镁、硅等矿物质。米糠的粗纤维为9.4%左右，是玉米的5.7倍；但维生素A、维生素C、维生素D的含量较少。

由于粗纤维含量高，而猪不能消化，利用高粗纤维的饲料，势必会消耗更多的消化液，造成消化液的浪费；同时也会影响其他物质的吸收。此外由于米糠粗纤维过高，糠质干燥，难以消化，在肠道内吸收过多的水分，如果饲喂过多再加上饮水不足和管理不善势必会引起猪便秘。利用米糠作为饲料要注意以下问题。

（1）适量喂饲 米糠喂猪一定要适量，一般以不超过日粮的25%～30%为宜，以满足猪对多种营养需要。

（2）不宜长期存放　米糠中油脂含量高，在存放过程中，会逐渐酸败变质，使营养价值和适口性降低，甚至引起中毒造成死亡。

（3）适量补充钙和磷　米糠中虽然营养比较丰富，但钙含量低，不能满足猪生长发育的需要；米糠中磷的含量虽然比较高，但主要以植酸磷为主，不能被猪充分的吸收利用，因此，用米糠喂猪，应在日粮中添加 $1.5\%\sim2.0\%$ 的骨粉，以补充钙、磷的不足。同时，还要让猪多晒太阳，以促进钙、磷的吸收利用。

（4）不宜喂仔猪　米糠中虽然营养比较丰富，但营养不全面，用其饲喂仔猪，不利于仔猪的快速生长发育；陈旧的米糠，因其营养价值降低和适口性变差，更不宜用其饲喂仔猪。

鉴于米糠作为饲料的上述缺点，也不宜作为单一饲料长期喂养，应配合其他饲料或作为原料经再加工，生产出营养全面、配方科学合理的配合饲料。

本章小结

本章主要介绍了粮油加工副产物综合利用的重要意义。主要从食品生产和饲料加工方向阐述了碎米、米糠、米胚芽、麸皮等副产品加工综合利用的途径。介绍了饲料加工基本原理和基本工艺流程，阐述了豆粕、米糠、麦麸作为饲料的优缺点。

复习思考题

1. 米糠和米胚芽的化学性质如何？对其综合利用有何意义？
2. 麸皮的化学组分是什么？麸皮的综合利用都有哪些方向？
3. 饲料加工的基本工艺流程是什么？
4. 为什么米糠和麸皮不能作为单一饲料长期饲喂畜禽？
5. 配合饲料都有哪些优点？

实验实训项目

实验实训一　参观饲料厂

【实训目的】

通过对饲料生产企业的参观，了解饲料生产企业生产原料的种类、来源、主要产品、生产工艺流程、主要生产设备及产品销售市场等相关信息。

【方法步骤】

1. 请饲料厂的技术人员作报告
① 饲料厂生产基本情况。
② 产品的种类、销售市场及企业生产经营管理的方法和经验。
2. 现场参观，请车间负责人讲解
① 生产的工艺流程、工艺参数及技术要点。
② 加工机械的原理、性能和主要机械的选型及功用。
③ 介绍实际生产经验，处理好生产中出现的问题。
④ 学生提出问题，与工厂技术人员互动交流。

【实训作业】

根据所学的理论知识并结合参观实习内容，写出实习总结报告。

参 考 文 献

1　张力田. 淀粉糖. 北京：中国轻工业出版社，1988

2　尤新. 玉米深加工技术. 北京：中国轻工业出版社，1999

3　刘心恕. 农产品加工工艺学. 北京：中国农业出版社，2000

4　张燕萍. 变性淀粉制造与应用. 北京：化学工业出版社，2001

5　李新华，董海洲. 粮油加工学. 北京：中国农业大学出版社，2002

6　张力田. 变性淀粉. 广州：华南理工大学出版社，2000

7　马莺，顾瑞霞. 马铃薯深加工技术. 北京：中国轻工业出版社，2003

8　赵晋府. 食品工艺学. 第二版. 北京：中国轻工业出版社，1999

9　吴良美. 碾米工艺与设备. 北京：中国财政经济出版社，1998

10　彭瑜翔. 植物油厂综合利用. 北京：中国财政经济出版社，1999

11　李小平. 粮油食品加工技术. 北京：中国轻工业出版社，2000

12　毛新成. 饲料工艺与设备. 成都：西南交通大学出版社，2005

13　王福源. 现代食品发酵技术. 北京：中国轻工业出版社，1998

14　倪培德. 油脂加工技术. 北京：化学工业出版社，2003

15　商业部教材编写组. 油料生物化学及油脂化学. 哈尔滨：黑龙江科学技术出版社，1985

16　巴拉扬 ＢＸ. 油脂及代脂工艺学. 胡建华译. 武汉：湖北科学技术出版社，1992

17　过祥鏊，左青. 植物油料的加工和利用. 郑州：河南科学技术出版社，1990

18　苏望懿. 油脂加工工艺学. 武汉：湖北科学技术出版社，1990

19　周鹏，张晓洁等. 中国油脂，2002，27（1）：51

20　唐传核，彭志英. 中国油脂，2002，27（2）：59

21　周显青. 稻谷精深加工技术. 北京：化学工业出版社，2006

22　白满英，孙彦芳. 粮油方便食品. 北京：中国食品出版社，1987

23　石彦国，任莉. 大豆制品工艺学. 中国轻工业出版社，1993

24　张国治. 油炸食品生产技术. 北京：化学工业出版社，2005

25　沈建福. 粮油食品工艺学. 北京：中国轻工业出版社，2002

26　郑友军，贺容平，姜燕，郑向军. 新版休闲食品配方. 北京：中国轻工业出版社，2002

27　王凤翼，钱方. 大豆蛋白生产与应用. 北京：中国轻工业出版社，2004

28　张国治. 方便主食加工机械. 北京：化学工业出版社，2006

29　陆启玉. 粮油食品加工工艺学. 北京：中国轻工业出版社，2005

30　李兴国，郝文杰. 食品机械学. 成都：四川教育出版社，1998

31　苏望懿. 食用植物油脂与植物蛋白. 北京：化学工业出版社，2000. 242～248

32　林冲耀. 我国花生蛋白质的研究概况. 广东农业科学，2004 年增刊：15～16

33　仇农学，李建科. 大豆制品加工技术. 北京：中国轻工业出版社，2000. 35～42

34　赵齐川. 豆制品加工技艺. 北京：金盾出版社，2001. 168～185

35　郭心义. 我国大豆蛋白生产现状及前景展望. 粮油加工与食品机械，2004，3：13～15

36　朱永义. 谷物加工工艺及设备. 北京：科学出版社，2002. 32～42

37　李正明，王兰君. 植物蛋白生产工艺与配方. 北京：中国轻工业出版社，1998. 128～206